내가 뽑은 맞춘 최고의 수험서

최신판

종자
기사·산업기사
실기

최상민 저

이 책을 활용하시는 분들에게

최근 농업생산성 향상과 농가소득 증대를 위한 정책적 배려로 인해 작물재배에 대한 관심과 함께 우수한 작물품종의 개발 및 보급이 매우 중요하게 부각되고 있으며, 더불어 관련 분야인 작물의 육·채종, 종자검사, 관리업무 등을 수행할 수 있는 전문인력에 대한 수요 또한 증가하고 있다. 특히 종자를 육성, 증식, 생산, 조제, 양도, 대여, 수출, 수입 또는 전시하는 것과 관련된 사업을 하려면 종자관리사 1인 이상을 두어 종자 보증업무를 하도록 되어 있어 최근 이 분야의 시험 응시자와 합격자 수는 나날이 증가하는 추세에 있다.

이 책의 특징은 다음과 같다.

➡ 실기(필답형)시험

• 필답형

60점 이상의 고득점이 필요한 실기시험은 필답형으로 이루어져 있다. 필답형은 주관식 서술형으로 식물의 교배와 교잡법, 종자의 채종, 수확과 저장, 포장 및 종사검사요령 등 종자 전처리 방법과 종자를 파종해서 최종 수확 및 검사까지의 전 과정이 출제되므로 수험생들에게는 매우 까다롭고 어렵게 느껴질 수 있다. 따라서 모의고사를 통해 최대한 실전경험을 쌓을 수 있도록 구성하였다.

• 작업형 필답

종자감별, 수분함량측정, 발아율검사, 순도검사, 활력검사, 조직배양, 접목 등이 필답으로 출제되어 이 자료를 충분히 활용한다면 시험에 대해 걱정할 일은 없을 것이다.

최선을 다해 자료를 준비하고 나름대로 애써서 기획하고 편집하였지만 미비한 부분이 없지는 않을 것이다. 이에 대해서는 차후로 독자들의 의견을 수렴하고 출제경향들을 계속 분석하여 보완할 것을 약속드린다.

이 책이 출간되기까지 도와주신 지인들과 워드작업을 함께해 준 평생의 반려자인 아내, 소중한 분신 아람이와 보람이에게 고마움을 전하고, 실제적인 작업을 위해 애써주신 도서출판 예문사 임직원들께 감사의 뜻을 전한다.

무등산 자락 운림골에서
최상민

실기시험 출제기준 (기사)

직무 분야	농림어업	중직무 분야	농업	자격 종목	종자기사	적용 기간	2024. 1. 1.~2028. 12. 31.

○ 직무내용 : 농작물의 새로운 품종 개발을 위해서 교배, 돌연변이 유발, 형질전환, 선발 등의 육종 행위를 수행하고, 선발된 신품종의 가장 적합한 재배조건과 번식방법을 확립하며, 우수한 성능을 가진 품종의 종자를 효율적으로 생산·번식시키며, 종자검사 및 종자보증 등의 종자관리를 수행하는 직무이다.

○ 수행준거 : 1. 새로운 종자의 생산 및 조제 등에 관한 작업을 할 수 있다.
          2. 품종 간의 재배 조건을 고려하여 시험·연구하여 품종개량을 검정할 수 있다.
          3. 개량된 우수한 종자와 묘목을 생산하고 대중화시키기 위해 번식작업을 할 수 있다.
          4. 종자의 검사, 보증 등의 업무를 통하여 신품종 및 재래종자의 보호 조치를 할 수 있다.
          5. 종자와 관련된 규정 및 법규 등을 정확하게 이해하고, 적용할 수 있다.

실기검정방법	필답형	시험시간	2시간 30분

실기과목명	주요항목	세부항목	세세항목
종자생산관리 실무	1. 종자생산작업	1. 종자의 생산, 조제, 저장하기	1. 종자생산포장을 선정할 수 있다. 2. 종자생산포장의 재배관리를 할 수 있다. 3. 종자생산포장의 결실관리를 할 수 있다. 4. 종자수확을 할 수 있다. 5. 종자저장을 할 수 있다. 6. 종자부가가치를 제고할 수 있다.
		2. 종자 식별하기	1. 종자의 구조를 식별할 수 있다. 2. 종자의 형태를 식별할 수 있다.
		3. 번식작업하기	1. 파종 및 이식작업을 할 수 있다. 2. 성형(Plug) 묘 작업을 할 수 있다. 3. 조직배양묘를 생산할 수 있다. 4. 영양번식(삽목, 접목, 분주, 분구 등) 작업을 할 수 있다.
	2. 종자재배 및 검사	1. 육종과 채종작업하기	1. 유전자원 선정관리를 할 수 있다. 2. 육종방법을 이해하고 활용할 수 있다. 3. 채종기술을 활용할 수 있다. 4. 생명공학 기술을 활용할 수 있다.
		2. 포장검사 및 종자검사 실시하기	1. 포장검사를 할 수 있다. 2. 종자검사를 할 수 있다.
	3. 종자관련 규정 관리	1. 종자관련 법규 적용하기	1. 식물신품종 보호법규를 이해하고 적용할 수 있다. 2. 종자산업법규를 이해하고 적용할 수 있다. 3. 종자관련 규정(종자관리요강, 종자검사요 령)을 이해하고 적용할 수 있다.

실기시험 출제기준 (산업기사)

직무 분야	농림어업	중직무 분야	농업	자격 종목	종자산업기사	적용 기간	2023. 1. 1.~2026. 12. 31.

○ 직무내용 : 농작물의 새로운 품종 개발을 위해서 교배, 돌연변이 유발, 선발 등의 육종 행위를 수행하고 우수한 성능을 가진 품종의 종자 및 작물을 효율적으로 보호·생산·번식을 수행하는 직무이다.

○ 수행준거 : 1. 영양계를 이용하는 것이 재배생산에 유리한 작물을 대상으로 자연상태 또는 인위적으로 창출된 유전변이 중에 우량유전자 개체군을 선발하여 새로운 품종으로 개발할 수 있다.

2. 자식성 작물의 웅성불임체계를 개발하고 잡종강세 현상이 높은 모본양성과 우량조합을 선발하여 일대잡종 품종을 육성하고 종자생산 체계를 구축하여 일대잡종 종자를 보급할 수 있다.

3. 타식성 작물 일대잡종 품종개발에 필요한 교배모본을 선발, 개량하고 육성된 계통 간의 조합능력검정을 통해 잡종강세 정도가 높은 품종을 선발 후 일대잡종 종자생산체계를 구축하여 보급할 수 있다.

4. 돌연변이유발원을 이용하여 인위적인 돌연변이를 유도하거나 자연적으로 발생하는 자연 돌연변이체를 탐색·선발하고 평가하여 새로운 유전자원 또는 품종으로 육성·관리할 수 있다.

5. 우량 씨앗을 생산하기 위하여 대상작물의 재배일정을 수립하고 본포에 정식할 묘를 기를 수 있다.

6. 우량 씨앗을 생산하기 위하여 씨앗생산 포장의 양분과 수분을 관리하고 병해충과 잡초를 방제할 수 있다.

7. 개화기를 조절하고 매개충을 활용하는 등 적절한 수분관리와 착과량 조절 기술을 적용하여 계획된 양의 우량 씨앗을 적기에 생산할 수 있다.

8. 식물의 생장점을 포함한 영양기관의 조직을 배양기 내에서 대량증식하고, 기내묘를 외부환경에 적응할 수 있도록 순화하여 균일한 양질의 무병묘를 생산할 수 있다.

9. 작물별 생리적 특성과 생육 습성을 이해하고 묘목의 생산포장을 조성, 관리하여 적합한 재배환경 조건을 마련하고 곁가지 유도와 수형 만들기 등 계획된 재배관리를 통하여 우량 묘목을 생산하고 보증할 수 있다.

10. 경영 및 시장 여건 등을 고려하여 재배방식을 결정하고, 이에 적합한 품종을 선택하여 종자를 정선·소독하며 재배를 위한 토양 특성을 이해할 수 있다.

11. 소비자의 요구, 시장정보, 지원제도 등을 종합적으로 분석하여 재배할 작목을 선정하고, 재배 방법과 필요 자원, 재배입지 등을 결정하며, 작물의 생육 특성과 토양특성을 고려하여 효율적인 작부체계를 수립할 수 있다.

12. 작물 품종, 제초효과 및 주변 환경 등을 고려하여 적정 제초제를 처리하거나 경종적·생물적·물리적 방법을 이용하여 잡초를 방제할 수 있다.

13. 작물 재배에서 발생할 수 있는 병해충을 재배법 개선, 전염·이동경로 차단 등의 방법으로 예방하고 현장에서 발생 여부를 예찰하여 적기에 약제 처리 등을 통해 병해충을 방제할 수 있다.

14. 작물 재배 과정에서 발생할 수 있는 기상재해의 유형을 파악하고 사전에 이를 대비하며 재해 발생 시 대처하고 사후 관리를 시행할 수 있다.

15. 작물의 종류에 따라 입묘율을 확보하기 위한 최적의 재배방법을 결정하고 생육단계별 관리 및 재해관리를 수행할 수 있다.

실기검정방법	필답형	시험시간	2시간

실기과목명	주요항목	세부항목	세세항목
종자생산 실무	1. 영양번식작물 육종실행관리	1. 영양번식작물 육종 방법 결정하기	1. 영양번식작물의 종류와 육종 현황 정보를 탐색할 수 있다. 2. 대상작물의 육종목표를 설정할 수 있다. 3. 대상작물의 육종목표 달성을 위한 육종방법을 결정할 수 있다.
		2. 우량 영양계 탐색 선발하기	1. 육종목표 달성에 적합한 야생종, 재래종, 외국 도입종 을 수집할 수 있다. 2. 생육, 품질, 수량성, 내병충성 등의 특성조사를 통해 우수한 형질을 가진 모본을 탐색할 수 있다. 3. 모본 품종의 생식특성, 진정성, 유전적 안정성, 건전성 여부에 대한 정보를 수집할 수 있다.
		3. 영양번식작물 교배 육종 실행하기	1. 대상작물 우량모본의 종자를 채종하여 실생집단을 양성할 수 있다. 2. 대상작물 재배농가 또는 묘포장의 영양계 집단 중에서 우수한 특성을 가진 우량 영양계를 선발할 수 있다. 3. 대상작물의 한 개 영양체에서 유래된 돌연변이 계통 내의 개체 간 형질의 변이를 조사함으로써 계통의 유전성과 고정 정도를 측정할 수 있다. 4. 대상작물의 인위적 개화 유도 및 인공교배를 통해 새로운 유전자형을 만들 수 있다. 5. 대상작물의 교배실생을 전개하여 우량 영양계 계통을 선발할 수 있다.
		4. 영양번식작물 성능검정하기	1. 선발된 우량 계통의 지역적응성 검정시험을 거쳐 재배 적지를 판단할 수 있다. 2. 선발 계통에 대한 재배적 특성평가를 거쳐 새로운 품종으로 등록할 수 있다. 3. 선발 계통의 농가 실증재배를 실시하여 농가 표준품종 과 비교하여 수량성 및 재배적인 특성을 분석할 수 있다.
	2. 자식성 잡종강세 육종실행관리	1. 자식성 잡종강세 모본 양성하기	1. 자식성 작물의 자연교잡 종자생산 방법과 기작을 파악 한다. 2. 자식성 작물의 잡종강세와 웅성불임체계 양상을 파악 한다. 3. 자식성 작물에서 유전자 웅성불임체계를 개발할 수 있다. 4. 자식성 작물에서 세포질 웅성자 불임체계를 개발할 수 있다. 5. 자식성 작물의 우량 화분친을 개발할 수 있다.

실기과목명	주요항목	세부항목	세세항목
		2. 자식성 잡종강세 육종 실행하기	1. 자식성 작물의 잡종강세 육종 프로그램을 수립할 수 있다. 2. 웅성불임계통 개량 양성포를 운영·관리할 수 있다. 3. 잡종강세 화분친 개량 양성포를 운영·관리할 수 있다. 4. 잡종강세 조합능력 검정포를 운영·관리할 수 있다. 5. 잡종강세 우량조합 성능평가 검정포를 운영·관리할 수 있다. 6. 병해충 및 우량형질 검정 평가체계를 운영·관리할 수 있다. 7. 자식성 일대잡종 모본등록을 할 수 있다.
		3. 자식성 일대잡종 종자 생산하기	1. 자식성 작물 잡종종자 최대 생산을 위한 불임친과 화분친의 재배방법을 결정할 수 있다. 2. 자식성 작물 불임친과 화분친의 출수기 조절방법을 강구할 수 있다. 3. 자식성 작물 잡종종자의 순도를 높이기 위한 제반 조치를 취할 수 있다. 4. 자식성 작물 잡종강세 종자생산을 설계하고 시장성 과 경제성을 분석할 수 있다.
	3. 타식성 잡종강세 육종실행관리	1. 타식성 잡종강세 모본 양성하기	1. 자연재래종, 계획 모집단, 자식계통, 교잡품종, 영양체 등을 수집하여 새로운 모집단을 구성할 수 있다. 2. 순환선발 기술을 적용하여 모집단의 조합능력을 개량 할 수 있다. 3. 계통선발법, 1수1열법, 여교잡법 등을 이용하여 순수 자식계통 교배모본을 육성할 수 있다. 4. 반수체, 영양체를 이용하여 자식계통을 육성할 수 있다.
		2. 타식성 잡종강세 육종 실행하기	1. 단교잡, 톱교잡, 이면교잡방법을 이용하여 교배모본 인 자식계통의 일반조합능력과 특수조합능력을 검정 할 수 있다. 2. 다교잡을 이용하여 영양번식작물의 일반조합능력을 검정할 수 있다. 3. 조합능력이 우수한 자식계통 간의 교잡으로 단교잡, 3계교잡, 복교잡, 합성품종과 같은 잡종강세계통을 육성할 수 있다. 4. 교잡된 계통들은 생산력, 지역적응성 검정을 통해 일대잡종 품종으로 육성할 수 있다.

실기과목명	주요항목	세부항목	세세항목
		3. 타식성 일대잡종 종자 생산체계 확립하기	1. 타식성 작물의 웅성불임체계를 이용하여 일대잡종 종자를 대량생산할 수 있다. 2. 타식성 작물의 자가불화합성 체계를 이용하여 일대 잡종 종자를 대량생산할 수 있다. 3. 타식성 작물의 인공교배를 통하여 일대잡종 종자를 대량생산할 수 있다. 4. 타식성 작물의 일대잡종 종자 최대생산을 위한 종자 친과 화분친의 재배방법을 결정할 수 있다.
		4. 종자생산 경제성 평가하기	1. 잡종 종자생산에 인공교배, 자가불화합성, 웅성불임 기술을 적용할 수 있다. 2. 종자친과 화분친의 개화생리, 식물체 특성 등을 종자 생산 최적화에 적합하도록 개량하여 생산비를 절감하는 기술을 적용할 수 있다. 3. 종자생산에 화학물질이나 매개곤충을 이용하여 생산성을 높이는 기술을 활용할 수 있다. 4. 잡종종자의 순도를 조사할 수 있다. 5. 일대잡종 품종의 종자생산에 투입되는 비용과 종자가격의 시장접근성을 조사하여 경제성을 분석할 수 있다.
	4. 돌연변이 육종 실행관리	1. 돌연변이 창출하기	1. 돌연변이의 유형과 발생양상 및 유전기작을 파악할 수 있다. 2. 자연돌연변이를 탐색 선발하고 특성을 평가할 수 있다. 3. 인위돌연변이를 유발 선발하고 특성을 평가할 수 있다. 4. 돌연변이 유발원과 시설을 관리 이용할 수 있다.
		2. 돌연변이 육종 실행하기	1. 자식성 작물의 돌연변이 육종을 실행할 수 있다. 2. 타식성 작물의 돌연변이 육종을 실행할 수 있다. 3. 영양번식 작물의 돌연변이 육종을 실행할 수 있다. 4. 돌연변이 선발 계통의 성능검정을 실행할 수 있다. 5. 작물별 돌연변이 계통의 성능을 검정하고 유전자원 또는 신품종으로 등록할 수 있다.
	5. 씨앗 생산 재배계획 및 모본육묘	1. 재배일정 수립하기	1. 우량한 씨앗을 생산하기 위한 적기를 판단하여, 파종, 정식, 정지전정, 적화·적과, 시비, 관수, 교배, 매개충 방사, 작물보호제 살포 등을 포함한 재배관리 일정을 수립하고, 이에 따른 세부관리와 점검 사항을 정리할 수 있다. 2. 생산된 씨앗이 국경을 넘어 이동해야 할 경우에는 재배지 검사가 필요한지를 확인하고, 필요한 경우에는 재배지 검사 계획을 수립하여 실행할 수 있다.

실기과목명	주요항목	세부항목	세세항목
			3. 대상작물과 품종의 유전적 특성, 작물관리요령, 식물위생과 주요 병해충 방제요령, 인공교배방법, 수확과 현지처리 등에 대한 교육훈련 프로그램을 작성하여 시행할 수 있다.
		2. 모본 육묘하기	1. 대상작물의 생장과 생육상 전환에 필요한 온도와 일장 조건을 충족할 수 있도록 파종시기를 결정할 수 있다. 2. 파종할 원종 또는 원원종의 발아율과 종자세를 확인하고 증식배율을 고려하여 적정한 포기수를 확보하는 데에 필요한 원종 또는 원원종의 양을 계산할 수 있다. 3. 파종하는 원종 또는 원원종의 건전성을 파악하여 파종 전에 필요한 소독을 실시하고, 씨앗의 발아 특성을 고려하여 발아에 적합한 환경을 조성할 수 있다. 4. 씨앗생산지역의 기후환경과 보온 또는 가온 기술을 고려하여 육묘 여부와 방법을 결정하고, 씨앗생산 계획량을 고려하여 육묘상 면적을 결정할 수 있다. 5. 육묘상에서 감염이 가능한 씨앗 전염병들을 지속적으로 관찰하면서 방제하여 이병된 유묘가 본포에 옮겨가는 것을 막을 수 있다. 6. 씨앗생산에 접목을 이용해야 하는 작물의 경우, 적합한 대목을 선정하고 접수와 대목의 파종기를 조정할 수 있다. 7. 육묘기간 중에 병해충 오염을 막기 위해 육묘장을 출입하는 인력, 장비의 위생통제를 위한 시설과 제도를 확보·운영할 수 있다. 8. 육묘시기의 기상조건을 고려하여 필요한 경우에는 인공조명 또는 차광을 할 수 있다. 9. 물과 영양을 공급하는 양, 방법 주기 및 횟수를 조절하고 정식 전에는 모의 경화처리를 할 수 있다.
	6. 씨앗생산포장 재배관리	1. 관개·시비하기	1. 농경지를 갈고, 밑거름을 뿌리고, 골이나 두둑을 만들어 묘를 이식하거나, 씨앗을 직파할 수 있다. 2. 작물과 포장 여건에 맞는 관배수 방법을 선택하여 수분과다나 부족에 의한 장해를 최소화하기 위한 수분관리를 할 수 있다. 3. 충실도가 높은 씨앗 생산량을 극대화하기 위하여 생육 단계별로 필요한 비배관리를 할 수 있다. 4. 식물영양성분 결핍 또는 과잉 증상을 진단하고 처방할 수 있다.

실기과목명	주요항목	세부항목	세세항목
		2. 병해충 방제하기	1. 세균병, 곰팡이병, 바이러스병을 병해도감 또는 간이 진단키트를 활용하여 진단할 수 있고 진단결과에 따라 방제 대책을 수립 · 시행할 수 있다. 2. 방충망이나 트랩을 설치하여 해충의 포장 접근을 막을 수 있다. 3. 포장을 출입하는 인력과 장비의 위생통제를 위한 시설과 제도를 확보 · 운영할 수 있다. 4. 필요한 경우에는 파종 또는 정식하기 전에 적절한 방법을 이용하여 씨앗생산포장의 토양을 소독함으로써 토양전염성 병해충과 선충 피해를 줄일 수 있다. 5. 저항성 대목이 있는지를 파악하여, 접목재배를 통하여 병충해를 최소화할 수 있다.
		3. 잡초 방제하기	1. 씨앗생산 포장 내에 발생하는 잡초를 인력 또는 농기계를 이용하여 적기에 관리할 수 있다. 2. 북주기 등의 방법을 활용하여 종자생산 포장 내의 잡초를 관리할 수 있다. 3. 파종 또는 정식 전의 적절한 시기에 비선택성 제초제를 찾아서 활용할 수 있다. 4. 파종 또는 정식 시에 씨앗생산 대상작물에 피해가 없는 선택성 제초제를 찾아서 활용할 수 있다.
	7. 씨앗생산포장 결실관리	1. 매개곤충 이용하기	1. 대상작물과 씨앗생산환경(시설 또는 노지)에 따라서 적합한 매개곤충을 선택할 수 있고, 필요에 따라 직접 사육하거나 임차 또는 구매하여 씨앗생산포장에 방사할 수 있다. 2. 매개곤충의 습성과 작물의 개화습성에 맞춰 매개곤충의 씨앗생산포장 내 밀도를 개화기 전반에 걸쳐 조절할 수 있다. 3. 기상조건이 불량하여 매개곤충의 활동이 지속적으로 저조한 경우 매개곤충의 활동을 대신하여 인위적인 방법으로 꽃가루받이를 촉진할 수 있다.
		2. 1대잡종 생산 양친 수분(授粉) 통제하기	1. 적정한 개화기를 확보하기 위하여 파종 및 정식의 시기를 조절할 수 있으며, 양친의 개화기를 일치시킬 수 있다. 2. 양친의 개화습성, 개화수, 부본의 화분생산량 등을 파악하여 양친 간 적정 비율을 확보함으로써 생산되는 씨앗의 유전적 순도와 수확량을 높일 수 있다.

실기과목명	주요항목	세부항목	세세항목
			3. 인공교배를 하는 경우, 수정률이 가장 높은 시간대에 교배를 집중하고, 필요한 때에는 화분을 채취하여 적정 환경에 보관·저장하였다가 공급함으로써 교배 효율을 높일 수 있다.
			4. 인공교배하는 작물의 경우, 색채조합표지(Color Pattern) 등 양친의 식별에 도움이 되는 수단을 찾아 활용할 수 있고, 제웅과 교배 작업의 실시 여부 및 시점의 표시 방법을 강구할 수 있다.
			5. 웅성불임성 모본을 이용하는 경우, 가임성 꽃가루가 나오는 그루를 개화 초기에 찾아 제거할 수 있다.
			6. 자가불화합성 작물의 원종증식에 CO_2를 처리하여 자가불화합성을 타파하는 시설을 설치·운영할 수 있다.
			7. 춘화형 작물의 경우 저온처리를 통하여 개화기를 조절할 수 있다.
			8. 순지르기의 시기와 강도를 조절하여 초기 개화를 일치시킬 수 있으며, 개화 후기에는 화학적, 물리적인 방법을 이용하여 잔여 꽃을 제거할 수 있다.
			9. 식물생장조절제를 처리하여 추대·개화를 촉진 또는 지연시킬 수 있다.
			10. 식물생장조절제 등의 처리로 성발현을 조절할 수 있다.
			11. 수확 전에 교배가 안 된 과실을 찾아 제거할 수 있다.
		3. 착과 조절하기	1. 작물과 품종의 담과(擔果) 능력에 맞는 착과수를 결정할 수 있다.
			2. 대상 품종의 생육형에 따라 유인, 적심, 정지 등의 방법과 시기를 결정할 수 있다.
			3. 교배 종료 후 적정 엽수를 확보한 다음에는 정상적 결실에 필요한 엽면적의 확보를 위한 정지를 할 수 있다.
	8. 조직배양묘 생산	1. 증식모본 확보하기	1. 품종 고유의 유전적 특성을 갖추고 건전한 상태에 있는 모식물을 선정할 수 있다.
			2. 시장 수요를 파악하고, 그에 맞춘 대량생산에 필요한 적정 수량의 모본을 유지 보존할 수 있다.
			3. 증식모본의 건전성 유지와 증식에 적합한 환경을 조성·관리할 수 있다.

실기과목명	주요항목	세부항목	세세항목
		2. 조직배양방법 결정하기	1. 배양조직의 무균 처리를 할 수 있다. 2. 대상 작물의 대량증식에 필요한 적정한 배지를 선택할 수 있다. 3. 대상 작물에 따라 대량증식에 필요한 배양실 환경을 조절할 수 있다. 4. 생장점 등 무병 조직을 배양하고, 지표식물, ELISA, RT-PCR 등의 방법을 동원하여 배양산물의 건전성을 자체적으로 또는 검정전문기관에 의뢰하여 확인할 수 있다.
		3. 대량배양하기	1. 증식한 개체 또는 무병화된 개체를 기내에서 유지 및 보존할 체계와 방법을 찾을 수 있다. 2. 기내대량생산에 필요한 배지의 종류와 조성방법을 찾을 수 있다. 3. 선택된 배양 방법과 배지, 배양시설 등의 비용을 토대로 경영의 가능성과 경제성을 판단할 수 있다.
		4. 이형개체 판별하기	1. 기내 배양묘의 상태를 보고 품종 성능 및 특성의 안정적 발현 여부를 예측할 수 있다. 2. 기내에서 배양한 증식체의 상태를 보고 변이체 여부를 1차적으로 판별할 수 있다. 3. 바이러스 등 병 검정기술을 활용하여 증식한 묘의 건전성을 검사할 수 있다.
		5. 순화하기	1. 배양조직의 순화방법을 결정하여 이에 맞도록 순화시설의 환경을 조절 및 개선할 수 있다. 2. 순화 및 육묘 과정 중에는 배양묘의 생장 상황을 점검하고 개선할 수 있다. 3. 균일한 건전 조직배양묘를 소비자가 희망하는 시기에 출하할 수 있도록 작물의 특성에 맞는 생산일정을 작성하여 시행할 수 있다.
	9. 묘목 생산	1. 생산포장 조성하기	1. 작물의 생리적 특성과 지형, 토질, 기후 등 재배환경요인을 분석·평가할 수 있다. 2. 생산시설(온실, 비닐하우스 등)과 교통, 인력, 연관산업 등 경제적 입지 조건을 고려하여, 경영에 유리한 묘목 생산포장을 선정할 수 있다. 3. 효율적 관리가 가능하도록 포장조성 기본 계획을 세우고 이에 따라 토양 정지, 농로 개설 등의 기반시설을 배치, 재식도를 그릴 수 있다. 4. 병해충 방제와 보안을 위해 묘목 생산포장 주위에 차단 시설을 할 수 있다.

실기과목명	주요항목	세부항목	세세항목
		2. 묘목 생산하기	1. 재배환경과 묘목의 영양 상태, 토양분석 결과 등을 고려하여 합리적 시비를 하고 부족한 영양성분을 보충함으로써 균형 있는 생장을 유도할 수 있다. 2. 재배환경, 작물의 생리적 특성과 생장 상태, 토양수분 측정결과 등을 고려하여 관수 시기와 관수량을 결정할 수 있고, 관배수 방법 및 장비를 선택할 수 있다. 3. 타당성이 있는 경우에는 흑색 비닐포트 등의 용기를 묘목 생산에 활용할 수 있다. 4. 대목 생산에 필요한 파종, 휘묻이, 삽목, 접목 분주 등의 기술을 이해하고 활용할 수 있다. 5. 휘묻이에 의해 대목을 생산할 경우, 복토 후 적절한 재배 관리를 할 수 있다. 6. 병해충을 진단하고 작물보호제 사용지침서를 이해하여 병해충 방제에 효과적인 작물보호제를 선택하고 혼용가부표를 활용하여 조제하고 안전사용기준에 따라 사용할 수 있어야 한다. 7. 초생재배 기술 또는 비닐 멀칭을 이용하여 경제적이고 효율적으로 토양표면을 관리할 수 있고 잡초의 종류와 작물을 고려하여 제초제의 종류와 사용 방법을 선택할 수 있다. 8. 건실한 묘목 생산을 위해 달린 과실을 제거하는 등의 결실 관리를 할 수 있다. 9. 생장조절제 처리와 적심 등 재배 관리기술을 적용하여 곁가지 발생을 유도할 수 있다.
		3. 생산 묘목 보증하기	1. 묘목의 포장검사 항목과 검사규격을 이해하고 생육기에 포장검사를 실시할 수 있다. 2. 묘목의 생장 상태와 기관·조직의 형태적 특성을 관찰함으로써 이형개체를 식별하여 제거할 수 있다. 3. 묘목의 종자검사 항목과 검사규격을 이해하고 묘목 수확 후에 종자검사를 실시할 수 있다. 4. 생산된 묘목에 보증표시를 부착하고 품종의 진정성과 묘목의 건전성을 자체 보증할 수 있다. 5. 묘목의 균일성 및 안정성을 파악할 수 있다.
	10. 수도작 재배계획 수립	1. 재배방식 결정하기	1. 경영규모, 작업자의 기술수준과 노력여건 등을 고려하여 기계이앙재배나 직파재배를 선택할 수 있다. 2. 작업자의 농자재 구비여건, 숙련도 등을 감안해서 벼 재배유형을 선정할 수 있다.

실기과목명	주요항목	세부항목	세세항목
			3. 생산기술수준 · 수익구조 · 소비자 기호와 소비패턴 및 판로 등을 고려하여 일반재배, 농산물우수관리재배. 친환경재배 등의 재배기술을 결정할 수 있다.
		2. 품종 선택하기	1. 재배지역의 입지여건, 기상 및 토양환경, 품종의 내병충성 등을 고려하여 장려품종 중에서 적합한 품종을 결정할 수 있다.
			2. 재배방법, 재배시기, 작부체계 및 재해위험 분산 등을 고려하여 조 · 중 · 만생종 중 품종을 선택하거나 적절히 안배할 수 있다.
			3. 판로와 재배목적 등에 따라 고품질, 기능성, 가공적성, 수량성이 높은 품종을 적절히 선택할 수 있다.
		3. 토양 검정하기	1. 토양 샘플 채취 기준에 따라 필지 내 토양특성의 공간변이를 충분히 고려하여 적기에 토양 샘플을 채취할 수 있다.
			2. 소정의 절차에 따라 채취한 샘플의 토양 검정을 시 · 군 농업기술센터에 의뢰할 수 있다.
			3. 토양 검정 결과에 따라 재배 필지별 적정 시비량을 결정할 수 있다.
─	11. 전작 재배계획 수립	1. 생산계획 수립하기	1. 소비자 요구, 시장정보, 지원제도를 고려하여 적합한 재배 품목을 선정할 수 있다.
			2. 해당 지역의 기상과 토양특성을 파악하여 재배가 가능한 작목 및 품종을 선정할 수 있다.
			3. 경지규모와 투입 가능한 자원을 고려하여 효율적인 재배방법을 결정할 수 있다.
			4. 재배작목 및 방법에 따라 필요한 농기구 및 농자재 목록을 작성할 수 있다.
		2. 재배입지 선정하기	1. 전작물의 생육특성과 지역의 기상 및 토양특성을 고려하여 재배적지를 선정할 수 있다.
			2. 지역의 지형특성을 고려하여 재배적지를 선정할 수 있다.
			3. 농업용수 확보 및 관수 · 배수 시설을 고려하여 재배적지를 선정할 수 있다.
			4. 전작물의 가공 및 유통을 고려하여 재배적지를 선정할 수 있다.
		3. 작부체계 수립하기	1. 전작물의 생육특성과 재배지역의 기상특성을 고려하여 안정적 생산이 가능한 작부체계를 수립할 수 있다.

실기과목명	주요항목	세부항목	세세항목
			2. 재배지역의 토양특성을 고려하여 토양의 지력을 유지 및 증진시킬 수 있는 작부체계를 수립할 수 있다.
			3. 전작물의 기지현상을 고려하여 연작피해를 줄일 수 있는 작부체계를 수립할 수 있다.
			4. 지역의 생산농가조직과 연계하여 효율적인 생산이 가능한 작부체계를 수립할 수 있다.
	12. 수도작 잡초방제	1. 제초제 선택하기	1. 이앙 시기, 우점잡초의 종류, 제초효과 및 토양특성 등을 고려하여 적합한 제초제를 선택할 수 있다.
			2. 재배 품종에 대한 약해와 주변 환경에 미치는 독성을 고려하여 안전한 제초제를 선택할 수 있다.
			3. 발생 시기가 다른 여러 종류의 잡초를 방제하기 위하여 순환체계처리에 필요한 제초제를 적절히 선택할 수 있다.
			4. 제초제 저항성 잡초 방지를 위해 제초제를 교호로 선택할 수 있다.
		2. 제초제 처리하기	1. 이앙 전후 로터리 작업 등을 고려하여 초기제초제를 살포할 수 있다.
			2. 이앙 전 초기제초제 살포 후 5일간 약효가 충분히 발휘되도록 담수심을 철저히 유지할 수 있다.
			3. 정지 작업 완료일을 기준으로 적정 기간 내에 초기제초제를 살포할 수 있다.
			4. 이앙 후에는 잡초의 발생과 생육습성에 따라 제초제 처리시기를 결정할 수 있다.
			5. 시차를 두고 발생하는 잡초를 방제하기 위하여 제초제 종류별 순환체계처리를 할 수 있다.
		3. 종합 잡초 방제하기	1. 수작업이나 중경제초기와 로봇제초기 등을 이용하여 잡초를 제거할 수 있다.
			2. 적정 담수심 관리 등을 통해 잡초를 방제할 수 있다.
			3. 친환경 잡초제거 방법으로 생물을 이용하여 방제할 수 있다.
	13. 수도작 병해충 관리	1. 병해충 예방하기	1. 내병충성 품종 선택과 무병종자 채종 및 종자소독을 통하여 병해충을 예방할 수 있다.
			2. 병해충을 예방하기 위하여 지력·재식밀도·시비법·재배양식 등을 개선할 수 있다.
			3. 중간숙주식물과 논두렁잡초 등 병해충 전염·매개·월동·유입경로를 차단할 수 있다.

실기과목명	주요항목	세부항목	세세항목
		2. 병해충 발생 예찰 관찰하기	1. 해당 지역에서 과거의 기상경과와 병해충 발생이력 등을 분석하여 재배지의 병해충 발생을 예측할 수 있다. 2. 기상경과를 분석하고 작물영양 상태 및 병 증세를 진단하거나 포자를 채집하여 전문가에게 병원균 밀도 분석을 의뢰할 수 있다. 3. 기상경과를 분석하고 해충 트랩을 설치하거나 포장을 순회하여 해충 발생을 예찰할 수 있다.
		3. 병해충 방제하기	1. 방제효과가 탁월한 약제를 선택하고 인축 및 약효에 영향하는 기상조건 등을 고려하여 안전사용기준에 따라 적기에 병을 방제할 수 있다. 2. 방제효과와 천적관계 등을 감안하여 선택적 약제를 선택하고, 인축 및 약효에 영향하는 기상조건 등을 고려하여 안전사용기준에 따라 적기에 해충을 방제할 수 있다. 3. 기본약제의 상자처리, 재배 및 시비법 개선, 병해충 발생의 정확한 진단과 예찰에 기초한 선택적 약제의 최소사용 등으로 병해충 종합방제기술을 실천할 수 있다.
	14. 수도작 재해관리	1. 기상재해 유형 분석하기	1. 해당 재배지역에서 출현 빈도가 높은 기상재해의 유형을 분석할 수 있다. 2. 개별 경작지의 입지여건을 고려하여 고위험군 기상재해 유형을 추출할 수 있다. 3. 수도의 주요 생육단계별 각종 기상재해에 따른 작물피해 유형을 분류할 수 있다.
		2. 기상재해 사전 대처하기	1. 기상재해 발생의 비생물적 요인과 패턴을 분석하여 사전 대책을 수립할 수 있다. 2. 기상재해 발생의 생물적 요인과 패턴을 분석하여 사전 대책을 수립할 수 있다. 3. 농작물 재해보험 상품의 종류를 파악하고 경영규모에 적합한 보험을 선택할 수 있다.
		3. 기상재해 응급 대처하기	1. 작물생육상태·생육단계 등을 정확히 진단하여 예상되는 기상재해에 적절한 응급조치를 취할 수 있다. 2. 단위 시설의 기능과 상태를 면밀히 점검하여 예상되는 기상재해에 적절한 응급조치를 할 수 있다. 3. 기상재해 노출상황·작물생육상태·생육단계 및 단위 인프라 피해상황을 정확히 진단하여 필요한 응급조치를 취할 수 있다.

실기과목명	주요항목	세부항목	세세항목
		4. 기상재해 사후 대처하기	1. 작물생육단계와 피해상황을 정확히 진단하여 적절하고 신속한 사후 대처방안을 수립하고 실행할 수 있다. 2. 기상재해 노출 유형별 작물의 주요 병해충 발생을 예찰·진단하여 신속하고 효과적으로 방제할 수 있다. 3. 농작물재해보험약관에서 정하는 소정의 절차에 따라 농작물 손해평가와 보험금 지급을 신청할 수 있다. 4. 단위 시설 및 농경지 피해 상황을 신속히 파악하여 자체 복구하거나 읍·면·동사무소에 신고하여 지원을 요청할 수 있다.
	15. 전작 생육관리	1. 입모율 확보하기	1. 작물별 생육특성을 파악하여 입모율 확보를 위한 재배 방법을 결정할 수 있다. 2. 작물별 발아율과 비용적 측면을 고려하여 정밀하게 파종할 수 있다. 3. 작물별로 발아한 개체를 적정하게 유지하기 위해 재식 밀도 관리기술을 적용할 수 있다. 4. 입모율 확보를 위해 빛, 수분, 온도, 토양 등의 재배 환경을 관리할 수 있다. 5. 조수 피해 예방을 위한 시설을 설치하고 관리할 수 있다.
		2. 생육단계별 관리 하기	1. 토양환경 개선과 작물의 생육 촉진을 위해 중경작업을 할 수 있다. 2. 작물의 지지력과 토양의 통기성을 확보하기 위한 배토 작업을 할 수 있다. 3. 생육 단계별 수분, 온도, 빛 등의 재배 환경을 관리할 수 있다. 4. 생육 단계별 시비, 병해충, 잡초 등을 관리할 수 있다. 5. 작물의 생육이 부진할 경우 영양진단을 통해 생육을 회복시킬 수 있다.
		3. 재해 관리하기	1. 과습이나 가뭄 등으로 인한 작물 생육에 지장이 생길 경우 응급대책 및 복구 수단을 적용할 수 있다. 2. 태풍이나 폭우, 폭설 등의 풍수해가 작물에 발생할 경우 응급대책 및 복구 수단을 적용할 수 있다. 3. 저온 및 고온 피해가 발생할 경우 응급대책 및 복구 수단을 적용할 수 있다. 4. 재배 작물의 피해를 보상해주는 농업재해보험상품을 선택하여 가입할 수 있다.

차례

제1편 필답형

제2편 작업형 필답

제3편 기출문제

제1편 필답형

Engineer Seeds & Industrial Engineer Seeds

Engineer Seeds & Industrial Engineer Seeds

제1장 필답형 문제 및 정답

01 판매 종자의 기재사항은 무엇인가?

> **정답** 종자의 이름, 생산자, 발아율, 순도, 병해충의 유무

02 종자 조제 시 주의사항에는 어떤 것이 있는가?

> **정답** ① 이물질 배제
> ② 건조 중에 비 맞지 않게 함
> ③ 병해충감염 주의

03 보증종자의 보증표시방법을 설명하시오.

> **정답** 1) 채종단계별 구분을 요하는 종자
> ① 원원종 : 바탕은 흰색, 대각선은 보라색, 글씨는 검은색
> ② 원종 : 바탕은 흰색, 글씨는 검은색
> ③ 보증종(Ⅰ) : 바탕은 흰색, 글씨는 검은색
> ④ 보증종(Ⅱ) : 바탕은 적색, 글씨는 검은색
> 2) 채종단계별 구분을 요하지 않는 종자 : 바탕은 청색, 글씨는 검은색
> 3) 묘목 : 바탕은 청색, 글씨는 검은색

04 밀봉 저장한 종자가 밀봉하지 않은 종자보다 더 빨리 퇴화하는 경우를 쓰시오.

> **정답** ① 종자를 충분히 건조시키지 않아 수분을 많이 함유한 경우
> ② 밀폐용기 내의 상대습도가 높은 경우
> ③ 저장 전에 병충해의 방제를 하지 않은 경우

05 오이의 암수꽃 착생조절법은 무엇인가?

> **정답** 자화(암꽃) 증가

① 저야온(3~15℃)과 단일(8Hr 정도)에서 육묘
② 질소질 비료의 시비를 줄이고 충분한 관수
③ NAA, 2.4-D, 에틸렌 처리
웅화(수꽃) 증가
① GA처리
② 고온장일 육묘

06 배추의 결구모본채종과 직파채종의 장단점을 각각 1개씩 적으시오.

정답 결구모본채종
① 장점 : 종자품질이 좋다.
② 단점 : 모본선발이 어렵다.
직파채종
① 장점 : 모본선발이 쉽다.
② 단점 : 종자품질이 나쁘다.

07 배수체의 유지 확인법은 무엇인가?

정답 현미경 검경, 공변세포의 크기, 식물체 크기 확인

08 배수체의 특징을 설명하시오.

정답 ① 핵과 세포가 크다.
② 영양기관의 생육이 증진
③ 과채류는 착과성 감소
④ 임성이 저하되나 화기와 종자는 커진다.
⑤ 발육지연, 내한성, 내병성 증대 및 함유성분 변화

09 제웅에 관해서 설명하시오.

정답 ① 종류 : 절영법, 화판인발법
② 용도
㉠ 인공교잡시 자연교잡이나 자가수정을 타파
㉡ 오염수분 방지
㉢ 육종상의 다른 수분수로 수정시

10 제웅(양성화) 중 고추 제웅을 하는 이유는 무엇인가?

> **정답** 인공교잡 시 자연교잡과 자가수정을 회피하기 위하여 제웅한다.

11 교배 전에 제웅을 하는 이유는 무엇인가?

> **정답** 자연교잡이나 자가수정을 방지하기 위해서이다.

12 종자의 사후관리시험의 기준 및 방법 중에서 검사항목 3가지는 무엇인가?

> **정답** 품종의 순도, 품종의 진위, 종자전염병

13 국가품목 등록 대상작물은 무엇인가?

> **정답** 벼, 보리, 콩, 옥수수, 감자

14 종자배 발달의 두 가지 형을 설명하시오.

> **정답** ① 배유형 : 당근, 양파, 벼, 밀, 토마토 등
> ② 무배유형 : 완두, 오이, 호박, 배추 등

15 농작물에서 1대 잡종(F₁) 품종을 재배하는 이유 3가지를 말하시오.

> **정답** ① 생산량 증대가 확실하다.
> ② 균일한 생산물을 수확할 수 있다.
> ③ 유용한 우성유전자를 이용하기 쉽다.

16 염색체를 배가시키는 데 주로 이용하는 방법은 무엇인가?

> **정답** 콜히친 처리법, 아세나프텐 처리법, 절단법, 온도처리법

17 콜히친의 처리방법을 말하시오.

> **정답** 종자침지법, 식물체침지법, 적하법, 라놀린법, 한천법, 분무법

18 씨감자퇴화의 주요 원인 2가지를 말하시오.

> **정답** 생리적 퇴화, 병리적 퇴화

19 인공영양번식에서 발근 및 활착을 촉진하는 처리법은 무엇인가?

> **정답** 황하, 생장호르몬 처리, 자당액, 침지, 과망간산칼륨액 처리, 환상박피, 라놀린 도포

20 벼 포장검사규격 중 특정 병은 어떤 병을 말하는가?

> **정답** 키다리병, 선충심고병

21 타인의 품종보호권을 침해한 자에게는 어떤 벌칙이 주어지는가?

> **정답** 7년 이하의 징역 또는 1억 원 이하의 벌금

22 접목변이는 어디에 이용할 수 있는지 3가지를 쓰시오.

> **정답** 수세의 조절, 결과연한의 단축, 풍토 적응성 증대, 병해충에 대한 적응성 증대

23 무병식물의 육성방법 4가지는 무엇인가?

> **정답** 생장점 배양, 경정 배양, 시험관내 접목, 캘러스 배양

24 종자의 수명에 영향을 미치는 3가지 조건은 무엇인가?

> **정답** 종자의 충실도(숙도), 저장온도와 습도(저장장소 환경), 종자의 함수량

25 화아분화에 영향을 미치는 조건 3가지는 무엇인가?

정답 온도, 일장, 유전인자

26 개화기 조절방법을 5가지 쓰시오.

정답 파종기의 조절, 일장의 조절, 적심 및 접목법 이용, 춘화응용 및 개화 직전까지의 적산온도 조절, 식물생장조절제 이용

27 잡종강세의 특징을 말하시오.

정답 ① 양친의 장점이 발현되어 생활력이 왕성하다.
② 증수의 효과가 있다.
③ 균일하고 발아력이 우수하다.
④ 강건성, 내병성, 풍토적응성이 있다.
⑤ 생리작용, 세포분화활동 촉진, 양분 흡수량 증대, 원형질의 증대

28 하드닝(硬化)의 효과를 설명하시오.

정답 내한성 증대, 원형질 점도 증대, 작물체의 수분손실 억제, 뿌리의 표면적 증대

29 십자화과 식물의 자가불화합성 타파방법을 쓰시오.

정답 ① 뇌수분, 노화수분에서 나타나는 위임성을 이용
② NAA, β-NAA를 수분 후 씨방의 밑부분에 바르든지, 아니면 개화 개체에 분무한다.
③ 동일주 내에서 임성이 있으면 분주하여 이용한다.

30 웅성불임의 인위적인 이용방법을 쓰시오.

정답 생장조절물질 처리, 방사선 조사, 종간잡종 이용, 작물 집단 속에서 웅성불임의 계통을 찾아 그 유전양식을 규명하고 도입하여 이용한다.

31 배추, 양배추의 모본유지방법에는 몇 가지가 있는지 나열하시오.

정답 분형법, 집단도태법, 모본선발법

32 구근류의 번식에 알맞은 곳을 설명하시오.

정답 ① 배수가 양호한 사질양토
② 토양전염 병충해가 적은 곳
③ 종구재배지 : 습한 기후조건으로 진딧물의 발생이 적어 바이러스 위험이 없는 곳

33 과채류의 접목 목적을 설명하시오.

정답 ① 만할병의 피해를 막음으로써 연작이 가능하다.
② 품질의 향상 도모 : 흡비력 강화, 증수효과
③ 저온 신장성의 강화
④ 휴재연한을 짧게 할 수 있다.

34 당근 채종 시 종자의 품질을 높일 수 있는 방법을 쓰시오.

정답 ① 파종기를 늦추어 큰 모본을 생산하는 것이 유리하다.
② 숙도가 균일한 적숙 종자를 대량 생산하기 위해서는 추대 및 개화습성에 따라 정지에 의한 채종을 실시한다.
③ 추숙, 채종 직후의 일건처리

35 웅성불임을 이용하여 F_1 생산이 실용화된 채소를 3가지 말하시오.

정답 양파, 고추, 당근

36 인공교배에 성공하기 위해서 알아야 할 사항은 무엇인가?

정답 작물의 화기구조, 교배시간, 개화의 특성과 교배조작, 결실과 결과습성

37 종자 저장 시 사용되는 건조제의 종류는 무엇인가?

정답 실리카겔, 생석회, 염화칼슘

38 감자의 휴면타파 방법은 무엇인가?

정답 지베렐린 처리, 박피 절단법, 에틸렌클로로하이드린 처리

39 토마토의 성숙과정에서 F_1 채종방법을 나열하시오.

정답 ① 유대 인공제웅 교배법
② 무개 인공제웅 교배법
③ 웅성불임성의 이용

40 과수 불결실성의 원인을 설명하시오.

정답 꽃가루의 불완전, 암꽃기관의 불완전, 불화합성

41 약배양에서 반수체는 어떻게 2배체가 되는가?

정답 콜히친 처리법, 줄기절편 배양법, 꽃봉오리 처리법

42 춘화처리의 농업적 이용방법을 3가지 쓰시오.

정답 수량증가, 육종상의 이용, 생산물의 조기출하재배

43 채종재배에서 공간적 격리법의 종류를 쓰시오.

정답 피대법, 망실채종법, 일정한 격리거리의 유지를 통한 방법

44 복개법을 이용하는 경우는 무엇인지 나열하시오.

정답 ① 귀중한 종자의 채종 시
② 소면적에서 많은 종자의 채종 시
③ 원종, 원원종이나 F_1 착출에 필요한 양친의 계통을 유지하고자 할 때

45 판매용 종자의 기재사항을 쓰시오.

🌱**정답** 생산자, 종자의 이름, 발아율, 순도, 병충해의 유무

46 배지의 구성물질을 쓰시오.

🌱**정답** 무기염류, 유기화합물, 천연물, 배양체의 지지재료

47 과수에서 바이러스 무병주의 양성방법을 2가지 쓰시오.

🌱**정답** 조직배양 이용, 종자번식

48 감자와 고구마의 큐어링(Curing)에 대해서 쓰시오.

🌱**정답** ① 감자 : 온도는 10~15℃, 습도는 85~95%인 곳에 1주일 정도 저장한다.
② 고구마 : 온도는 21℃에서 서서히 높여서 30℃로 하고 습도는 85%를 유지한다.

49 큐어링의 일반적인 방법을 설명하시오.

🌱**정답** 온도 : 25~30℃, 습도 : 90% 내외, 기간 : 수확 직후 1~2주 처리

50 1대 잡종(F₁) 종자 채종 시 3가지 방법과 해당 작물을 쓰시오.

🌱**정답** ① 인공교배 : 오이, 수박, 호박, 멜론, 참외, 토마토, 가지, 피망
② 웅성불임성 이용 : 당근, 상추, 고추, 쑥갓, 파, 양파, 옥수수, 벼, 밀
③ 자가불화합성 이용 : 무, 양배추, 배추, 브로콜리, 순무

51 국화과 채소 종자의 휴면타파 방법을 설명하시오.

🌱**정답** 티오요소처리, 변온 및 광선처리, 박피처리, 채종 직후 건조

52 건조저장법에 의하여 휴면이 타파되는 채소에는 어떤 것이 있는가?

> **정답** 콩, 고추, 옥수수, 감자, 무, 배추, 상추

53 접목 후 밀납을 발라주는 이유는 무엇인지 설명하시오.

> **정답** 건조방지, 수분증발방지, 부패방지, 잡균침입방지

54 사과나무 접목 중 2중 접목을 하는 경우는 무엇인지 설명하시오.

> **정답** 접목 불친화성인 두 식물체 사이에 상호친화성을 가진 중간대목을 이용하여 친화성을 도모한다.

55 각종 피복자재의 광선투과율은?

> **정답** ① 유리 : 90%
> ② 플라스틱 : 80~85%
> ③ 유지 : 45~50%

56 분주의 정의와 분주에 의하여 번식되는 과수는 어떤 것이 있는지 말하시오.

> **정답** 모본의 줄기에서 지표면 가까이 또는 뿌리에 발생되는 흡지를 뿌리와 함께 절단하여 새 개체로 만드는 방법. 나무딸기, 앵두나무

57 자가불화합성의 뜻을 설명하고 자가불화합성을 이용하여 채종하는 작물을 쓰시오.

> **정답** 같은 꽃이나 같은 개체에 있는 꽃 또는 같은 계통 간에 수분과 결실이 이루어지지 않는 현상으로 자웅생식기관의 기능이 정상인데도 주두에서 발아하지 못하거나 발아해도 화분관의 신장이 도중에 정지하는 경우를 말한다. 대표적인 작물로는 무, 배추, 양배추 등이 있다.

58 웅성불임의 뜻을 설명하고, 이를 이용하여 채종하는 작물을 쓰시오.

> **정답** 유전적 또는 환경적 이유로 수술이 제 기능을 발휘하지 못하여 불임이 되는 경우
> 예) 고추, 당근, 토마토, 옥수수, 수수, 유채, 양파

59 사과 경정배양 시 발근 및 발아에 이용되는 호르몬제는 무엇인가?

🌱**정답** 발근 : 옥신, 발아(발근억제) : 사이토키닌

60. 무병묘 생산을 위한 바이러스 검정법은 무엇인가?

🌱**정답** 병징, 지표식물 이용, 혈청학적 방법, 전자현미경법

61 채소류의 채종적지 조건을 쓰시오.

🌱**정답** 자연환경조건(기온, 강우량, 일장), 경제적 조건, 기술적 조건

62 구근 생산을 위한 구비조건을 쓰시오.

🌱**정답** 봄에 서늘한 기후가 오래 지속되는 곳, 사질양토, 구 비대기에 강우량이 많은 곳

63 육묘의 목적을 설명하시오.

🌱**정답** 조기 다수확 및 증수, 토지 활용, 추대 방지, 묘의 집중적인 관리, 종자 절약

64 상토의 구비조건을 쓰시오.

🌱**정답** ① 통기성이 좋을 것
② 배수가 좋을 것
③ 비교적 가벼울 것
④ 영양분이 많이 함유되어 있을 것
⑤ 보습성이 있을 것
⑥ 유해미생물 및 유독물질이 없을 것

65 가식의 목적을 쓰시오.

🌱**정답** ① 생육공간을 넓혀주어 도장 방지, 측근의 발생을 촉진하여 이식성 향상
② 불량 묘를 도태시켜 균일한 묘 생산, 양열 온상의 경우 새 온상에 옮겨 적온 유지

66 F₁ 채종에 있어서 웅성불임과 자가불화합성이 중요한 이유는 무엇인가?

> **정답** ① 종자 값이 저렴
> ② 균일성
> ③ 조생 및 다수성
> ④ 품질의 우수성
> ⑤ 노력의 절감

67 배추과 채소류의 우량 품종 육종 시 모본을 오랫동안 유지해야 하는 이유는 무엇인가?

> **정답** 자식약세(돌연변이, 미동유전자분리)에 의한 모본의 퇴화방지

68 과수묘목 육묘 시 온상설치의 적지조건 3가지는 무엇인가?

> **정답** 보호와 관리가 편리한 곳, 지하수위가 낮고 남향인 곳, 바람이 닿지 않는 곳

69 1대 잡종 양산방법에 대하여 설명하시오.

> **정답** ① 웅성불임 이용
> ② 자가불화합성 이용
> ③ 인공수분 실시
> ④ 모계의 웅화를 개화 전에 적제하고 자연교잡

70 장일·중일·단일식물에 대해 설명하고 대상 종류를 나열하시오.

> **정답** ① 장일 : 한계일장 이상에서 개화 촉진(시금치, 상추, 감자, 당근, 무, 과꽃, 금잔화, 글라디올러스)
> ② 중일 : 일장에 관계없이 일정 생장 후 개화(오이, 토마토, 고추, 튤립, 팬지, 카네이션, 히야신스)
> ③ 단일 : 한계일장 이하에서 개화 촉진(고구마, 들깨, 차조기, 옥수수, 다알리아, 나팔꽃, 코스모스, 국화)

71 교잡방지를 위한 대책 3가지는 무엇인가?

> **정답** 공간적 격리, 시간적 격리, 지리적 격리

72 교배 전에 제웅을 하는 이유는 무엇인지 설명하시오.

정답 자연교잡이나 자연수정을 방지하기 위해

73 휴면타파 약제 3가지를 말하시오.

정답 티오요소, 농황산, 질산칼륨, 지베렐린

74 채소류(박과채소) 접목육묘 목적을 2가지만 쓰시오.

정답 저온 및 고온 신장성 증대, 병균 저항성(만할병, 덩굴쪼김병)

75 뇌수분은 어느 때 하는 것이 좋은가?

정답 꽃봉오리 때(꽃 피기 2~3일 전) 수분하는 것으로 불화합성 타파 및 위임 목적

76 물리적 종자소독방법에 대해 쓰시오.

정답 온탕침지, 냉수온탕침지, 태양열이용, 건열소독

77 시금치 완숙종자보다 미숙종자가 발아력이 좋다. 그 이유는?

정답 완숙종자는 과피가 두껍고 딱딱하여 수분흡수가 곤란하기 때문이다.

78 종자의 후숙을 완료시키는 방법은?

정답 습윤처리, 저온처리, 건조, 광선

79 조직배양 시 옥신, 사이토키닌의 기능은 무엇인가?

정답 ① 옥신 : 정아우세를 강하게 하여 잎의 증식억제, 발근촉진
② 사이토키닌 : 잎, 줄기의 생장 및 증식촉진, 발근억제

80 유전적 원인에 의한 품종의 퇴화 종류는?

> **정답** 돌연변이에 의한 퇴화, 자연교잡에 의한 퇴화, 역도태에 의한 퇴화, 미동유전자 분리에 의한 퇴화, 기회적 변동에 의한 퇴화, 기계적 혼입, 자식 약세, 생리적 영향에 의한 퇴화, 병해 발생에 의한 퇴화

81 생리적 원인에 의한 품종의 퇴화종류는?

> **정답** 후작용에 의한 퇴화, 온도와 일장에 의한 퇴화, 병리적 원인에 의한 퇴화

82 웅성불임을 이용하여 채종하는 이유를 말하시오.

> **정답** 교배당 종자수가 적음, 제웅의 불필요, 단위면적당 파종량이 많음, 비용의 절감

83 조직배양의 목적은 무엇인지 쓰시오.

> **정답** 무병주 육성(바이러스), 대량 생산, 신품종 육성, 유전자원 보존

84 배수체의 특징을 설명하시오.

> **정답** 핵과 세포가 크다, 영양기관의 생육이 증진, 과채류는 착과성 감소, 임성이 저하되나 화기와 종자는 커진다, 발육지연, 내한성, 내병성 증대 및 함유성분 변화

85 종자 채취 시 붕소결핍의 영향을 많이 받는 채소 4가지와 생육과 채종에 미치는 영향 3가지를 설명하시오.

> **정답** ① 배추, 양배추, 무, 셀러리
> ② 화주가 돌출하거나 개화가 불균일, 엽이 심하게 위축된다, 화아분화, 발아의 신장억제

86 종자 저장 시 저장에 미치는 요건 3가지를 말하시오.

> **정답** 함수량, 저장온도, 공기의 성분

87 육묘 시 질소를 많이 주면 안 되는 이유는 무엇인가?

정답 도장하여 묘가 연약하게 되고 이식성이 떨어지며 병충해에 대한 저항성이 약해진다.

88 당근의 우량종자 생산방법 4가지는 무엇인가?

정답 서늘하고 강수량이 적은 곳, 경토가 깊은 곳, 다습의 우려가 없는 곳, 정지 및 적심

89 구근번식의 목적과 방법을 말하시오.

정답 ① 목적 : 개화기간의 단축, 모구의 유전형질 및 특성을 유지
② 방법 : 분구 및 자구번식, 노칭, 스쿠핑, 목자번식, 인편, 주아번식

90 적과의 목적 4가지는?

정답 과실의 비대 및 착색증진, 해거리 방지, 상품성 높은 과실생산, 수관형성 촉진, 약제 살포효과 증대

91 포도의 무핵과를 만들려고 한다. 그 방법을 말하시오.

정답 개화 14일 전에 지베렐린 100ppm 처리, 개화 10일 후 지베렐린 100ppm 처리

92 크세니아에 대해 설명하시오.

정답 화분의 형질이 직접 당대의 모체에 영향을 미치는 현상

93 메타크세니아란 무엇인가?

정답 화분의 형질이 미치지 않는 곳, 즉 과실의 과피·종피 및 색깔 등이 화분친의 영향을 받는 현상

94 등숙기 춘화현상이란 무엇인가?

정답 등숙기 때 저온을 받아 다음 해에 파종할 때 약간의 감응온도만 받아도 불시에 추대개화하는 현상

95 식물의 노화형을 구분해 보시오.

정답 전체 노화, 지상부 노화, 낙엽성 노화, 잎의 점진적 노화

96 파종 및 정식 때 이랑을 짓는 이유는 무엇인가?

정답 ① 파종, 제초, 솎음 등의 관리가 편리
② 배수양호, 지온상승, 통기양호
③ 표토가 얕은 곳의 흙을 모아 작토층을 두껍게 함

97 멀칭의 효과를 쓰시오.

정답 지온상승 및 하강, 잡초발생 억제, 수분증발 방지, 토양침식 방지, 과실보호, 빗물에 의한 양분유실
방지

98 토마토의 낙과 원인 3가지는 무엇인가?

정답 묘의 상태가 불량한 경우, 개화 전후 환경조건의 불량, 수분장해

99 토마토에 있어 부적합한 착과제 처리에 의한 변형과의 발생 요인은 무엇인가?

정답 어린 화뢰에 처리, 약제의 고농도, 고온하에서 농도가 진할 때, 살포량 과다, 2회 이상 살포 시, 영양
상태가 왕성할 때

100 영양생장에서 생식생장으로의 전환 원인 및 기구를 말하시오.

정답 ① 내적요인 : 체내 탄수화물의 양과 질소의 비율, 생장조절물질
② 외적요인 : 온도의 영향, 일장의 영향

101 자가불화합성을 이용한 채종재배에서 선결되어야 할 과제는 무엇인가?

정답 불화합성 유기문제, 교잡화합성, 개화기 일치, 채종이 양산인 것, 채종량이 적을 때 복교잡에 의한
양산 방법

102 십자화과 채소가 교잡성이 높은 원인은 무엇인가?

> **정답** ① 자가불화합성 때문에 자가수정이 어려운 점
> ② 십자화과 채소는 여러 종류가 있으면서도 교잡가능 유연의 범위가 넓은 점

103 인공수분 시 문제점 4가지는 무엇인지 말하시오.

> **정답** 재배관리 면, 수분시의 기후, 수분시각, 뇌수분과 노화수분

104 웅성불임의 검정방법과 경제적으로 어느 쪽을 많이 심는지 설명하시오.

> **정답** 검정방법
> ① 화분의 유무, 꽃의 형태로 확인
> ② 모계 쪽을 많이 심는다.

105 F_1 채종에서 웅성불임을 이용하는 작물은 무엇인가?

> **정답** 양파, 고추, 당근, 파, 담배, 옥수수, 사탕무, 수수

106 작물의 인공교배 성공을 위해 알아야 할 사항을 말하시오.

> **정답** 대상작물과의 친화력과 개화수정에 관한 생식과 생리인데, 이는 화기구조, 개화습성, 배주수정능력, 화분발아조건, 화분저장수송, 수분량, 완전제웅 등이다.

107 채소의 개화기를 조절할 수 있는 방법 5가지를 말하시오.

> **정답** 온도와 일장 조절, 파종기에 의한 조절, 적심에 의한 조절, 식물생장조절제에 의한 조절, 성표현 조절

108 십자화과 채소의 모본유지 방법 3가지를 말하시오.

> **정답** 영양번식, 집단선발법, 모계선발법

109 포도나무의 접목번식 이유를 설명하시오.

> **정답** 근두암종병의 저항성을 갖고 토양에 대해 건습적응성을 가진다. 토양의 염류저항성, 기후에 대한 적응성, 수세, 수량, 품질, 숙기 등을 조절할 수 있다.

110 오이를 박과류와 근접시켜 재배하는 것을 금하는 이유는 무엇인가?

> **정답** 오이는 다른 박과류 특히 호박과는 교잡이 안되지만, 위수분에 의해 단위결과가 촉진되어 채종량을 저하시키기 때문이다.

111 인공교배를 위한 개화 조절방법을 말하시오.

> **정답** 파종기 조절, 광주성 이용(장단일처리), 춘화처리, 접목법, 환상박피법, 수경법

112 외국에서 종자를 수입할 때 신고가 면제되는 종자의 수량은 무엇인가?

> **정답** 벼·보리·콩·옥수수 : 5kg, 감자 : 50kg

113 종자의 채취시기에 따라 노지채종의 적취, 예취채종에 대해 설명하시오.

> **정답** 적취채종
> ① 식물체가 심어진 상태에서 채종, 종자가 완숙하면 비산하기 쉬운 것, 개화기가 긴 것
> ② 맨드라미, 금잔화, 채송화, 샐비아, 팬지, 피튜니아
> 예취채종
> ① 완숙종자가 오랫동안 모체에 남아 탈락하지 않는 것, 개화한 후 일제히 결실하는 것
> ② 당국화, 코스모스, 스톡, 만수국, 과꽃, 금어초

114 영양번식의 장점과 단점을 설명하시오.

> **정답** 장점
> ① 종자번식이 어려울 때 이용(고구마, 마늘)
> ② 우량한 상태의 유전질을 쉽게 영속적으로 유지시킬 수 있다.(과수, 감자)
> ③ 종자번식보다 생육이 왕성할 때 이용(감자, 화훼류, 과수)
> ④ 암수의 어느 한쪽 그루만 재배할 때 이용(호프)
> ⑤ 수세의 회복 조절, 토양적응성, 병충해 저항성 증대, 착과촉진, 품질향상 등

단점
① 바이러스병의 전파와 저장 운반 시 손상을 입기 쉽다.
② 단위면적당 묘의 비중이 크다.
③ 변이가 나타나기 어렵고 증식률이 적어 작물개량과 진화가 느리다.
④ 분리가 일어나기 쉽다.

115 무병주 식물을 육성하는 일반적인 수단은 무엇인가?

정답 경정배양, 생장점 배양, 시험관 내 배양, 캘러스 배양

116 배배양을 하는 이유는 무엇인가?

정답 ① 배는 완전한데 배유가 불완전할 때
② 강제휴면하여 후숙이 필요한 때
③ 배유에 억제물질이 함유되어 배발달을 저해하는 경우

117 과수에서 종자번식을 이용하지 않는 이유는 무엇인지 말하시오.

정답 모체 형질의 유전이 곤란하고, 개화기가 지연되는 등의 단점 때문이다.

118 어떤 경우에 춘화처리를 이용하는지 3가지를 쓰고 설명하시오.

정답 ① 개화기 조절 : 교잡육종에 이용
② 조기 수확 : 개화, 결실의 촉진
③ 육종연한의 단축 : 재배면적을 늘림

119 십자화과에서 영양번식으로 모본을 유지하는 방법은 무엇인가?

정답 액아삽, 기내배양

120 아조변이의 원인과 그 중요성을 논하시오.

정답 체세포변이, 돌연변이육종법 : 신품종의 육성에 이용한다.

121 다음 중 자가수분과 타가수분작물을 각각 고르시오.

> 배추, 무, 수박, 오이, 아스파라거스, 포도, 시금치, 완두

정답 ① 자가수분 작물 : 포도, 완두
② 타가수분 작물 : 시금치, 아스파라거스, 오이, 수박, 무, 배추

122 후숙의 이점을 3가지 쓰시오.

정답 종자의 숙도균일, 발아율과 발아세 향상, 종자의 수명 연장

123 개화기 조절방법을 3가지 쓰시오.

정답 파종기에 의한 조절, 춘화처리, 생장조절제에 의한 조절

124 상대적 장일·단일식물을 구분하고 그 뜻을 쓰시오.

> 카네이션, 피튜니아, 다알리아, 만수국, 백일초(백일홍)

정답 ① 상대적장일 : 장, 단일상태 모두에서 개화할 수 있지만 비교적 장일상태에서 생육이 좋고 빨리 개화하는 식물. 피튜니아, 카네이션
② 상대적단일 : 장, 단일상태 모두에서 개화할 수 있지만 비교적 단일상태에서 생육이 좋고 빨리 개화하는 식물. 다알리아, 백일홍

125 채종단계 구분을 요하지 아니하는 종자의 보증표시 기재사항 5가지와 표지의 색깔을 쓰시오.

정답 ① 분류번호, 종명, 품종명, Lot번호, 발아율, 이품종률, 유효기간, 수량, 포장일자
② 바탕색은 청색, 글씨는 검은색

126 무 원종의 뇌수분 시 화뢰(꽃봉오리) 상태는 개화 며칠 전이 좋은가?

정답 개화 2~3일 전

127 종자보증을 위한 포장검사 항목 3가지를 쓰시오.

🌱**정답** 달관검사, 표본검사, 재관리검사

128 종자식물은 다른 꽃가루 및 종자전염병의 모든 원천으로부터 격리되어야 한다. 작물별 격리거리가 1,000m 이상인 작물을 5가지 쓰시오.

🌱**정답** 무, 배추, 양배추, 양파, 당근

129 무병주 바이러스 검정방법을 2가지 쓰시오.

🌱**정답** 병징 및 지표식물 이용, 혈청학적 방법, 전자현미경법

130 과수경정재배의 이점을 2가지 쓰시오.

🌱**정답** ① 대부분의 바이러스에 대해 제거 가능
② 정아, 액아 모두 이용 가능
③ 친주식물을 손상시키지 않고 번식

131 노화촉진법의 장점과 검사방법을 쓰시오.

🌱**정답** ① 장점 : 단시일에 종자의 활력이나 수명을 평가할 수 있으며 신속하고 비용이 적게 들며, 간편하고 모든 식물의 종자에 적용이 가능하다.
② 방법 : 100%의 상대습도 조건에서 온도는 40~45℃로 하여 인위적으로 노화를 촉진시킨다.

132 휴면의 원인 3가지와 효과적인 조절물질을 쓰시오.

🌱**정답** ① 배의 미숙, 종피의 기계적 저항, 발아억제 물질의 존재, 경실종자
② 지베렐린

133 웅성불임의 원인 3가지를 쓰시오.

🌱**정답** 웅성불임, 화분불임성, 수술불임성, 화분의 기능적 불임성

134 일반적으로 가장 많이 쓰이는 배지로 난의 배양에 주로 이용되는 배지는 무엇인가?

> **정답** ① MS배지
> ② 난 : knudson배지

135 배추의 F₁ 종자 채종방법를 말하시오.

> **정답** 자가불화합성이고 조합능력이 높은 A, B 두 계통을 다른 교잡원이 없는 채종포에 섞어 심어 방임
> 상태로 채종한다. A계통의 화분은 B계통의 암술머리에 도착했을 때에만 수정이 일어나며, B계통
> 의 화분은 암술머리에만 수정능력이 있어 여기에서 얻어지는 모든 종자는 1대 잡종이다.

136 보증종자의 등록과정을 말하시오.

> **정답** 검사신청(농림수산식품부장관, 산림청장, 종자관리사) → 포장검사(포장검사의 기준, 방법, 절차)
> → 보증표시(보증유효기간) → 보증서의 발급 → 사후관리시험

137 과수에서 조직배양을 하는 이유 2가지를 설명하시오.

> **정답** ① 대량번식에 이용되며 유전적 안정성과 조기결실성을 유기한다.
> ② 바이러스에 감염되지 않은 건전한 묘목을 얻을 수 있다.

138 자가불화합성의 유형 2가지를 말하시오.

> **정답** ① 포자체형 : 성세포를 만들어낸 식물체의 유전조성(아포체반응)에 의해 불화합성이 결정된다.
> 십자화과 채소, 국화과, 사탕무 등
> ② 배우체형 : 배우자의 유전조성에 의해 불화합성이 발생되는 것으로 가지과, 벼과, 클로버, 냉이,
> 피튜니아, 과수류 등이 있다.

139 카네이션 조직배양에서 사용하는 생장점의 크기와 사용하는 배지는 무엇인가?

> **정답** ① 크기 : 0.2~0.5mm
> ② 사용배지 : 영양배지

140 조직배양 시 완전무병주 생산방법 2가지를 말하시오.

> **정답** 열처리, 경정배양, 캘러스배양

141 미숙종자를 후숙시키는 방법 3가지를 설명하시오.

> **정답** 저온처리, 광처리, 지베렐린처리

142 종자산업법에서 말하는 이형주란 무엇인가?

> **정답** 동일품종 내에서 유전적 형질이 그 품종 고유의 특성을 갖지 아니한 개체

143 과수에서 자가불화합성 타파방법 3가지를 말하시오.

> **정답** 뇌수분, 노화수분, CO_2처리, 말기수분

144 종자발아시험에 사용되는 치상재료 5가지와 조건은 무엇인가?

> **정답** ① 치상재료 : 샬레, 흡습지, 여과지, 발아지, 모래, 탈지면, 면포
> ② 조건 : 배지는 발아하는 유묘에 유독하지 말 것, 병원성의 미생물과 포자가 없을 것, 발아를 위해 적당한 투기성과 보수성이 있을 것

145 양파의 구근을 비대시키는 방법 3가지를 말하시오.

> **정답** ① 일장조절
> 조생종은 12시간 정도, 만생종은 12시간 이상이다.
> ② 토양상태를 중성으로 유지하고 토양수분은 충분하게 한다.
> ③ 옥신과 지베렐린의 함량을 저하시켜 탄수화물의 축적을 활발하게 한다.

146 종자발아시험 중 뿌리를 관찰한 실험에서 불발아종자 구별방법 4가지를 말하시오.

> **정답** ① 뿌리가 없거나 초생근이 짧고 뭉뚝한 것
> ② 초생근이 가늘고 약하거나 꼬인 것
> ③ 초생근이 없거나 부정근 및 2차근이 빈약한 것
> ④ 초생근이 종으로 갈라진 것

147 자가불화합성을 나타내는 기구를 설명하고 자가불화합성을 이용하여 채종하는 작물을 말하시오.

> **정답** 자가불화합성을 나타내는 기구
> ① 화분이 암술머리에서 발아하지 못하는 경우
> ② 화분관이 암술머리를 침입하지 못하는 경우
> ③ 화분관의 신장이 도중에 정지되는 경우
> 작물
> 무, 배추

148 품종목록등재 유효기간은 몇 년인가?

> **정답** 등재한 다음 해부터 10년

149 당근, 우엉의 화아분화 조건과 추대조건을 각각 쓰시오.

> **정답** ① 화아분화 : 저온
> ② 추대조건 : 고온장일

150 수박채종 시 몇 번과를 채종하여 쓰는가?

> **정답** 2~4번과

151 품종등록 출원절차를 순서대로 쓰시오.

> **정답** 품종보호출원 → 출원심사(방식심사, 서류심사, 재배심사, 거절이유통지 및 거절사정) → 임시보호의 권리 → 출원공고

152 사과나무 대목의 고접병 발생이 심한 대목종류 1개를 쓰고 면충대목 1개를 쓰시오.

> **정답** ① 잘 걸리는 대목 : 환엽해당, 삼엽해당
> ② 잘 걸리지 않는 대목 : 사과실생, M계와 MM계, 야광나무

153 종자로 양분이 이동하는 시기를 쓰시오.

> **정답** 배나 배유의 성숙기간 중에 광합성에 의해서 합성된 영양분이 종자로 이동하여 축적된다.

154 아래의 작물들을 단명종자와 장명종자로 구분하여 쓰시오.

> 고추, 양파, 오이, 호박, 파, 가지, 시금치, 토마토, 당근

정답 ① 장명 : 토마토, 가지, 오이, 클로버, 수박, 나팔꽃, 연, 녹두, 잠두
② 단명 : 당근, 고추, 파, 양파, 팬지, 상추, 옥수수, 콩
③ 중명 : 벼, 배추, 무, 시금치, 호박, 카네이션, 밀, 보리

155 종자산업법에서 무병화인증을 받지 아니한 종자의 용기나 포장에 무병화인증의 표시 또는 이와 유사한 표시를 한 자의 처벌 기준은 무엇인가?

정답 1년 이하의 징역, 1천만 원 이하의 벌금

156 벼의 품질에 영향을 미치는 재배환경 요인을 3가지 쓰시오.

정답 ① 온도 : 30~32도 적산온도 : 3,500~4,000도
② 일조 : 강한 일사량
③ 요수량(수분) : 300g 정도

157 카네이션 삽목 시 줄기부분에서 어느 부분을 채취하여 사용하는가?

정답 어미포기의 원줄기에 2~3마디를 남기고 절취

158 품종성능평가 시 재배시험 지역은 최소 몇 개 지역 이상으로 실시하는가?

정답 3개 지역 이상

159 원원종, 원종 등의 종자를 소량 저장 시 많이 사용하는 방법을 소개하고 설명하시오.

정답 종자를 충분히 건조시키는 것이 중요하고 염화칼슘, 실리카겔, 생석회 등의 건조제를 함께 넣고 용기를 밀폐하여 저장한다.

160 잡초종자 중 종자검정 시 특정해초로 지정된 것은?

정답 ① 벼 : 피(특정해초) – 키다리병·선충심고병(특정 병)

② 콩 : 새삼 - 자반병
③ 유채 : 십자화과 - 잡초균핵병
④ 녹두 : 새삼 - 녹두황색모자이크바이러스병
⑤ 채소 작물 : 새삼 - 오이녹반모자이크바이러스

161 상적발육에서 저온을 경과하여야만 추대하는 작물을 무엇이라 하며 이에 해당하는 작물을 2가지 쓰시오.

정답 녹체춘화형
작물 : 당근, 양배추, 양파

162 식물신품종 보호법상 육성자의 정의를 쓰시오.

정답 신품종을 육성한 자 또는 발견하여 개발한 자

163 종자의 특수기관에 해당하는 주공의 역할은 무엇인지 쓰시오.

정답 주공은 어린 뿌리가 나오는 곳으로, 발아할 때는 먼저 밑씨의 주공 부위에서 종피를 뚫고 어린 뿌리가 나와 땅속에 뿌리를 내리며 떡잎과 어린 줄기가 종피에서 나온다.

164 양배추모본의 채종시 파종시기와 정식시기는 언제인가?

정답 ① 파종시기 : 7월 하순~8월 상순
② 정식시기 : 9월 중순~9월 하순

165 종자의 진가 계산공식를 말하시오.

정답 (청결률×발아율)/100

166 웅성불임 현상의 원인을 말하시오.

정답 ① 화분불임성
② 화분의 기능적 불임성
③ 수술불임성

167 농민이 자가생산을 목적으로 자가채종할 때에 종자산업법령상 규정하고 있는 품종보호권을 제한할 수 있는 범위는 무엇인가?

🌱**정답** 당해 농민이 경작하고 있는 포장에 심을 수 있는 최대 종자량

168 종자검사의 4가지 항목은 무엇인가?

🌱**정답** 종자규격, 순도, 발아율, 수분함량

169 제웅에 관해서 설명하시오.

🌱**정답** 절영법, 화판인발법 등이 있으며, 자가불화합성 타파, 오염수분방지, 육종상의 다른 수분수로 수정 시 우수한 형질을 나타내는 교배 시 이용된다.

170 경실종자 휴면타파법 3가지를 설명하시오.

🌱**정답** ① 경피파상법
② 농황산처리
③ 건열, 습열, 진탕처리법

171 품종성능의 심사기준 중 초다수성 벼의 표준품종 명칭을 쓰시오.

🌱**정답** 다산벼

172 씨 없는 수박의 1, 2년차 생산방법은 무엇인가?

🌱**정답** ① 1년차 : 2배체 수박에 콜히친을 처리하여 4배체를 육성한다.
② 2년차 : 4배체를 모계로, 2배체를 부계로 해서 1대잡종 3배체를 생산하여 채종한다.

173 가을감자의 휴면타파법를 말하시오.

🌱**정답** 건조저장, 지베렐린, 에스텔처리, 박피절단법

174 종자검사 시 이물이란 무엇이며 이물과 관련된 사항은 무엇인가?

🌱**정답** 정립이나 이종종자로 분류되지 않는 종자구조를 가졌거나 종자가 아닌 모든 물질로서 모래, 흙, 줄기, 잎, 식물의 부스러기, 꽃 등 종자가 아닌 모든 물질을 말한다.

175 F_1 채종 이용 시 자가수분을 회피하는 방법 3가지를 말하시오.

🌱**정답** 뇌수분, 노화수분, CO_2 처리

176 생장점배양과 수정배배양의 차이점과 목적은 무엇인가?

🌱**정답** ① 생장점배양 : 모본형질의 유지(번식의 의미), 무병건전주 양성
② 수정배배양 : 육종기간의 단축(육종의 의미), 이종속간 잡종식물 획득

177 품종보호를 목적으로 심판 및 심의하기 위하여 농림수산식품부장관이 설치한 기관은?

🌱**정답** 품종보호심판위원회

178 종자를 선별하기 위한 가장 기본적인 방법인 물리적 특성 3가지를 말하시오.

🌱**정답** 크기, 길이, 색에 의한 선별

179 순도검사 시 제외되는 것 3가지는 무엇인가?

🌱**정답** 이종 종자, 잡초 종자, 협잡물

180 300평(1,000m²)에 고추를 심는 데 재식거리가 75cm, 60cm일 경우 몇 포기를 심는가?

🌱**정답** 재식주수＝재식면적/주간거리
1평＝3.3m³＝33,000cm²
33,000÷(75×60)＝7.333…
→ 7.33×300＝2,199포기

181 중성식물의 종류 3가지를 말하시오.

정답 고추, 가지, 토마토, 강낭콩, 당근, 셀러리

182 조직배양으로 실용화된 채소류 2가지는?

정답 딸기, 감자

183 웅성불임의 원인을 쓰고 설명하시오.

정답 ① 유전자적 웅성불임 : 토마토, 보리, 수수, 벼 등
② 세포질적 웅성불임 : 유채, 양파, 벼, 옥수수
③ 세포질적 · 유전자적 웅성불임 : 벼, 양파, 사탕무, 아마

184 발아촉진 광과 파장은 무엇인가?

정답 적색광, 660~700nm

185 종자보증을 위해 포장에서 행하는 검사항목 3가지는 무엇인가?

정답 달관검사, 표본검사, 재관리검사

186 고추가 웅성불임을 나타내는 3가지 경우는 무엇인가?

정답 세포질적유전자적 웅성불임성, 세포질적 웅성불임성, 유전자적 웅성불임성

187 벼 특정병의 최고 인정한도는 몇 %인가?

정답 5%

188 보증종자의 효력 해지조건 3가지는 무엇인가?

> **정답** ① 보증표시를 하지 아니하거나 보증표시를 변조한 경우
> ② 보증의 유효기간이 경과한 경우
> ③ 보증한 포장종자를 해장 또는 개장한 경우

189 종자 발아시험의 종류 3가지를 말하시오.

> **정답** TTC검정, 효소활성측정법, 배절제법, X선법, 전기전도율검사

190 단명종자 3가지를 쓰고 수명상실의 원인 2가지를 말하시오.

> **정답** ① 단명종자 : 양파, 메밀, 고추
> ② 수명상실 원인 : 함수량, 고온

191 단백질이 가수분해되면 무엇이 되는가?

> **정답** 아미노산

192 종자를 장기저장하기 위한 조건 3가지를 쓰시오.

> **정답** 저온, 저수분함량, 저산소

193 채종재배와 보통재배의 차이점은 무엇인가?

> **정답** ① 보통재배 : 수량 및 이용대상 생산물의 품질향상을 위한 재배
> ② 채종재배 : 품위가 우수한 종자를 대량 생산하는 것이 목적

194 화분을 이용하여 배양하는 인공배양법을 설명하시오.

> **정답** 화분의 반수체를 배양하여 2배체의 작물을 얻는 방법으로 육종연한의 단축 효과가 크다.(고추, 벼, 배추)

195 과수의 영양번식 3가지와 영양번식을 하는 이유를 쓰시오.

정답 ① 삽목, 취목, 접목
② 이유 : 풍토적응성 증대, 수세조절, 품질향상, 결과촉진

196 배배양의 장점은 무엇인가?

정답 ① 육종연한의 단축
② 불화합성을 지닌 종속 간 교잡 용이
③ 배를 구성하고 있는 조직의 특성을 연구하는 데 편리

197 국제종자검정협회에서 권고하는 발아검사 시 생리적인 휴면타파 방법를 말하시오.

정답 ① 벼 : 예열, 질산칼륨(KNO_3)(KNO_3 처리는 0.2% 용액을 물 대신 이용함)
② 보리 : 예열, 예냉, 지베렐린(지베렐린은 물 대신 이용)
③ 밀 : 예열, 예냉(예냉은 흡수종자를 5도 정도의 저온에 7일 처리)

198 한천배지 검정법을 설명하시오.

정답 종자전염병을 확인하는 데 이용되고 있는 가장 간단하고 보편적인 방법이다.

199 채종재배에서 공간적 격리법 3가지를 쓰시오.

정답 피대법(복개법), 망실채종법, 일정한 격리거리의 유지를 통한 방법

200 과수의 꽃눈 분화에 영향을 미치는 요인 3가지를 쓰시오.

정답 C/N율, 식물호르몬, 온도, 일장, 꽃 형성물질의 생성

201 조직배양에서 pH를 조절하는 방법은 무엇인가?

정답 NaOH, HCl 용액 첨가

202 여교잡의 방법과 장점은 무엇인가?

정답 방법
우수한 특성을 지닌 비실용품종을 1회친으로, 우수한 특성을 지니고 있지 않은 실용품종을 반복친으로 하여 교배한다.
장점
육종환경에 구애를 안 받음, 육종효과 예측가능, 내병성 품종육성, 우량형질의 품종을 다른 품종에 도입하기가 용이하다.

203 품종보호출원인이 출원된 당해 품종에 대해 실시할 수 있는 임시보호권리는 언제부터인가?

정답 출원공고일부터

204 양배추 원종 채종에 이용되는 결구모본채종 종류 3가지는 무엇인가?

정답 춘파재배, 하파재배, 추파재배

205 배추 품종육성종자 생산의 이상적 채종지에 대해 쓰시오.

정답 자연환경적 조건, 경제적 조건, 기술적 조건이 완비한 지역

206 종자산업법상 종자 검사항목 4가지는 무엇인가?

정답 종자의 규격, 종자의 순도, 종자의 발아, 종자의 수분함량

207 무, 배추의 자가불화합성이 일어나는 원인을 간단히 설명하시오.

정답 화분이 주두에서 발아불능, 화분이 발아해도 주두조직 내 침투불능, 주두조직에 침투해도 신장의 불완전

208 고추 1대 잡종 종자를 위한 웅성불임성의 종류를 쓰시오.

정답 세포질적 웅성불임성, 유전자적 웅성불임성, 세포질적유전자적 웅성불임성

209 식물신품종 보호법상 품종보호요건 5가지는 무엇인가?

정답 신규성, 구별성, 균일성, 안정성, 1개의 고유한 품종명

210 벼의 원원종, 원종, 채종포의 이품종 격리거리는 몇 m인가?

정답 ① 원원종, 원종 : 3m
② 채종포 : 1m 이상

211 벼의 포장검사 시기와 횟수는?

정답 유숙기로부터 호숙기 사이에 1회

212 인공수분 시 전문가가 1일에 7,000개의 꽃을 인공수분시킬 수 있다고 한다. 성공률은 80%이고 한 꼬투리당 평균 15개의 종자가 생산된다고 한다. 20일 동안 생산할 수 있는 종자는 총 몇 mL인가?(단, 배추 1L는 600g, 1,000립은 3g)

정답 $7,000 \times 0.8 \times 15 \times 20 = 1,680,000$립 $= 5,040g = 8.4L = 8,400mL$

213 우량종자 생산에서 종자의 후숙은 어떤 이점을 가져오는지 3가지만 쓰시오.

정답 종자의 숙도 균일, 발아율과 발아세 향상, 종자의 수명연장

214 작물 중에는 채종 직후에 발아하지 않고 휴면에 들어가는 작물이 있는데, 이때 휴면을 갖게 되는 원인을 쓰고 그 타파방법으로 가장 효과적인 조절물질을 쓰시오.

정답 ① 원인 : 배의 미숙, 종피의 산소흡수 저해 및 기계적 저항, 발아억제 물질의 존재
② 조절물질 : 지베렐린

215 물을 흡수하지 못하고 발아시험 기간이 끝나도 단단하게 남아 있는 불발아 종자를 무엇이라 하는가?

정답 경실종자

216 포장검사 및 종자검사기준의 내용 중 정립에서 제외되는 것 3가지는 무엇인가?

정답 이종종자, 잡초종자, 이물

217 원예작물을 접목번식할 때 활착률을 높일 수 있는 방법이나 요인 4가지만 쓰시오.

정답 ① 접목 친화성이 있을 것
② 접수와 대목의 형성층이 서로 접착되게 할 것
③ 접수와 대목의 극성이 틀리지 않게 할 것
④ 접목시기에 맞게 실시할 것

218 채종종자 격리거리를 1,000m 이상 유지해야 하는 작물 5가지를 쓰시오.

정답 무, 배추, 양배추, 당근, 시금치(무배양 당시)

219 보급종자를 생산하여 공급하기 위해 종자보증을 해야 한다. 벼의 예를 들어 종자보증을 위한 8단계를 쓰시오.

정답 포장검사 → 종자생산의 포장조건 → 종자검사 → 보증표시 → 보증서 발급 → 사후관리시험 → 보증의 실효 → 분포장 종자의 보증표시

220 저장법 중 CA저장 원리에 대해 간단히 설명하시오.

정답 ① 온도, 습도, 공기조성의 3가지를 조절하여 저장하는 방법
② 적숙과를 저장해야 좋은 효과

221 층적저장법을 설명하시오.

정답 나무상자나 통 안에 습기가 있는 모래, 톱밥을 이용하여 종자와 층을 지어 저장하는 방법

222 종자의 구성요소인 배유의 가장 중요한 역할은 무엇인가?

정답 종자가 발달하고 발아하는 기간 중에 배에 양분을 공급하는 역할

223 모란 등과 같이 봄철에 파종 후 발근하였으나 온도가 상승하면서 휴면하다가 가을에 저온이 되면서 싹이 트는 성질을 어떤 종자라고 구분하는가?

정답 2차 휴면종자

224 식물이 개화하는 데 일장의 영향을 받는 것을 광주성이라 한다. 광주성 식물 3가지와 중일성 식물에 속하는 채소작물을 3가지 쓰시오.

정답 ① 광주성 : 시금치, 상추, 감자
② 중일성 : 오이, 토마토, 고추

225 오이 종자를 후숙시키는 방법을 말하시오.

정답 교배 후 약 40일이 되어 과면이 완전히 변색되면 채취해서 5~7일 정도 실내 후숙시킨 다음 종자를 수세건조시킨다.

226 품종보호권의 효력이 미치지 아니하는 범위는 무엇인가?

정답 ① 영리 외의 목적으로 자가소비를 하기 위한 보호품종의 실시
② 실험 또는 연구를 하기 위한 보호품종의 실시
③ 다른 품종을 육성하기 위한 보호품종의 실시
④ 농민이 자가생산을 목적으로 자가채종을 할 경우(경작 최대 종자량)

227 청과재배와 채종재배의 수확물에 있어서 차이점은 무엇인가?

정답 ① 청과재배 : 수량 및 이용대상 생산물의 품질향상을 위한 재배
② 채종재배 : 품위가 우수한 종자를 대량 생산하는 것이 목적

228 사과 신품종의 품종보호권의 존속기간은 품종보호권 설정등록 후 몇 년간인가?

정답 ① 품종보호권의 존속기간 : 품종보호권자가 보호품종을 독점적으로 실시 가능한 기간
② 기간 : 설정등록일로부터 20년, 과수 및 임목은 25년

229 콩의 포장검사 시기는 언제인가?

> **정답** 개화기 때 1회

230 품종의 유효기간을 쓰시오.

> **정답** ① 채소 : 2년
> ② 버섯 : 1개월
> ③ 감자, 고구마 : 2개월
> ④ 기타 : 1년

231 유묘세를 구하는 방법은 무엇인가?

> **정답** ① 유묘세 = 종자세/정상묘×100
> ② 표준발아검사, 테트라졸륨검사, 노화촉진검사, 전기전도율검사, 저온발아검사, 유묘생장검사, 와사검사, 삼투압검사, 호흡검사 등

232 잡종강세육종법에서 유전적인 원인 3가지는 무엇인가?

> **정답** 비대립형질 간의 상호작용, 대립형질 간의 상호작용, 부분형질 간의 상호작용

233 TTC검정법에서 색깔에 따른 발아 유무를 설명하시오.

> **정답** ① 적색 : 발아율과 활력이 양호
> ② 무색 : 발아력과 활력 상실
> ③ 부분적색 : 발아 가능성은 있으나 발아율과 활력이 떨어진다.

234 유묘세를 구하는 데 쓰이는 가장 일반적인 방법은 무엇인가?

> **정답** 테트라졸륨발아세검사

235 신품종 육성 시 단교배를 많이 이용하는데 단교배의 방법을 간단히 설명하고 뚜렷한 장점 1가지만 쓰시오.

정답 단교배의 방법 : A×B(단교배)

단교배의 장점 : 1대 잡종품종. 잡종강세가 가장 크게 나타낸다.

236 과수 불결실성의 원인 3가지를 쓰시오.

정답 꽃가루의 불완전, 암꽃 기관의 불완전, 불화합성

237 종자의 저장은 상대습도와 밀접한 관계가 있다. 곡류의 경우 일반적으로 상대습도 75%와 평형상태를 보이는 종자의 수분함량은?

정답 14.5~15.5%

238 종자발아의 환경조건 3가지를 쓰시오.

정답 수분, 온도, 산소

239 자가불화합성의 타파방법은 무엇인가?

정답 뇌수분, 노화수분, CO_2 처리, 고온처리, NaCl 처리

240 채소종자 후숙효과 2가지를 쓰시오.

정답 종자의 수명을 연장하고, 발아세와 발아율을 향상시킨다.

241 다알리아 분구방법에 대해 설명하시오.

정답 눈 부위를 붙여서 절단하고, 절단면에 초목회나 유황회를 발라 심으면 부패를 어느 정도 막을 수 있다.

242 종자밀폐 저장 시 유의사항 3가지를 쓰시오.

정답 저장고의 온도, 종자의 수분함량, 공기조성

243 전열난방에서 온도조절기의 이점은 무엇인가?

> **정답** 희망하는 온도조절이 자유롭다.

244 과실종자의 휴면 원인과 그 타파방법은 무엇인가?

> **정답** ① 원인 : 발아억제 물질의 존재, 배의 미숙, 배휴면, 종피의 불투기성, 불투과성
> ② 타파방법 : 충적저장, 예냉, 고온처리, 광처리

245 조직배양에 의한 무병주 대량생산의 구비조건 3가지를 쓰시오.

> **정답** 무병주의 증식, 무병주의 순화, 무병주의 정식

246 십자화과 채소 F_1 채종적지의 요건 3가지를 쓰시오.

> **정답** 월동 가능, 저온경과, 자연교잡을 방지하기 위한 격리재배가 가능해야 한다.

247 이랑이 90cm, 주간거리가 40×50cm 간격으로 오이를 정식하고자 할 때, 재식주수를 계산식과 함께 계산하시오.(정식면적 : 10a)

> **정답** 재식주수＝재식면적÷주간거리
> $1a = 10 \times 10 = 100m^2$, $10a = 1,000m^2$
> ∴ $1,000m^2 \div (0.4m \times 0.5m) = 5,000$주

248 종자소독의 이점 3가지는 무엇인가?

> **정답** ① 종자오염균 피해 예방(종자 오염균의 피해를 막을 수 있다.)
> ② 토양미생물에 의한 피해 경감(발아 전 또는 발아 중 유묘가 자라는 중에 토양미생물에 의한 피해 경감 가능)
> ③ 병균이나 해충피해의 보호작용(유묘에 대한 병균이나 해충의 피해로부터 침투보호작용을 한다.)

249 십자화과 채소의 휴면타파 방법을 말하시오.

> **정답** 저온처리, 티오요소처리, 지베렐린처리, 박피

250 벼의 품질에 있어서 재배 환경적인 면에 대해 쓰시오.

정답 온도, 일장, 수분과 영양상태

251 영양번식에서 접목의 이점은 무엇인가?

정답 수세조절 및 수세강화, 풍토적응성 증대, 품질향상 및 결과촉진

252 종자프라이밍을 하는 목적은 무엇인가?

정답 종자의 발아촉진과 발아의 균일성을 높이기 위함이다.

253 오이 수꽃의 착색증진 방법은 무엇인가?

정답 지베렐린이나 질산은 100~200ppm를 처리, 고온 장일조건에서 수꽃의 착생마디가 낮아지고 수꽃의 수가 증가

254 양파구 비대 조건을 비대조건과 만생종으로 구분하여 설명하시오.

정답 ① 비대조건 : 일장조절, 토양중성, 토양수분충분, 옥신 및 지베렐린 함량저하, 탄수화물 축적
② 만생종 : 일장 12시간 이상

255 원예작물의 후숙이란 무엇인가?

정답 ① 종자 : 숙도의 균일, 발아세와 발아력 향상, 수명을 연장
② 과실 : 향기, 색변화, 당분증가 등의 효과

256 벚나무절접, 모란절접, 장미아접의 적절한 시기는 각각 언제인가?

정답 ① 벚나무 : 2월 상순~3월 중순
② 모란 : 9월 상순~하순
③ 장미 : 9~10월

257 여교잡 시 1회친과 반복친이란 무엇인지 설명하시오.

> **정답** ① 1회친 : 비실용품종으로 재배되지 않지만 실용품종의 결점에 대해 우수한 특성을 가진 품종
> ② 반복친 : 반복해서 쓰이는 모본 실용품종으로 한 가지 결점을 가지고 있으나 현재 재배하는 우량품종이다.

258 수박 4배체와 3배체를 만드는 과정을 기술하시오.

> **정답** ① 4배체 : 2배체 수박에 콜히친을 처리하여 4배체를 육성한다.
> ② 3배체 : 4배체를 모계로, 2배체를 부계로 해서 1대 잡종 3배체를 생산하여 채종한다.

259 봄무의 추대억제방법을 설명하시오.

> **정답** 생장조절제로 개화기를 일치시켜 F_1을 채종. 서울봄무는 MH, B-9의 처리로 개화지연. 시무대근은 GA3로 개화촉진. 서울봄무와 시무대근을 교배하여 대형봄무 생산

260 종자생산에 등숙기 저온이 종자에 미치는 영향과 종자를 쓰시오.

> **정답** 등숙기의 냉온은 종실의 비대를 저해하여 천립중, 등숙률이 저하되고, 청미를 발생시켜 수도의 수량과 품질을 저하시킨다.

261 해외에서 수입된 종자의 국내유통 제한 요인 3가지를 설명하시오.

> **정답** ① 유해한 잡초종자가 농림수산식품부장관이 정하는 기준 이상으로 포함
> ② 국내 생태계를 파괴시킬 우려가 있는 경우
> ③ 특정 병해충이 확산될 우려가 있는 경우

262 품종목록 등재의 취소 사유 5가지를 쓰시오.

> **정답** ① 품종성능의 심사기준에 미치지 못하게 될 경우
> ② 해당 품종의 재배로 인하여 환경에 위해(危害)가 발생하였거나 발생할 염려가 있을 경우
> ③ 등록된 품종명칭이 취소된 경우
> ④ 거짓이나 그 밖의 부정한 방법으로 품종목록 등재를 받은 경우
> ⑤ 같은 품종이 둘 이상의 품종명칭으로 중복하여 등재된 경우(가장 먼저 등재된 품종은 제외한다)

263 배지를 조성할 때 여과 살균하지 않고 고압증기 멸균을 한 IAA 첨가 배지가 NAA, IBA 첨가 배지보다 효과가 현저하지 않은 이유는 무엇인가?

정답 식물체 내에서 자연발생하는 옥신은 IAA이지만, IAA는 화학적으로 불완전하여 광선 등에 의해 쉽게 파괴되거나 불활성화되므로 실제로는 많이 처리되지 않고 IBA, NAA가 처리된다.

264 프라이밍의 목적 및 방법을 쓰시오.

정답 목적
종자의 발아촉진과 발아의 균일성을 높이기 위한 것이다.
방법
① 삼투용액프라이밍 : 처리용액의 삼투퍼텐셜을 이용하는 데 처리온도를 10~15도로 낮추어서 약 20일간 처리한 다음 종자를 건조시킨 후 파종하는 방법
② 고형물질처리 : 고형물질의 매트릭 장점을 이용해서 종자를 수확시키는 방법
③ Drum Priming : 종자와 물을 드럼에 넣고 계속 회전시킴으로써 종자를 수확시키는 방법

265 식물신품종 보호법상 범위 안에 갖추어야 할 품종보호요건은 무엇인가?

정답 신규성, 구별성, 균일성, 안정성

266 과실종자를 층적저장하는 이유와 방법, 저장온도를 각각 쓰시오.

정답 ① 이유 : 강한 휴면을 가진 종자의 휴면타파, 발아억제물질 제거
② 방법 : 나무상자나 나무통 안에 습기 있는 모래나 톱밥과 같이 종자를 층을 지어 저장한다.
③ 저장온도 : 1~5도
④ 습도 : 80~90%(저온습윤저장)

267 바이러스가 종자 내부에 침입하여 병을 발생시키는 과정은 무엇인가?

정답 바이러스는 배주에서 주병을 통하는 물관감염에 의해 이루어진다.

268 개열법을 설명하시오.

정답 콩, 감자, 고구마 등에서 꽃망울 때 꽃봉오리의 꽃잎을 헤쳐 수술을 떼어낸다.

269 웅성불임을 이용한 1대잡종 채종에 필요한 3종류의 교배친과 이들의 이용체계를 설명하시오.

> 정답 ① 웅성불임친(A계통), 웅성불임유지친(B계통), 임성회복친(C계통)
> ② 이용체계 : A계통은 완전불임으로 조합능력이 높으면서 채종량이 많아야 한다.
> ③ C계통은 화분량이 많으면서 F_1의 임성을 온전히 회복시킬 수 있어야 한다.

270 어떤 종류의 식물이 자연계에는 100% 바이러스에 감염되어 있어 건전주를 얻기 불가능하다고 가정할 때 바이러스 이병주만을 가지고 생장점 배양을 하고자 한다. 바이러스를 될 수 있는 대로 줄이려면 어떠한 방법을 쓸 수 있는지 2가지 쓰시오.

> 정답 경정배양, 캘러스배양

271 발아검사와 TTC검사의 차이점과 둘을 병행했을 때 이점을 쓰시오.

> 정답 ① 발아검사 : 발아능검사, 시일이 오래 걸린다.
> ② TTC검사 : 신속하게 발아력을 검사한다.
> ※ 병행 시 이점 : 휴면종자 검사 시 효과적, 발아율과 죽은 종자의 파악이 용이

272 벼 원원종포와 이품종 간 격리거리는 몇 m인가?

> 정답 원원종포, 원종포 : 3m, 채종포 : 1m 이상

273 생장점 배양의 장점, 단점은 무엇인가?

> 정답 ① 장점 : 바이러스 제거, 정아나 액아 모두 이용, 모본형질 유지
> ② 단점 : 배양실·기수 등 일정한 시설이 필요, 숙련된 기술을 요구, 급속한 영양번식이 안 되고 절편체의 생존율이 낮음

274 배가 저장조직보다 많이 함유하고 있는 성분은 무엇인가?

> 정답 당, 지방, 회분

275 감자의 포장 격리는?

🌱**정답** ① 원원종포 : 불합격 포장, 비채종포장으로부터 50m 이상 격리
② 원종포 : 불합격 포장, 비채종포장으로부터 20m 이상 격리
③ 채종포 : 비채종포장으로부터 5m 이상 격리

276 채소종자의 수명에는 자체조건과 저장환경인 외적조건이 관계한다. 종자의 수명을 연장하는 조건을 설명하시오.

🌱**정답** ① 자체조건 : 숙도가 충분하고, 종자의 수분함량이 10%를 초과하지 않게 한다.
② 외적조건 : 습도, 온도, 산소
③ 수명연장 방법 : 건조상태로 보존하고 저장온도를 낮추며 산소를 제거한다. 수분, 온도, 산소 중 1개의 조건을 최적상태로 두면 다른 조건에 의한 피해는 줄어든다.

277 품종보호권의 효력이 미치지 아니하는 범위 3가지를 쓰시오.

🌱**정답** ① 영리 외의 목적으로 자가소비를 하기 위한 보호품종의 실시
② 실험 또는 연구를 하기 위한 보호품종의 실시
③ 다른 품종을 육성하기 위한 보호품종의 실시
④ 농민이 자가생산을 목적으로 자가채종을 할 경우

278 파종량의 결정요인은 무엇인가?

🌱**정답** 작물종 및 품종, 기후와 토양조건, 발아력, 파종방법, 재배조건

279 인공영양번식을 할 때 발근과 활착을 촉진하는 처리는 무엇인가?

🌱**정답** ① 황화 : 새 가지의 일부를 흙이나 검정비닐로 광차단하여 황화시키면 발근촉진
② 옥신류처리, 환상박피
③ 증산경감제 : 라놀린이나 석회를 도포하면 대목과 접수의 증산억제, 발근효과

280 종자의 증식단계 4가지를 나열하시오.

🌱**정답** 기본식물양성포 – 원원종포 – 원종포 – 채종포

281 히야신스번식의 3가지 방법을 쓰시오.

정답 노칭법, 스쿠핑법, 코링법, 무처리 등

282 채종포의 추청벼 보급종 포장검사 시 1개 조사구당 조사하여야 할 주수는 몇 개인가?

정답 2,000이삭

283 종자보증을 위한 포장검사 방법 중 재관리검사는 어떤 경우에 실시하는가?

정답 포장검사는 달관검사, 표본검사, 재관리검사가 있는데 표본검사는 달관검사에 합격했을 경우 검사한다. 재관리검사는 달관검사에서 미달될 경우 재관리하면 합격할 수 있을 때 실시한다.

284 벼 포장검사 시기와 횟수는?

정답 유숙기와 호숙기 사이에 1회

285 호박, 수박의 착과율을 쓰시오.

정답 10~20%, 인공수분 시 30%

286 고구마의 인위적 개화 시 대목의 종류는 무엇인가?

정답 ① 대목 : 나팔꽃
② 접수 : 고구마

287 종자의 유묘세검사 시 널리 쓰이는 방법 1가지를 서술하시오.

정답 0.1~1.0%, pH 6.0~7.0의 TTC 용액으로 침지한 종자를 배나 유아 등 종자의 필수구조들이 적색 염색 여부로 판단하는 테트라졸륨법이 있다.

288 과채류 수확 후 발아가 바로 되지 않는 이유 3가지와 타파약제 1가지를 쓰시오.

정답 ① 이유 : 발아억제물질의 존재, 배의 미숙, 종피의 기계적 저항, 불투기성
② 타파약제 : 지베렐린

289 양파의 남부지방 채종 시 기후조건 중 중요한 요인과 그 이유는 무엇인가?

정답 ① 요인 : 강우량, 강우횟수, 강우기
② 이유 : 개화기에 강우에 의한 화분의 유실 및 수정력 감퇴, 수정 장해, 다습에 의한 병해 발생

290 동양계 당근의 채종재배 시 정지(가지고르기)를 하는 이유를 설명하시오.

정답 ① 주지, 측지 등의 착과 위치에 따라 숙도가 달라, 숙기를 균일하게 하기 위해서이다.
② 종자의 크기를 같게 하여 종자의 품질을 높이기 위해서이다.

291 품종보호권자의 보호를 위해 자기 권리 침해되었을 때 식물신품종 보호법에 규정된 청구권은 무엇인가?

정답 권리침해에 대한 금지청구권, 손해배상청구권

292 조직배양기술의 이점 3가지는 무엇인가?

정답 무병개체, 균일하고 빠른 증식, 수송의 간편, 1년에 수회 생산

293 플러그묘(공정육묘)의 생산 조건은 무엇인가?

정답 적정배지의 선정, 발아 균일화, 적정 관수 및 시비, 결주처리, 최적 기온 및 지온, 도장억제 및 소질 향상, 에너지 절감 등을 고려해야 한다.

294 수확적기를 판정하는 기준 3가지는 무엇인가?

정답 ① 과실 : 호흡량 측정, 당 및 산 함량의 비율, 과색·과신의 경도, 요오드 정색반응, 만개 후 일수
② 종자 : 곡물류는 황숙기, 채소류 십자화과는 갈숙기. 종자수확은 수확기의 지연에 따른 각종 재해, 병충해 및 저장양분의 축적상태를 고려해서 한다.

295 사과나무 대목의 고접병 발생이 심한 대목종류 1개를 쓰고 면충대목 1개를 쓰시오.

정답 ① 잘 걸리는 대목 : 환엽해당, 삼엽해당
② 잘 걸리지 않는 대목 : 사과실생, M계와 MM계, 야광나무

296 사료작물 수분함량은 몇 %인가?

정답 목초종자의 종자규격에서 수분함량은 14% 이내

297 경지삽에 대해 간단히 설명하고 적용과수 2가지를 쓰시오.

정답 묵은 가지를 삽목함. 포도나무, 무화과나무

298 품종목록 등재유효기간은 어떻게 규정하는가?

정답 품종목록 등록한 날 다음해부터 10년

299 복토 시 고려할 사항 3가지는 무엇인가?

정답 토양상태, 종자의 크기, 종자의 광친화성

300 훈증제의 구비조건 4가지를 설명하시오.

정답 휘발성, 비인화성, 곤충에 잘 흡수되고, 인체에 해가 없을 것

301 변이를 확대하는 방법은 무엇인가?

정답 온도, 영양분에 의해 변이가 발생, 방사선조사, 콜히친 처리 등을 하여 유전적인 변이 생성

302 종자저장 시 수분과다의 피해는 무엇인가?

정답 저장 중의 영양분 소실, 호흡량의 증가로 종자가 사멸되고 발아의 염려가 생기며, 종자의 기계적인 해, 부패, 곰팡이 및 미생물 증가, 수명단축, 발아력 저하

303 딸기를 조직배양해서 바이러스 무병주를 생산할 경우 어떻게 처리하는가?

정답 ① 바이러스 무병주를 다량증식하기 위하여 : 캘러스배양, 열처리, 경정배양에 의하여 바이러스를 제거한다.
② 대량증식을 위하여 : 조직절편의 계대배양을 반복하여 증식하고, 연속적으로 액아나 부정아를 발생시켜 증식하거나, 영양번식방법을 이용한다.

304 과수접목번식 접목불친화성의 외적 증상 3가지를 쓰시오.

정답 수정 및 결실저하, 병충해발생, 생육저하

305 조직배양 배지의 조성물질 4가지를 쓰시오

정답 무기염류, 유기화학물, 천연물, 배양체의 지지재료

306 과수 불화합성 타파방법 3가지를 쓰시오

정답 뇌수분, 노화수분, 동일주영양계에서 약간이라도 임성을 가질 때 분주하여 CO_2를 병행한다.

307 종자의 순도검사 시 조사하는 3가지 구성요소는 무엇인가?

정답 순종자, 타종자, 협잡물

308 종자 전염성 병의 검정방법 3가지를 쓰시오.

정답 배양검정법, 무배양검정법, 혈청학적검정법

309 종자활력검사방법을 3가지 이상 쓰시오.

정답 노화촉진처리, 저온처리, 저온발아검사, 전기전도율검사법, 유묘생장률 조사

310 포장검사와 종자검사의 내용을 쓰시오.

> **정답** ① 포장검사 : 신청한 종자의 생산포장에서 유전적인 특성을 검사한다.(달관검사, 표본검사, 재관
> 리검사)
> ② 종자검사 : 포장검사에서 합격한 종자의 규격, 순도, 발아, 수분함량 등을 검사한다.

311 종자의 자발휴면과 타발휴면의 차이점은 무엇인가?

> **정답** ① 자발휴면 : 종자의 배나 종피에 그 원인이 있어서 유발되는 휴면. 미숙배, 휴면배, 각종 종피 관
> 련 원인에 의하여 유발된다.
> ② 타발휴면 : 종자는 정상이나 환경조건이 부적합하여 나타나는 휴면으로 종피의 특성과 관계가
> 깊다.

312 종자를 코팅 처리하는 목적은 무엇인가?

> **정답** 농약 및 영양제 첨가, 미세한 종자의 크기를 증대, 기계화 파종에 적합한 형상을 만들기 위한 것이다.

313 저장 중의 종자가 발아력을 상실하는 2가지 주요 요인은 무엇인가?

> **정답** 원형단백질의 변성, 효소의 활력저하

314 파종 전 종자처리 방법은 무엇인가?

> **정답** 경실종자 휴면타파법, 침종, 최아, 프라이밍

315 경실종자 휴면타파법은 무엇인가?

> **정답** 종피파상법, 농황산처리법, 저온처리, 건열 및 습열처리, 진탕처리, 질산염처리 등

316 프라이밍의 목적은 무엇인가?

> **정답** 종자의 발아촉진과 발아의 균일성을 높이기 위함이다.

317 작물의 유연관계를 탐구하는 방법을 쓰시오.

정답 교잡에 의한 방법, 염색체에 의한 방법, 면역학적 방법

318 불임성이 되는 중요한 원인을 쓰시오.

정답 자성기관의 이상, 웅성기관의 이상, 자가불화합성, 이형예불화합성, 교잡불화합성

319 수입적응성시험작물을 4가지(단, 고추, 토마토, 오이, 참외, 수박 제외) 이상 쓰고, 그 이유를 적으시오.

정답 ① 작물 : 양파, 당근, 시금치, 상추
② 이유 : 종자전염성 유무, 잡초종자, 이종종자 혼입여부, 풍토적응성을 검사하기 위해

320 종자검사 시 이물의 뜻과 종류를 쓰시오.

정답 ① 뜻 : 정립이나 이종종자로 분류되지 않는 종자구조를 가졌거나 종자가 아닌 모든 물질
② 종류 : 모래, 흙, 줄기, 잎, 식물의 부스러기, 꽃 등 종자가 아닌 모든 물질

321 박과채소의 적당한 인공교배 시간과 교배시간을 지켜야 하는 이유를 쓰시오.

정답 ① 인공교배 시간 : 오전 7~8시 사이
② 교배시간을 지켜야 하는 이유 : 화분이 나와 있는 한 일찍 행하는 것이 좋으나 하우스 내부 기온이 16℃ 이상이 아니면 충분히 화분이 나오지 않는다. 또한 낮의 기온이 고온이면 화분장애가 생기게 된다. 화분 장애가 생기면 과실이 잘 달리지 않기 때문이다.

322 1대 잡종(F_1) 종자 채종 시 3가지 방법과 해당 작물을 쓰시오.

정답 ① 인공교배 이용 : 수박, 호박, 멜론, 참외, 오이, 토마토, 가지, 피망
② 웅성불임성 이용 : 당근, 상추, 파, 양파, 고추, 쑥갓, 옥수수, 벼, 밀
③ 자가불화합성 이용 : 무, 양배추, 배추, 브로콜리, 순무

323 신품종 육성 시 단교배를 많이 이용하는데 단교배의 방법을 간단히 설명하고 뚜렷한 장점 1가지만 열거하시오.

정답 ① 방법 : A × B → 1대 잡종품종
② 장점 : 잡종강세가 가장 크게 나타낸다.

324 종자검사 시 순도를 중량비로 측정하는 데 필요한 요인은 무엇인가?

정답 순종자, 협잡물(이물), 타종자(이종종자)

325 발아율과 발아세의 차이점을 설명하시오.

정답 ① 발아율 : 최종 조사일까지 발아된 개체수(대부분 치상 7일까지)
② 발아세 : 치상 후 4일째까지 발아된 개체수(특정일까지 발아할 수 있는 능력을 측정)

326 벼의 인공교배 시 적당한 시간과 그 이유를 쓰시오.

정답 ① 인공교배 시간 : 11~12시
② 이유 : 벼의 개화는 오전 10시부터 하나 오전 11~12시 사이가 개화 최성기이기 때문

327 양파, 감자를 MH 쓰면 어떤 효과가 있는가?

정답 맹아억제

328 발아시험을 직접 할 수 없을 때 발아율을 검사할 수 있는 방법은 무엇인가?

정답 ① TTC검사법
② 아텔루루산 칼리 검사 및 테루루산 소다법
③ GA(50ppm), 티오요소(0.5%) 혼합액에 의한 발아 검정법
④ X선 분석
⑤ PFA정색 판정법

329 무, 배추의 종묘허가 발아율은?

정답 ① 고정종 : 75% 이상(무), 80% 이상(배추)
② 교잡종 : 85% 이상(무), 85% 이상(배추)

330 인공교배의 성공을 위해서 알아야 할 사항은 무엇인가?

> **정답** 대상작물과의 친화력, 개화습성, 배주수정 능력, 화분발아조건, 화기구조, 완전제웅, 화분저장수송, 수분량

331 상온에 저장한 양파의 종자를 발아시켰을 때 6~8월에 발아율이 급격히 떨어지는데 그 원인은 무엇인가?

> **정답** ① 양파는 저온발아성 종자로 발아적온은 15~25도이다.
> ② 고온에서 발아율이 저하된다.

332 품종성능평가시 재배시험지역은 최소 몇 지역 이상으로 실시하는가?

> **정답** 3개 지역 이상

333 자가불화합성이란 무엇인가?

> **정답** ① 정의 : 같은 꽃이나 같은 개체에 있는 꽃 또는 같은 계통 간에 수분과 결실이 이루어지지 않는 현상으로, 자웅생식기관의 기능이 정상인데도 주두에서 발아하지 못하거나 발아해도 화분관의 신장이 도중에 정지하는 경우를 말한다.
> ② 이용작물 : 배추, 무, 양배추, 순무(자가불 – 무순 배양)
> ③ 자가불화합성의 기구
> ㉠ 화분이 주두에서 발아불능
> ㉡ 화분이 발아해도 주두조직 내 침투불능
> ㉢ 주두조직에 침투해도 신장의 불완전

334 F₁ 채종에 있어 웅성불임과 자가불화합성이 중요한 이유는 무엇인가?

> **정답** 노동력의 절감, 종자값 저렴, 다수성, 채종 종자의 균일

335 충매를 이용하여 1대 잡종을 채종하는 성질과 작물 두 개씩을 쓰시오.

> **정답** ① 웅성불임성 : 고추, 양파
> ② 자가불화합성 : 무, 배추

336 약배양 시 약 채취시기 및 일반적인 사항을 쓰시오.

> **정답** 꽃가루가 제1유사분열 정도의 단계에 있을 때 꽃봉오리가 어린 이삭을 채취

337 약배양에 의해 반수체 식물을 얻을 수 있는데, 반수체 식물을 2배체로 만들려면 어떠한 처리를 해야 하는가?

> **정답** ① 콜히친 처리(0.1~1.0% 농도)
> ② 캘러스를 통해 배가시키는 방법
> ㉠ 온도처리
> ㉡ X-Ray 등으로 배가

338 자연상태에서는 개화시기의 차이가 크게 발생해서 동시 개화에 의해 교배종 종자의 채종이 어려운 경우가 있다. 개화기가 늦은 품종의 개화를 앞당겨서 F_1 종자를 생산하기 위한 실제적인 방법을 3가지만 쓰시오.

> **정답** ① 광주성 이용(일장조절)
> ② 파종기를 앞당긴다.
> ③ 식물생장 조절제 사용

339 채종과정에서 다른 품종과의 교잡방지 방법 3가지를 쓰고 설명하시오.

> **정답** ① 시간적 격리 : 개화기를 달리함
> ② 공간적 격리 : 충분한 격리거리
> ③ 차단 격리 : 망실, 망상, 망틀, 피대

340 우리나라에서 양파채종이 어려운 이유는?

> **정답** ① 다습에 의한 병해 발생(개화 종료 후 소화경에 병해 발생)
> ② 개화기 장마에 의한 화분의 유실 및 수정력 감퇴
> ③ 수정장애

341 배추의 채종적지로 적합한 환경을 쓰시오.

> **정답** 저온의 경과, 개화기와 등숙기에 강우 없는 곳, 격리된 곳

342 복대법을 실시하는 목적은 무엇인가?

> 정답 ① 원종, 원원종이나 1대 잡종 작출에 양친의 계통유지
> ② 귀중한 종자의 채종 시
> ③ 소면적에서 많은 종류의 종자 채종 시

343 무 원종의 뇌수분 시 화뢰(꽃봉오리) 상태는 개화 며칠 전이 좋은가?

> 정답 2~3일 전

344 채소작물을 개화촉진 및 지연시키는 생장조절 물질과 작물 2가지는 무엇인가?

> 정답 ① 개화촉진 : GA
> ② 개화억제 : Auxin(2,4-D)
> ③ 작물 : 당근, 양배추, 무

345 배추, 양배추 등의 결구모본 저장 후 정식할 때 화경이 쉽게 올라오도록 하려면 어떤 처리를 하는가?

> 정답 고온 장일

346 파, 양파 채종 시 장마가 계속될 경우 발생되는 피해는 무엇인가?

> 정답 ① 다습에 의한 병해발생
> ② 일조부족에 의한 종자의 저장양분 축적불량으로 품질저하
> ③ 수정력 감퇴로 빈 종자 발생

347 채종재배와 보통재배의 차이점은 무엇인가?

> 정답 ① 채종재배 : 단계별로 육성해서 신품종을 생산하여 보급하는 것
> ② 보통재배 : 수확 후 이익을 목적으로 재배하는 것

348 약품에 의한 상토소독의 장단점을 쓰시오.

정답 ① 장점 : 간편하고 경제적이며 장소에 제약이 없다.
② 단점 : 토양미생물의 사멸, 가스발생, 약해 위험의 단점이 존재

349 저온항온건조기법이란 무엇인가?

정답 $103\pm2℃$에서 17 ± 1시간을 건조하여 산출하는 방법이다.

350 종자채종지로 좋은 곳은 어느 곳인가?

정답 ① 지리적 격리지, 외딴 섬, 산간지
② 작물의 생육에 적합한 통풍과 채광이 양호하고 지력이 비옥·균일한 곳
③ 병충해 발생 및 침수해의 상습지대가 아니고 관수·배수가 용이한 곳
④ 포장격리가 가능한 포장조건을 갖춘 곳

351 농작물에서 1대 잡종(F_1) 품종을 재배하는 이유 3가지를 쓰시오.

정답 ① 확실한 생산량 증대
② 균일한 생산물 수확
③ 유용한 우성유전자의 이용 용이

352 휴면타파 약제에는 무엇이 있는가?

정답 GA, 티오요소, 질산칼륨, 카이네틴, 사이토키닌

353 십자화과 채소의 모본유지 방법을 3가지 이상 쓰시오.

정답 영양번식, 집단선발법, 모본선발법

354 작물의 생식에는 무성생식, 유성생식, 아포믹시스가 있는데 여기서 아포믹시스란 무엇인가?

정답 ① 식물의 감수분열이나 수정의 과정을 거치지 않고 무성적으로 배가 발달하는 것을 말한다.
② 단위생식, 무배생식이다.

355 딸기의 휴면타파법 3가지는 무엇인가?

> **정답** 저온, 일장처리, GA처리(고랭지 재배)

356 모란 등과 같이 봄철에 파종 후 발근하였으나 온도가 상승하면서 휴면하다가 가을에 저온이 되면서 싹이 트는 성질을 어떤 종자라고 하는가?

> **정답** 2차 휴면종자

357 원원종, 원종 등의 종자를 소량저장 시 많이 사용하는 방법을 설명하시오.

> **정답** 염화칼슘, 실리카겔, 생석회 등의 건조제와 함께 넣고 용기를 밀폐하여 저장한다.

358 종자저장에 미치는 영향은 무엇인가?

> **정답** 산소, 저장온도, 저장습도, 종자함수량

359 상추에서 F₁ 품종을 사용하지 않는 이유는 무엇인가?

> **정답** ① 우수계통 선발이 어려움
> ② 채종량이 적음
> ③ 노력과 경비 많이 소요

360 과실종자를 층적저장하는 목적, 방법, 알맞은 저장온도를 각각 쓰시오.

> **정답** ① 목적 : 강한 휴면을 가진 종자의 휴면타파, 발아억제물질 제거
> ② 방법 : 나무상자나 나무통 안에 습기 있는 모래나 톱밥과 함께 종자를 층층이 저장한다.
> ③ 저장온도 : 1~5℃
> ④ 습도 : 80~90%

361 저장하려는 종자의 수분함량이 지나치게 많으면 일어나는 단점 4가지를 쓰시오.

> **정답** 호흡량 과다로 종자 발아력 상실, 병해 발생, 충해 발생, 곰팡이 발생, 종자수명 단축

362 종자의 저장방법을 쓰고 설명하시오.

정답 ① 토중저장 : 적당한 용기 등에 넣어 땅속에 저장, 80~90% 습도 유지, 밤·호두 등
② 충적저장 : 과수류나 정원수목에 많이 사용된다. 모래나 톱밥을 층층이 쌓아서 저장
③ 냉건저장 : 0~10℃를 유지하고 장기저장 시에는 0℃ 이하, 상대습도 30% 유지
④ 건조저장 : 채소, 화훼류 등 일반종자 대부분의 저장방법
⑤ 종자의 함수율은 4~6%, 상대습도는 50% 내외, 온도는 가능한 한 낮게 유지
⑥ CA저장 : 온도, 습도, 공기 조성의 3가지를 조절하는 방법으로 산소농도를 낮추고 CO_2 농도를 높이며 온도는 저온상태를 유지한다. 과실의 경우 장기간 신선도를 유지할 수 있다. 저장 시 적숙과를 사용해야 좋은 효과를 볼 수 있다.

363 메밀꽃의 착립률이 낮은 원인은 무엇인가?

정답 이형예현상 때문이다.

364 테트라졸륨 (①)%에 (②)℃에서 배 절단한 때는 2시간이지만 보통 (③)시간 동안 염색해서 그 염색된 정도로 (④)을 측정한다.

정답 ① : 0.1~1.0%
② : 30~35
③ : 15~21시간
④ : 활력

365 발아검사 시 정상묘의 3가지 범주를 쓰시오.

정답 ① 기본구조를 모두 갖추고 있는 식물체
② 초엽의 보호기능이 정상인 식물체
③ 떡잎의 양분저장 및 전류기능이 정상인 식물체

366 광발아종자가 감응하는 광선색깔 및 파장의 범위를 쓰시오.

정답 660nm의 적색광을 이용

367 발아촉진 광과 파장은 몇 nm인가?

정답 660nm의 적색광이 발아촉진 효과가 가장 크다.

368 사료작물 수분함량은 몇 %인가?

🌱**정답** 목초종자의 종자규격에서 수분함량은 14% 이내

369 카네이션 조직배양의 목적과 방법을 서술하시오.

🌱**정답** ① 목적 : 무병주 생산
② 방법 : 0.2~0.5mm 크기로 생장점을 채취하여 차아염소산나트륨 용액에 소독한다.
③ 인공적으로 조성한 영양배지에 치상하여 적정 온도 아래, 광을 주어 배양한다.

370 종속 간 잡종이 무균적으로 생산되는 방법은 무엇인가?

🌱**정답** 경정배양, 생장점배양, 시험관 내 접목, 캘러스에서 개체의 분화 등이 있다.

371 사과경정 배양 시 발근 및 발근 억제에 사용되는 생장조절제는 무엇인가?

🌱**정답** ① 발근 : 옥신
② 발근억제 : 사이토키닌

372 종자생산을 위한 파종기를 지배하는 요인에는 어떤 것이 있는가?

🌱**정답** 종자의 출하기 및 시장가격, 기상 및 토양조건, 작물 및 품종의 종류, 재배지역

373 고추, 양파, 종자의 저장조건과 시약은 무엇인가?

🌱**정답** ① 저장조건 : 함수량 7~10%, 온도는 5~15℃
② 저장방법 : 건조저장, 밀봉저장, 저온저장
③ 시약 : 실리카겔

374 웅성불임 이용 시 유전자 작용인 것 3가지는 무엇인가?

🌱**정답** ① 유전자적 웅성불임 : 보리, 토마토, 수수, 고추, 토마토, 벼
② 세포질적 웅성불임 : 양파, 옥수수, 유채, 사탕무, 벼
③ 세포질·유전자적 웅성불임 : 양파, 당근, 셀러리, 사탕무, 아마, 벼

375 웅성불임의 검정방법에는 무엇이 있으며, 경제적으로 어느 쪽을 많이 심는가?

> **정답** ① 검정방법 : 화분의 유무, 꽃의 형태로 검정
> ② 모계쪽을 경제적으로 많이 심음

376 배지중 응고재는 무엇인가?

> **정답** 한천

377 원예작물의 품종개발에 쓰는 생물공학기술 3가지는 무엇인가?

> **정답** 약배양, 배배양, 세포융합

378 조직배양 시 NAA와 2,4-D, GA를 용해하는 방법은 무엇인가?

> **정답** ① 알코올로 용해 : 2,4-D, IAA, GA
> ② 증류수로 용해 · NAA, BA

379 웅성불임을 이용하여 채종하는 이유를 쓰시오.

> **정답** 교배당 종자수가 적다, 제웅의 불필요, 단위면적당 파종량이 많다, 비용의 절감

380 웅성불임을 이용한 1대 잡종 채종에 필요한 3종류의 교배친과 이들의 이용체계를 설명하시오.

> **정답** ① 웅성불임친(A계통), 웅성불임유지친(B계통), 임성회복친(C계통)
> ② 이용체계 : A계통은 완전불임으로 조합능력이 높으면서 채종량이 많아야 한다.
> ③ C계통은 화분량이 많으면서 F_1의 임성을 온전히 회복시킬 수 있어야 한다.

381 육종연한을 단축하기 위한 방법 3가지를 쓰시오.

> **정답** 약배양, 배배양, 세포융합, 원형질융합

382 화훼재배에 있어 생장억제제의 종류를 3가지 이상 쓰시오.

정답 B-9(Daminozide), 유니코나졸, 안시미돌, 파클로뷰트라졸

383 종자를 선별하기 위한 가장 기본적인 방법인 물리적 특성 3가지를 설명하시오.

정답 크기, 무게, 색에 의한 선별

384 조직배양에 대해 설명하시오.

정답 ① 환경조건 : 온도와 광
② 배지조성 : 2,4-D는 물에 녹지 않으므로 2,4-D 50mg을 1ml의 95% 에탄올에 녹임
③ 옥신 : 정아우세로 잎증식억제, 발근촉진
사이토키닌 : 잎줄기 생장촉진, 발근억제
④ 목적 : 육종연한단축, 바이러스무병주 생산, 대량생산, 신품종육성, 유전자원보존, 종속 간 교잡,
식물영양번식에의 응용
⑤ 방법
㉠ 생장점 배양
난, 딸기, 카네이션 0.2~0.3mm의 생장점을 채취하여 차아염소산 나트륨에 소독 후, 인위적
으로 조제한 영양배지에 치상하여 배양하는 것
㉡ 기정접목
감귤, 사과, 자두 종자의 배를 소독 후, 무기염류와 1%의 한천으로 된 배지에 2주간 두면
싹이 나오는데 잎과 떡잎을 자른 후 0.14~0.18mm 크기의 3잎 원기를 가진 경정으로 T접을
한다.
㉢ 경정배양
사과, 감귤, 양배추, 감자 1~2cm 크기로 목화되지 않은 조직을 잘라서 인공배지에 치상하는
방법
㉣ 약, 화분배양
고추, 벼, 배추 약이나 화분의 반수체를 배양하여 2배체의 작물을 얻는 방법으로 육종연한의
단축 효과가 크다.
㉤ 배배양
콩, 복숭아, 감자 종자의 배를 분리시켜 배양하는 방법
⑥ 카네이션의 조직배양 목적 : 무균무병주, 잎줄기 발육우세, 생체중 증가, 식물크기 큼, 착화수
많음, 전체화수가 증가하여 충실한 발근 도모
⑦ 배지를 만들 때 가장 중요한 생장조절제 : 사이토키닌, 옥신
⑧ 조직배양의 배양액을 만드는 데 필요한 무기염류
$Ca(NO_3)_2$, $4H_2O$, KNO_3, KH_2PO_4, $MgSO_4$, $7H_2O$
⑨ 살균제 : 식물의 조직 배양시 식물체를 배지에 이동시키기 전에 일반적으로 쓰이는 살균제는
70% 알코올, 0.02% 차아염소산나트륨

385 카네이션 조직배양에서 사용하는 생장점의 크기와 사용하는 배지는 무엇인가?

> **정답** ① 크기 : 0.2~0.5mm
> ② 사용배지 : MS배지

386 과수 불결실성의 원인을 2가지 이상 쓰시오.

> **정답** ① 화분(꽃가루)의 불완전
> ② 불화합성
> ③ 암꽃 생식기관의 불완전
> ④ 전년도 화아분화의 미숙

387 과수에서 조직배양을 하는 이유 2가지를 쓰시오.

> **정답** ① 대량번식에 이용되며 유전적 안정성과 조기 결실성을 유지한다.
> ② 바이러스에 감염되지 않은 건전한 묘목을 얻을 수 있다.

388 조직 배양 시 많이 이용되는 한천의 일반적인 사용농도 및 역할은 무엇인가?

> **정답** ① 한천의 농도 : 20~30g/L
> ② 역할 : 조직배양 생장점의 고정 및 지지를 통한 영양분 공급

389 원예식물의 일반적인 조직배양(캘러스배양)과 생장점배양의 차이점 2가지를 쓰시오.

> **정답** ① 캘러스배양 : 어느 부위를 절단하더라도 쉽게 획득 가능, 바이러스감염의 위험
> ② 생장점배양 : 생장점만을 배양, 바이러스 감염이 안 됨

390 오이 주변에 호박을 심어서는 안 되는 이유는 무엇인가?

> **정답** 호박 꽃가루에 의한 오이의 위수정 때문이다.

391 조직배양의 원예적 이용법을 쓰시오.

> **정답** 형질전환에 이용, 무병주 육성, 대량증식

392 형질전환기술의 예를 3가지 이상 들고 설명하시오.

정답 ① Agrobacterium 이용법 : 유용 유전자 도입(제초제, 저항성 콩 등)
② 바이러스 이용법 : 유전자 운반체로 이용(담배모자이크바이러스 등 이용)
③ 유전자총 이용법 : 유전자를 식물체의 핵내로 삽입시키는 방법
④ 직접 주입법 : DNA의 용액을 세포 내로 주입

393 식물조직배양의 정의, 목적 2가지, 종류 3가지를 쓰시오.

정답 ① 정의 : 기관이나 조직, 세포를 식물체에서 분리하여 적당한 환경조건하에서 무균적으로 배양하여 식물체로서 완전한 기능을 갖는 개체로 재생시키는 기술
② 목적 : 무병주육성, 대량생산, 2차 대사물생산, 유전자보전
③ 종류 : 캘러스배양, 생장점배양, 약배양, 배배양

394 조직배양 시 배지의 질소공급 염류 3가지는 무엇인가?

정답 황산암모늄($(NH_4)_2SO_4$), 질산칼륨(KNO_3), 질산암모늄(NH_4NO_3), 질산칼슘($CaNO_3$)

395 시판종의 품종등록 과정순서를 나열하시오.

정답 종묘업자 → 농림수산식품부장관 등록 → 종자심의회 심의 → 품종등록

396 종자산업법상 종자 검사항목 4가지는 무엇인가?

정답 순도 조사, 발아율 조사, 종자수분함량 조사, 종자전염체 조사

397 조직배양으로 실용화된 채소류 2가지는 무엇인가?

정답 딸기, 감자

398 훈증제(클로로피크린, 메틸브로마이드 등)의 구비조건을 3가지 이상 쓰시오.

정답 휘발성, 비인화성, 곤충에 잘 흡수, 인체에 무해

399 조직배양의 목적을 5가지 이상 쓰시오.

> **정답** ① 동일종의 급속 대량증식
> ② 무병무균 식물의 육성
> ③ 육종에의 이용(신품종 육성)
> ④ 식물 영양번식 응용
> ⑤ 유전자원의 보고
> ⑥ 부가산물생산

400 과수의 영양번식 3가지와 이유를 쓰시오.

> **정답** ① 종류 : 삽목, 취목, 접목
> ② 이유 : 풍토적응성 증대, 수세조절, 품질향상, 결과촉진

401 경지삽에 대해 간략히 설명하고 적용과수 2가지를 쓰시오.

> **정답** ① 경지삽 : 묵은 가지를 삽목하는 것을 말한다.
> ② 적용과수 : 포도나무, 무화과나무

402 양배추 영양번식방법 2가지는 무엇인가?

> **정답** 액아 및 엽삽에 의한 영양번식법

403 우리나라에서 화훼구근 재배 시 가장 문제되는 것은 무엇인가?

> **정답** 바이러스 감염

404 만생종 양파의 구·비대 시 환경조건은 무엇인가?

> **정답** 만생종은 일장 12시간 이상, 토양산도 중성, 토양수분 충분

405 양파구의 비대조건을 비대조건과 만생종으로 구분하여 설명하시오.

> **정답** ① 비대조건 : 일장조절, 토양산도 중성, 토양수분 충분, 옥신과 지베렐린함량 저하, 탄수화물 축적
> ② 만생종 : 일장 12시간 이상

406 복대법의 종류 3가지를 쓰시오.

> **정답** 망상, 망실, 망틀

407 종자춘화형 식물이란 무엇인가? 그리고 해당 작물을 4가지 이상 쓰시오.

> **정답** ① 종자춘화형 식물 : 식물체가 어릴 때에도 저온에 감응하여 추대되는 식물
> ② 해당 작물 : 무, 배추, 완두, 잠두, 순무, 추파맥류

408 녹체춘화형 식물이란 무엇인가? 그리고 해당 작물을 4가지 이상 쓰시오.

> **정답** ① 녹체춘화형 식물 : 식물체가 어느 정도 커진 뒤에 저온에 감응하여 추대되는 식물
> ② 해당 작물 : 국화, 히요스, 양파, 꽃양배추, 양배추, 당근

409 춘화처리의 3가지 유형을 쓰고 설명하시오.

> **정답** ① 개화기 조절 : 개화기가 서로 다른 작물의 개화기를 일치시켜 교잡육종에 이용
> ② 조기 수확 : 개화, 결실의 촉진
> ③ 육종연한의 단축 : 인위적으로 개화시기를 조절하여 육종기간 단축

410 딸기의 꽃눈(화아)분화의 조건은 무엇이며, 그중에서 어느 것이 더 비중이 큰가?

> **정답** ① 화아분화 조건 : 저온단일조건
> ② 비중 큰 것 : 저온(저온 시 장일이라도 화아분화가 된다.)

411 딸기의 추대개화의 조건을 쓰시오.

> **정답** 고온장일조건

412 과수에서 바이러스 무병주 생산 시 실생으로 하지 않는 이유는?

> **정답** 변이의 발생

413 과수의 영양번식 방법 3가지와 그 목적을 쓰시오.

> **정답** ① 방법 : 분주, 삽목, 접목
> ② 이유 : 우량한 유전특성을 쉽게 영속적으로 유지, 종자번식보다 생육이 왕성, 수세조절, 환경적
> 응성 증대, 병충해 저항성 증대, 결과촉진, 품질향상, 수세회복

414 무병주 바이러스 검정방법을 2가지 쓰시오.

> **정답** 병징 및 지표식물 이용, 혈청학적 방법, 전자현미경법

415 조직배양기술에서 종자 생산의 이점과 문제점을 쓰시오.

> **정답** ① 이점 : 단기간에 대량증식 가능
> 바이러스 무병주 육성
> 신품종 육성, 유전자원 보존, 식물영양번식의 응용
> ② 문제점 : 고도의 숙련된 기술 필요
> 일정한 시설 필요

416 양배추의 영양번식방법 2가지는 무엇인가?

> **정답** 액아 및 엽삽에 의한 영양번식

417 과수의 화아분화 시기는?

> **정답** 포도 5월 하순, 배 6월 중하순, 사과 7월 상순, 감 7월 중순, 복숭아 8월 상순

418 과수의 꽃눈분화에 영향을 미치는 요인을 3가지 이상 쓰시오.

> **정답** 온도, 일장, C/N율, 식물호르몬, 꽃 형성물질의 생성

419 당근, 우엉의 화아분화조건과 추대조건을 각각 쓰시오.

> **정답** ① 화아분화 : 저온
> ② 추대 : 고온·장일

420 화아분화에 영향을 미치는 것 3가지를 쓰시오.

> **정답** 일장, 온도, 유전인자

421 오이 · 호박의 암꽃 · 수꽃의 착생조절 방법을 쓰시오.

> **정답** ① 오이의 착생 : 수꽃 – 지베렐린(GA)(제1본엽기)
>   암꽃 – 옥신류(IAA, NAA), CCC : (본엽 2~3매)
>   ② 호박의 암꽃 착생 : 에스렐 100~200ppm(1~3 엽기)

422 종자발아의 환경인자 4가지를 쓰시오.

> **정답** 온도, 산소, 수분, 광선(광발아종자)

423 복토 시 고려할 사항을 3가지 이상 쓰시오.

> **정답** 종자의 크기, 토양조건, 발아습성, 기후상태

424 종자의 구성요소인 배유의 가장 중요한 역할은 무엇인가?

> **정답** 종자가 발달하고 발아하는 기간 중에 배에 양분을 공급하는 역할

425 종자발아시험의 종류를 3가지 이상 쓰시오.

> **정답** ① TTC검정(생화학적 측정방법)
>   ② 효소활성측정법(침윤시킨 종자의 효소활성측정으로 발아능 측정)
>   ③ 배 절제법(수목, 관목 종자의 발아능을 아는 데 유용)
>   ④ X선법(물리적 측정방법)

426 종자발아의 발아세를 측정하는 가장 보편적인 방법은 무엇인가?

> **정답** TTC검정

427 과채류 수확 후 발아가 바로 되지 않는 이유 3가지와 타파약제 1가지는 무엇인가?

> 정답 ① 이유 : 발아억제물질의 존재, 배의 미숙, 종피의 기계적 저항, 불투기성, 불투수성
> ② 타파약제 : 지베렐린

428 종자검사 4가지 항목은 무엇인가?

> 정답 종자규격, 순도, 발아율, 수분함량

429 발아검사와 TTC검사의 차이점은 무엇이고, 둘을 병행했을 때의 장점은 무엇인가?

> 정답 **차이점**
> ① 발아검사 : 발아능검사, 시일이 오래 걸린다.
> ② TTC검사 : 신속하게 발아력을 검사한다.
> ③ 병행시 장점 : 휴면종자 검사시 효과적, 발아율과 죽은 종자의 파악 용이

430 종자발아 시험에 사용되는 치상재료 5가지와 조건을 쓰시오.

> 정답 ① 치상재료 : 페트리디쉬(샬레), 흡습지, 여과지, 발아지, 모래, 탈지면, 면포
> ② 조건
> ㉠ 배지는 발아하는 유묘에 유독하지 않아야 한다.
> ㉡ 발아를 위해 적당한 투기성과 보수성이 있어야 한다.
> ㉢ 병원성의 미생물과 포자가 없어야 한다.

431 발아조건이 정상인데도 발아하지 못하는 이유를 4가지 이상 쓰시오.

> 정답 ① 발아억제물질의 존재
> ② 2차 휴면
> ③ 종피의 불투수성, 불투기성
> ④ 종피의 기계적 압박
> ⑤ 미숙배

432 온대성 과수에 있어서 종자를 채취하여 파종하여도 발아하지 않는 것이 대부분이다. 그 원인은 무엇이며, 어떤 방법으로 이를 해결할 수 있는지 기술하시오.

정답 ① 원인 : 종피, 배유에 발아억제물질 존재, 배의 미숙
종피의 기계적 저항, 불투수성, 불투기성
② 방법 : 프라이밍, 충적저장, 최아, 생장조절물질처리 등을 통한 발아율을 증가시키고 배의 발아
억제 물질을 제거하며, 배의 숙도를 균일하게 한다.

433 화분을 이용하여 배양하는 인공배양법을 설명하고 해당작물을 2가지 이상 쓰시오.

정답 ① 화분의 반수체를 배양하여 2배체의 작물을 얻는 방법으로 육종연한의 단축 효과가 크다.
② 작물 : 고추, 벼, 배추

434 일반적으로 가장 많이 쓰이는 배지로 난의 배양에 주로 이용되는 배지는 무엇인가?

정답 MS배지, 하이포넥스배지

435 난의 무균발아에 이용되는 배지는 무엇인가?

정답 누드슨(Knudson)배지

436 화아분화에 영향을 미치는 조건 3가지는?

정답 온도, 일장, 유전인자

437 채소류 중에서 화아분화 요인이 저온종자감응형, 저온녹식물체감응형, 장일감응형,고온감
응형인 채소를 가각 1가지 이상씩 예를 드시오.

정답 ① 저온종자감응형 : 무, 배추
② 저온녹식물체감응형 : 당근, 우엉, 양배추
③ 장일감응형 : 시금치
④ 고온감응형 : 상추

438 콜히친 처리에 의한 수박작출법의 단점은 무엇인가?

정답 ① 종자발아 곤란, 수확기 지연, 과육의 백색부가 비후, 공동이 발생, 변형과 발생
② 종자 내용물은 없고 종피가 발달

439 수박 3배체의 장점은 무엇인가?

> **정답** 과실이 크다. 병해충 저항성이 크다.

440 자웅동주 작물의 인공수분 순서를 쓰시오.

> **정답** ① 개화 전날 암꽃·수꽃에 봉지씌우기
> ② 개화하면 수꽃을 따서 암술머리에 바름
> ③ 교배 후 암꽃에 봉지씌우지
> ④ 수일 후 봉지벗기기

441 수박의 인공수분 시 착과율 저하 원인은 무엇인가?

> **정답** 저온, 이미 착과, 양분의 경합, 씨방 발육 불량, 질소 과잉, 강우부족 및 일조부족으로 동화양분 부족

442 호박과 수박의 착과율을 쓰시오.

> **정답** ① 호박 : 15~20%
> ② 수박 : 10~20%

443 수박을 인공수분시켜도 착과율이 떨어지는 이유를 설명하시오.

> **정답** ① 저온인 경우
> ② 질소 과잉이 되는 경우
> ③ 이미 착과한 것과 양분 경합이 될 때
> ④ 씨방의 발육이 불량한 경우
> ⑤ 강우 등 일조 부족에 의해 동화 양분이 부족할 때

444 인공수분방법을 4가지 이상 쓰시오.

> **정답** ① 삽입법
> ② 수꽃에 진동을 주는 방법
> ③ 충매법
> ④ 병치법
> ⑤ 화분방사법

445 호박(박과)의 인공수분 시간은 몇 시간인가?

> **정답** 오전 6~9시, 개화 후 3~4시간 이내

446 개열법에 대해 설명하시오.

> **정답** 콩·고구마 등에서 꽃망울 때 꽃잎을 헤쳐 꽃밥을 끌어낸다.

447 육묘이식재배의 장점을 5가지 이상 쓰시오.

> **정답** 추대의 방지, 품질향상, 수량증대, 조기수확 및 증수, 유묘기의 관리용이

448 육묘 시 질소를 많이 주면 안 되는 이유는 무엇인가?

> **정답** 도장하여 묘가 연약하게 되고 이식성이 떨어지며 병충해에 대한 저항성이 약해진다.

449 육묘방식의 종류 3가지는 무엇인가?

> **정답** 온상, 보온, 노지육묘

450 종자세의 뜻과 이에 영향을 주는 3가지 요인을 설명하시오.

> **정답** ① 의미 : 종자의 발아와 유묘의 출현 중에 보이는, 활성과 능력의 정도를 결정하는 총체적인 종자의 성질
> ② 영향을 주는 요인 : 병원균 감염상태, 종자의 충실도, 기계적 손상·퇴화 정도

451 플러그묘의 가장 중요한 장점 4가지를 쓰시오.

> **정답** ① 육묘의 생력화, 효율화, 안정화
> ② 작업의 자동화
> ③ 규격묘 연중생산
> ④ 적기공급

452 플러그묘의 생산 시 고려사항은 무엇인가?

> **정답** 적정배지의 선정, 발아 균일화, 적정 관수 및 시비, 결주처리, 최적 기온 및 지온, 도장억제 및 소질 향상, 에너지 절감 등을 고려해야 한다.

453 성형묘와 재래식물의 생산법을 비교하시오.

> **정답** 플러그묘(성형묘 · 공정묘)
> 응집성이 있는 소량의 배지가 담긴 셀(cell)에서 재배하며, 플러그묘 생산시스템에서는 종자가 기계적으로 수십 내지 수백 개의 셀을 가진 플러그판에 파종되어 일반적으로 한 셀에서 오로지 하나의 식물체가 생산된다.
> 재래식물
> 곡식이나 열매 또는 그 밖의 원료를 얻기 위하여 심어서 가꾸는 식물로 주로 종자 등으로 번식한다.

454 복교잡이란 무엇인가?

> **정답** (A×B)×(C×D)와 같이 4개의 자식계통에서 2개의 단교잡 F₁을 양친으로 교배하여 잡종을 만드는 것

455 뇌수분은 어느 때 하는 것이 좋은가?

> **정답** 꽃봉오리 때(개화 2~3일 전) 수분하는 것이 좋으며, 불화합성 타파 및 위임을 목적(벼, 고추, 오이)으로 한다.

456 국화과채소종자의 휴면타파방법은 무엇인가?

> **정답** 티오우레아(thiourea : 티오요소), 변온, 광선, 박피, 채종 후 건조

457 자가 불화합성을 이용한 1대 잡종 채종 시 무와 같이 꼬투리당 종자수가 적어 단교잡으로는 채종량이 적은 경우 종자의 대량생산을 하기 위해서는 어떻게 하는가?

> **정답** 복교잡

458 과수 조기낙과의 원인은 무엇인가?

> **정답** 암수의 불완전, 불수정, 배발육정지

459 개화기를 앞당기는 방법 3가지를 쓰시오.

> **정답** 광주율 이용, 파종기 앞당김, 생장조절제 이용

460 양파의 구근을 비대시키는 방법 3가지를 쓰시오.

> **정답** ① 일장조절(조생종은 12시간 정도, 만생종은 12시간 이상)
> ② 토양산도를 중성으로 유지하고 토양수분은 충분하게 한다.
> ③ 옥신과 지베렐린 함량을 저하시켜 탄수화물의 축적을 활발하게 한다.

461 식물 바이러스감염의 확인법을 나열하시오.

> **정답** ① 전기영동법에 의한 단백질검사법
> ② DNA지문법
> ③ 병징
> ④ 전자현미경을 이용한 해부학적 진단
> ⑤ 병에 걸려 나타나는 생물화학적 변화를 조사하는 이화학적 진단(지표식물 활용법)
> ⑥ 혈청반응을 이용한 혈청학적 진단(면역학적)

462 채종재배에서 공간적 격리 재배 시 복대방법을 쓰시오.

> **정답** 피대(봉지씌우기), 망실채종

463 무의 개화촉진을 위해 처리하는 방법을 쓰시오.

> **정답** ① 파종 10일 후 유묘에 아스코르빈산을 처리하여 IAA활성을 통한 개화촉진을 유도
> ② 저온처리로 화아분화
> ③ 고온장일조건으로 추대개화(GA처리로 추대촉진)

464 토마토 제웅작업을 너무 일찍 하면 좋지 않은 이유를 설명하시오.

정답 토마토의 제웅작업은 착과제인 토마토톤을 사용할 때까지 기다리는 것이 좋다. 그런데 토마토톤을 어린 싹에 잘못 사용하면 약해의 위험성이 있기 때문에 적당한 시기에 제웅작업을 하는 것이 좋다.

465 보증종자의 효력해지조건 3가지는 무엇인가?

정답 ① 보증종자로 합격된 종자라고 하더라도 보증표시를 하지 않은 경우
② 보증의 유효기간이 경과한 경우
③ 보증한 포장종자를 해장 또는 개장한 경우 종자보증 효력을 상실할 경우

466 종묘업은 누가 허가를 하는가?

정답 농림축산식품부장관

467 무의 추대억제를 위해 처리하는 조절제를 쓰시오.

정답 CCC, B-9는 추대억제

468 당근의 우량종자 생산방법 4가지는 무엇인가?

정답 ① 서늘하고 강수량이 적은 곳
② 경토가 깊은 곳
③ 다습의 우려가 없는 곳
④ 정지 및 적심

469 우량종자 생산에서 종자의 후숙은 어떤 이점을 가져오는지 3가지만 쓰시오.

정답 종자의 숙도 균일, 발아율과 발아세 향상, 종자의 수명연장

470 잡종강세 유전자의 작용 원인은 무엇인가?

정답 ① 비대립유전자 간의 상호작용
② 대립유전자 간의 상호작용
③ 부분형질 간의 상호작용

471 잡종강세의 특징을 4가지 이상 쓰시오.

> **정답** ① 균일하고 발아력이 우수
> ② 강건성, 내병성, 풍토적응성
> ③ 양친의 장점이 발현되어 생활력이 왕성
> ④ 증수 효과
> ⑤ 생리작용, 세포분화활동 촉진, 양분 흡수량 증대, 원형질의 증대

472 잡종강세육종법에서 유전적인 원인 3가지는 무엇인가?

> **정답** 우성유전자연쇄, 유전작용의 상승적 효과, 초우성, 복대립유전자

473 채종종자 1,000m 이상 격리거리를 유지해야 하는 작물 5가지를 쓰시오.

> **정답** 무, 배추, 양배추, 당근, 시금치

474 토마토(가지과)의 채종포의 격리거리와 안전거리는 얼마가 적당한가?

> **정답** ① 격리거리 : 장애물 있을 때 : 100m
> 장애물 없을 때 : 200m
> ② 안전거리 : 200×1.5 = 300m

475 품종퇴화방지를 위한 격리방법 2가지를 쓰고 설명하시오.

> **정답** ① 시간격리법 : 개화기 조절 등의 시간적인 조절로 교잡원을 방지하는 방법
> ② 공간격리법 : 망실, 망상 등의 방법으로 교잡원을 방지하는 방법

476 채종과정에서 다른 품종과의 교잡방지 방법 3가지만 쓰고 설명하시오.

> **정답** ① 시간적 격리 : 개화기를 달리해서
> ② 거리적 격리 : 충분한 격리거리
> ③ 공간적 격리 : 망상, 망틀, 피대

477 채종에 있어 다른 품종과의 교잡을 방지하는 방법 3가지는 무엇인가?

> **정답** 격리법, 복배법, 꽃잎제거법

478 원예번식시설에서 진딧물 등에 의한 충매화의 교잡방지를 위한 방법은 무엇인가?

> **정답** ① 망실, 망틀 채종재배에서 교잡방지를 위해 차단격리(망실, 복대, 망상, 망틀)
> ② 화판제거, 웅화제거, 거리격리, 시간격리법 이용

479 수명이 긴 종자의 일반적인 특징은 무엇인가?

> **정답** ① 물리적인 손상이 없다.
> ② 종피가 단단하고 불투과성
> ③ 상대습도가 낮고 저온저장 종자

480 장명종자의 일반적인 특징을 3가지 이상 쓰시오.

> **정답** ① 종피가 단단하고 불투과성
> ② 물리적인 손상이 적음
> ③ 상대습도가 낮고 저온에서 저장한 종자

481 추대에 영향을 미치는 환경조건 3가지를 쓰시오.

> **정답** 온도, 일장, 식물 호르몬

482 일장처리가 차기추대에 미치는 영향은 무엇인가?

> **정답** 단일처리하여 조기개화시키면 차대에 개화기가 늦어지고, 장일처리하여 개화를 늦추면 차대에 조기개화하게 된다.

483 봄무의 추대억제방법은 무엇인가?

> **정답** 일장조절 및 MH, B-9의 생장조절제 처리로 추대억제

484 양배추를 조기추대시키는 방법은 무엇인가?

> **정답** ① 저온감응을 충분히 받도록 한다.(녹식물춘화형)
> ② 저온에 화아분화 : 고온, 장일(20℃) 추대
> ③ 질소질 비료를 적게 준다.
> ④ 호르몬처리(GA)

485 아래의 식물들 중에서 상대적 장일, 상대적 단일 식물을 구분하고 그 뜻을 쓰시오.

카네이션 · 피튜니아 · 다알리아 · 만수국 · 백일초(백일홍)

> **정답** 상대적 장일
> ① 뜻 : 단일·장일 다같이 개화되나 장일조건하에서 더 빨리 개화되는 식물
> ② 작물 : 피튜니아, 카네이션
> 상대적 단일
> ① 뜻 : 단일·장일 다같이 개화되나 단일조건하에서 더 빨리 개화되는 식물
> ② 작물 : 다알리아, 백일초, 만수국

486 조직배양에 의한 무병주 대량생산의 구비조건 3가지를 쓰시오.

> **정답** 온도, 산소, 습도(수분), 광

487 조직배양기술의 이점 3가지를 쓰시오.

> **정답** 바이러스 무병주 생산, 대량급속 생산가능, 조기수확, 품질향상

488 장일 · 중일 · 단일식물에 대해 설명하고 각각의 대상 작물을 쓰시오.

> **정답** ① 장일 : 한계일장 이상에서 개화 촉진(시금치, 상추, 감자, 당근, 무)
> ② 중일 : 일장에 관계없이 일정 생장 후 개화(오이, 토마토, 고추)
> ③ 단일 : 한계일장 이하에서 개화 촉진(옥수수 다알리아, 나팔꽃, 코스모스, 국화)

489 후숙을 시키는 이유는 무엇인가?

> **정답** 종자의 숙도를 균일하게 하여 발아율·발아세·종자의 수명을 높이기 위해 실시한다.

490 조직배양 시 배지의 pH 조절용 시약으로 쓰이는 것은 어떤 것이 있는가?

> **정답** 수산화나트륨($NaOH$), 염산(HCl)

491 원예작물 후숙의 효과는 무엇인가?

> **정답** ① 후숙 : 미숙한 배를 성숙시키는 것으로 추숙이라고도 한다.
> ② 효과 : 종자의 숙도를 균일하게 한다. 종자의 충실도를 높인다. 2차 휴면타파, 발아세와 발아율 향상, 종자수명 연장

492 과수경정재배의 이점을 2가지 이상 쓰시오.

> **정답** ① 대부분의 바이러스 제거 가능
> ② 정아, 액아 모두 활용 가능
> ③ 친주식물을 손상시키지 않고 번식 가능

493 십자화과에서 영양번식으로 모본을 유지하는 방법 2가지를 적으시오.

> **정답** 액아삽, 기내배양

494 원예작물의 후숙이란 무엇인가?

> **정답** ① 뜻 : 미숙한 배를 성숙시키는 것으로서 추숙(追熟)이라고도 한다.
> ② 효과
> ㉠ 종자의 숙도 균일
> ㉡ 종자의 충실도 높임
> ㉢ 2차 휴면타파
> ㉣ 발아와 발아율 향상
> ㉤ 발아세와 발아력 향상
> ㉥ 종자의 수명 연장
> ㉦ 향기, 색 변화, 당분 증가 등의 효과

495 종자의 후숙을 완료시키는 환경인자는 무엇인가?

> **정답** 습윤처리, 저온처리, 건조, 광선

496 폭 1.8m, 길이 60cm 간격에 참외를 2줄씩 심는다고 했을 때 300평당 소요되는 참외는 몇 주인가?

> **정답** 1,833주
>
> $$\frac{300평 \times 3.3}{1.8m \times 0.6m} \times 2 = 1,833주$$
>
> 300평을 m² 면적으로 환산해야 한다.
> 즉, 300평은 300×3.3＝990m²
> 2줄이므로 2를 곱해야 한다.

497 글라디올러스의 조직배양하는 부위는?

> **정답** 꽃대, 액아배양

498 수분수의 구비요건을 3가지 이상 쓰시오.

> **정답** ① 주품종과의 화합성, 우량화분의 다량생산, 주품종과 개화기의 일치성
> ② 결실성과 시장성이 높은 것

499 십자화과에서 영양번식으로 모본유지하는 방법을 2가지 이상 쓰시오.

> **정답** 액아삽, 기내배양

500 식물육종에서 이용되고 있는 조직배양기술 4가지와 각각의 장점을 쓰시오.

> **정답** ① 생장점배양 : 대부분의 바이러스 제거, 정아나 액아 모두 이용, 모본의 형질유지
> ② 캘러스배양 : 식물체의 어느 부분이나 배양이 가능하고, 일시에 대량개체 생산
> ③ 배배양 : 육종연한의 단축, 불화합성을 지닌 종간 및 속간 교잡이 용이
> ④ 약배양 : 돌연변이 분리가 용이하고, 상동의 식물체 생산에 반수체 식물을 이용

501 조직배양 시 배지에 첨가되는 무기염 중 다량요소와 미량요소를 4가지 이상 쓰시오.

> **정답** ① 다량요소 : 질소, 인산, 칼륨, 마그네슘, 칼슘, 황
> ② 미량요소 : 철, 망간, 아연, 붕소, 구리, 몰리브덴

502 조직배양 시 치상배양체를 소독하는 약제는 무엇인가?

> **정답** 차아염소산나트륨 또는 차아염소산칼슘 중 하나에 트윈(Tween) 20을 0.1% 첨가

503 채소류(박과채소) 접목육묘의 효과를 2가지만 쓰시오.

> **정답** 저온 및 고온 신장성 증대, 병균 저항성 향상(만할병, 덩굴쪼김병 방지)

504 수박의 접목육묘의 효과와 육묘 후의 관리방법을 설명하시오.

> **정답** 효과
> 만할병을 예방하여 연작재배를 가능케 하고, 이식성과 내서성을 강화시켜 조식할 수 있게 하며 흡비성을 강화시켜 유리한 조건이 되게 한다.
> 관리방법
> 접목이 끝난 후 접목부위가 건조해지기 전에 묘상에 심고 밀폐해서 해가림해주며 3~4일간은 상토에 수분을 주어야(저면관수) 하며, 4일부터는 약한 광에서 점차 강한 볕을 쬐고 서서히 환기를 시켜 주며 6, 7일부터는 보통육묘한다.

505 사과나무 접목 중 2중 접목을 하는 경우는 어느 경우인가?

> **정답** 접목 불친화성인 두 식물체 사이에 상호친화성을 가진 중간대목을 이용하여 친화성을 향상

506 접목 후 밀납을 발라주는 이유는 무엇인가?

> **정답** 건조방지, 수분증발방지, 부패방지, 잡균침입방지

507 양배추가 자연환경에서 개화촉진하는 환경조건은 무엇인가?

> **정답** 일정한 묘령에 도달한 후 충분한 저온감응, 춘화처리 후 고온장일, 질소량 적당량 시비

508 오이 F₁ 채종 시 암수 혼식 비율은 얼마인가?

> **정답** 암 : 수=3 : 1

509 채종지에 영향을 주는 기후인자 3가지는 무엇인가?

> **정답** 기온, 강우, 일장

510 양파 채종 시 모본 저장법을 쓰시오.

> **정답** 건조저장을 하는 것이 좋다. 저장성이 높은 중·만생종의 모본 저장은 일반저장법과 같이 5~6개의 다발로 해서 풍이 좋은 음지에 매달아 건조저장을 한다.

511 남부지방에서 우기를 피해 5~6월에 채종했을 때 종자에 미치는 효과를 쓰시오.

> **정답** 미숙종자가 많아 충실치 못하다.

512 채소의 채종지가 남부 및 남해 도서지방에 집중되어 있는 이유는 무엇인가?

> **정답** ① 2년생 채소의 추대에 필요한 저온요구를 충족시킨다.
> ② 겨울에 노지월동이 가능하다.
> ③ 도서지방은 자연교잡의 위험이 적다.

513 과채류의 접목 목적을 쓰시오.

> **정답** ① 만할병의 피해를 막음으로써 연작이 가능하다.
> ② 흡비력 강화 및 증수효과
> ③ 저온 신장성의 강화
> ④ 휴재연한을 짧게 할 수 있다.

514 과수접목번식 접목불친화성의 외적 증상 3가지를 쓰시오.

> **정답** 수정 및 결실 저하, 병충해 발생, 생육저하

515 영양번식에서 접목의 이점은 무엇인가?

정답 ① 풍토적응성 증대
② 병충해 저항성의 증대
③ 결과촉진
④ 수세조절
⑤ 결과향상
⑥ 수세회복

516 발아시험 시 생리적 휴면타파 방법 4가지를 쓰시오.

정답 건조, 예냉, 광, 온도처리

517 채소종자 휴면타파 약제 2가지를 쓰시오.

정답 지베렐린, 티오요소

518 휴면의 원인 3가지와 효과적인 조절물질을 쓰시오.

정답 ① 원인 : 배의 미숙, 배의 휴면, 경실, 종피의 불투기성 및 불투수성, 종피의 기계적 저항
② 저장물질의 미숙, 발아억제물질의 존재
③ 휴면타파 조절물질 : 지베렐린, 사이토키닌, 에틸렌, 질산염
④ 발아억제물질 : ABA, 암모니아, 시안화수소

519 씨감자 생산이 고랭지 지역에 주로 국한되는 이유 2가지는 무엇인가?

정답 ① 바이러스의 방제
② 생육 적온을 유지

520 인공영양번식을 할 때 발근과 활착을 촉진하는 처리방법은 무엇인가?

정답 ① 황화처리
② 옥신류처리
③ 환상박피
④ 증산경감제

521 품종퇴화의 여러 요인 중 인위적 요인은 무엇인가?

정답 ① 불량채종
② 도태를 철저히 하지 않음
③ 채종재배의 기술적 미숙
④ 다른 품종 종자의 혼입(이형종자의 혼입)

522 종자 발아촉진 처리방법을 4가지 이상 쓰시오.

정답 예냉, 예열, 광, 질산칼륨(KNO_3), 지베렐린산(GA_3), 건조보관

523 발아력 검정에 사용하는 식물생장 조절제와 그 농도는 몇 %인가?

정답 ① 시약명 : 테트라졸륨
② 농도 : 0.1~1.0%

524 품종퇴화 중 유전적 퇴화 원인을 4가지 이상 쓰시오.

정답 돌연변이, 자연교잡, 이형유전자의 분리, 기회적부동, 자식약세, 종자의 기계적 혼입

525 시험관 내 수정(기내수정)이란 무엇인가?

정답 이종 간 교잡 시 아직 수분이 이루어지지 않은 자방 가운데 태좌 조직을 분리시켜 그 조직상의 배주에 꽃가루를 직접 살포시켜 수정시키는 것

526 단자엽과 쌍자엽 식물 종자를 비교 설명하시오.

정답 ① 단자엽 종자 : 배유종자로 배, 흡수층, 배유로 이루어져 있다.
② 쌍자엽 종자 : 무배유종자로 자엽과 배(유아, 배축, 유근)로 이루어져 있다.

527 종자배 발달의 두 가지 유형을 쓰시오.

정답 ① 배유형 : 벼, 밀, 당근, 양파, 토마토
② 무배유형 : 호박, 완두, 오이, 배추

528 카네이션 삽목 시 줄기 부분에서 어느 부분을 채취하여 사용하는가?

정답 어미포기의 원줄기에 2~3마디를 남기고 절취한다.

529 과실의 수확적기를 판정하는 기준은 무엇인가?

정답 당 및 산 함량비율(당산비), 만개 후 일수, 과실의 호흡량 측정, 과실의 경도, 과색, 요오드 정색반응

530 과실 및 종자의 수확적기를 판정하는 기준을 각각 3가지 이상씩 쓰시오.

정답 ① 과실 : 당산비, 호흡량 측정, 과색, 과신의 경도, 요오드 정색반응, 만개 후 일수
② 종자 : 곡물류는 황숙기, 채소류 십자화과는 갈숙기
종자수확은 수확기의 지연에 따른 각종 재해, 병충해 및 저장양분의 축적상태를 고려하여 수확함

531 종자성숙 시 저장양분이 축적되는 시기는 언제인가?

정답 배나 배유의 성숙기간으로서 광합성에 의해 합성된 영양분이 종자로 전류하여 축적

532 십자화과 채소의 채종용 수확적기는 언제인가?

정답 황숙기(화곡류), 갈숙기(채소류)

533 인공종자란 무엇인지 설명하시오.

정답 식물의 체세포배를 인공배유와 인공표피(종피)로 피복하여 종자대용으로 사용되어지는 것을 말한다.

534 인공종자의 유용성에 대하여 쓰시오.

정답 동일 유전자를 가지는 영양체를 유지 보전할 수 있다.

535 가식의 목적은 무엇인가?

정답 도장(웃자람)방지, 측근의 발달촉진, 이식성 향상, 묘상의 절약, 활착증진, 재해방지, 불량묘의 도태를 통한 균일한 묘생산, 양열온상에서 새온상에 옮겨 적온유지

536 필름코팅종자와 펠렛종자를 비교 설명하시오.

정답 ① 필름코팅 : 종자표면에 얇은 친수성막을 덧입히는 처리
  취급용이, 살균살충제 혼입가능, 외관상 식별용이, 외관상 품질제고 등의 효과
② 펠렛종자 : 점토로 코팅한 종자
  기계 파종 및 포장 발아성 높이기 위함

537 프라이밍의 목적, 방법, 종류를 쓰시오.

정답 ① 목적 : 종자의 발아촉진과 발아의 균일성 향상
② 방법 : 종자프라이밍 처리는 저온, 고온, 과습 같은 불량환경에서 발아율과 발아의 균일성을 높이기 위해 종자를 PEG나 무기염류와 같은 고삼투액에 수일~수주간 처리
③ 종류
  ㉠ 삼투용액프라이밍 : 처리용액의 삼투퍼텐셜을 이용하는데, 처리온도를 10~15도로 낮추어서 약 20일간 처리한 다음 종자를 건조시킨 후 파종하는 방법
  ㉡ 고형물질처리 : 고형물질의 매트릭 장점을 이용해서 종자를 수확시키는 방법
  ㉢ Drum Priming : 종자와 물을 드럼에 넣고 계속 회전시킴으로써 종자를 수확시키는 방법

538 종자 프라이밍의 목적 4가지를 쓰시오.

정답 종자의 발아 촉진, 발아의 균일성 향상, 발아속도 향상, 발아율 향상

539 종자를 코팅 처리하는 목적을 3가지 이상 쓰시오.

정답 농약 및 영양제 첨가, 미세한 종자의 크기 증대, 기계화 파종에 적합한 형상을 만듦

540 파종 전 종자처리 방법에는 어떤 것이 있는가?

정답 침종, 최아, 프라이밍, 경실종자 휴면타파법

541 시금치 완숙종자보다 미숙종자가 발아력이 좋았다. 그 이유는 무엇인가?

정답 완숙종자는 과피가 두껍고 딱딱하여 수분흡수가 곤란하기 때문이다.

542 시금치 화아분화의 조건은 무엇인가?

정답 고온장일

543 시금치 종자 생산에 일장의 중요성을 설명하고, 아직도 상당량의 종자가 수입되고 있는 이유를 설명하시오.

정답 ① 일장의 중요성 : 시금치는 화아분화에 16시간 이상의 장일을 요구함
② 수입되는 이유 : 우리나라는 시금치가 요구하는 일장에 알맞지 않음

544 종자 전염성 병의 검정방법을 3가지 이상 쓰시오.

정답 ① 배양검정법
② 무배양검정법
③ 혈청학적 검정법
④ 전자현미경법

545 종자소독방법의 종류를 쓰시오.

정답 ① 표면소독 : 차아염소산칼슘 2%액에 5~30분간 침지(pH는 8~10)
② 메티오닌, mercuric chloride 등의 액에 침지
③ 내부소독 : 냉수온탕침법(20~30도의 물에 4~5시간 침지 후 50~60도에 10~20분 침지 후 상온수에 담근 후 건조시켜 저장 혹은 파종)
④ 약품소독법(약액에 침지, 분의약제를 혼입 분의시킴)
⑤ 물리적 종자소독 : 종자내부소독, 온탕침법, 냉수온탕침법, 태양열, 건열소독

546 종자의 수분검사 시 저온(항온)에서 실시하는 작물을 4가지 이상 쓰시오.

정답 마늘, 파, 부추, 콩, 땅콩, 배추씨, 유채, 고추, 목화, 피마자, 참깨, 아마, 겨자, 무

547 파종량 결정 요인을 4가지 이상 쓰시오.

정답 작물종·품종, 기후와 토양조건, 발아력, 파종방법, 재배조건

548 원예작물을 접목번식할 때 활착률을 높일 수 있는 방법이나 요인을 4가지만 쓰시오.

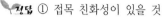 ① 접목 친화성이 있을 것
② 접수와 대목의 형성층이 서로 접착되게 할 것
③ 접수와 대목의 극성이 틀리지 않게 할 것
④ 접목시기에 맞게 실시할 것

549 글라디올러스에서 조직배양하는 부위는?

정답 ① 화경(꽃대)
② 측아(액아)배양

550 어떤 종류의 식물이 자연계에는 100% 바이러스에 감염되어 있어 건전주를 얻기 불가능하다고 가정할 때 바이러스 이병주만을 가지고 생장점 배양을 하고자 한다. 바이러스를 가능한 줄이는 데 사용되는 방법 2가지는 무엇인가?

정답 ① 경정배양
② 캘러스배양

551 종자채종 시 격리방법 4가지를 쓰시오.

정답 ① 봉지씌우기(Wrapping)
② 화판제거법
③ 웅화, 웅주제거법
④ 거리격리법
⑤ 시간격리법

552 채소의 인공수분의 순서를 적으시오.

정답 ① 개화 전일에 모계와 부계의 꽃망울에 제웅하고 봉지를 씌운다.
② 개화 당일에 봉지를 벗기고 인공수분을 실시한다.
③ 다시 봉지를 씌우고 교배조합과 교배일자를 기록한 표찰을 붙인다.
④ 수일 후 봉지를 벗겨준다.

553 정상종자 44, 종피 벗겨진 종자 2립, 잡초종자 3립, 미성숙종자 1립이 있을 때 종자의 순도를 구하는 계산식과 순도를 각각 쓰시오.

정답 $(44+1/44+2+3+1) \times 100 = 45/50 \times 100 = 90\%$

554 정립의 범위에 드는 종자는 무엇인지 쓰시오.

정답 이종종자, 잡초종자 및 이물을 제외한 종자를 말하며 다음의 것을 포함한다.
① 미숙립, 발아립, 주름진립, 소립
② 원래크기의 1/2 이상인 종자쇄립
③ 병해립(맥각병해립, 균핵병해립, 깜부기병해립 및 선충에 의한 충영립을 제외한다.)
④ 목초나 화곡류의 영화가 배유를 가진 것

제2장 최신 필답형 90문제

01 반량시료 40~50(g)은 소수점 이하 몇째 자리까지 칭량하는지 쓰시오.

> **정답** 소수 2째 자리

검사시료(또는 반량시료)

반량시료의 중량(g)	칭량 시 소수점 이하 자릿수	표시방법(g)
1 미만	4	~ 0.9999
1 이상 ~ 10 미만	3	1.000 ~ 9.999
10 이상 ~ 100 미만	2	10.00 ~ 99.99
100 이상 ~ 1,000 미만	1	100.0 ~ 999.9
1,000 이상	0	1,000 ~

02 춘화처리의 농업적 이용방법 4가지를 쓰시오.

> **정답** ① 개화기 조절 ② 화아분화 촉진
> ③ 수량 증가 ④ 생산물의 조기출하재배

03 조직배양 배지 조성물질 4가지는 무엇인가?

> **정답** 무기염류, 유기화학물, 천연물, 배양체의 지지재료

04 종자 채종지 선택 시 고려해야 할 자연조건 3가지를 쓰시오.

> **정답** ① 격리 포장이 가능한 곳
> ② 토양이 비옥한 곳
> ③ 일장과 강수량이 알맞은 곳
> ④ 통풍과 채광이 양호한 곳
> ⑤ 병충해 발생 및 침수 상습지대가 아닌 곳
> ⑥ 배수가 용이한 곳

05 종자산업법에서 규정하고 있는 종자업의 시설기준을 다음 (   ) 안에 쓰시오.

① 채소 : 철제 하우스 (①)m² 이상, 육종포장가 (②)a=(③)m² 이상
② 과수 : 묘목포장(苗木圃場) : (④)m² 이상일 것
③ 화훼 : 철제 하우스 (⑤)m² 이상, 육종포장가 30a 이상
④ 화훼 : 조직배양방법의 실험실 : (⑥)m² 이상일 것
⑤ 식량작물 : 철제 하우스(⑦)m² 이상, 육종포장가 (⑧)a=(⑨)m² 이상

정답 ① 330   ② 30
       ③ 3,000   ④ 7,000
       ⑤ 330   ⑥ 100
       ⑦ 330   ⑧ 30
       ⑨ 3,000

06 종자의 수분검사 시 저온항온기법 이용 작물 4가지를 쓰시오.

정답 마늘, 파, 부추, 콩, 땅콩, 배추, 유채, 고추, 목화, 피마자, 참깨, 아마, 겨자, 무
       ※ 저온항온건조기법이란 103± 2℃에서 17± 1시간 건조하여 산출하는 방법이다.

07 경정접목의 주요 목적을 쓰시오.

정답 바이러스 방제를 통한 무병주 육성

08 종자소독의 이점 3가지를 쓰시오.

정답 ① 병균을 죽이고, 종자 오염균의 피해를 막을 수 있다.
       ② 유해 미생물을 죽이고, 토양미생물에 의한 피해가 경감한다.
       ③ 병균이나 해충의 피해로부터 침투보호작용을 한다.

09 신품종 보호요건 5가지를 쓰시오.

정답 ① 신규성
       ② 구별성
       ③ 안정성
       ④ 균일성
       ⑤ 1개의 고유한 품종명칭

10 조직배양 시 사용되는 식물생장조절제 2가지와 작용 2가지의 예 쓰시오.

> 정답 ① 식물생장조절제 – 옥신, 사이토키닌
> ② 작용 – 발근촉진, 지상부생장촉진

11 오이의 자화 비율을 증가시키는 요인을 쓰시오.

> 정답 ① 저야온과 단일에서 육묘
> ② 질소질 비료의 시비를 줄이고 충분히 관수
> ③ NAA, 2.4 – D, 에틸렌 처리

12 십자화과에서 영양번식으로 인한 모본유지방법을 2가지 쓰시오.

> 정답 기내배양, 액아삽

13 유전적 원인에 의한 품종의 퇴화 종류 5가지는?

> 정답 ① 돌연변이에 의한 퇴화
> ② 자연교잡에 의한 퇴화
> ③ 역도태에 의한 퇴화
> ④ 기계적 혼입
> ⑤ 자식 약세

14 원예작물을 접목재배하면 어떤 이점이 있는지 3가지를 쓰시오.

> 정답 ① 개화, 결실이 빠름
> ② 내병충성 증가
> ③ 원하는 형질 발현

15 종자의 저장력과 관계된 특성 5가지를 쓰시오.

> 정답 ① 종자의 수분함량
> ② 배의 성숙
> ③ 온도
> ④ 공기
> ⑤ 습도

16 식물조직배양의 이용분야 4가지를 쓰시오.

> **정답** 대량생산, 무병주생산, 2차 대사산물 생산, 신품종 육성

17 영양번식방법 중 접목의 이점 4가지를 쓰시오.

> **정답** 육종연한 단축, 풍토적응성 증대, 개화 및 결실 단축, 병충해 저항성의 증대

18 채종포를 설정하는 데 격리거리를 정하려고 한다. 격리거리를 정할 때 고려사항 4가지를 쓰시오.

> **정답** ① 풍향과 풍속
> ② 장애물의 유무
> ③ 방화곤충의 비상거리
> ④ 채종면적의 대소

19 세포배양 또는 조직배양기술의 응용분야에 대하여 4가지를 쓰시오.

> **정답** ① 형질 전환
> ② 유전자 조작
> ③ 세포분열
> ④ 2차 대사산물 생성

20 증식용 종자가 갖추어야 할 구비조건을 3가지만 쓰시오.

> **정답** ① 활력 높은 발아율
> ② 병해충이 없을 것
> ③ 잡초종자와 이물이 섞이지 않은 것

21 순도와 발아율 공식을 쓰시오.

> **정답** 순도＝전체 종자 무게－(이종종자＋이물)/전체 종자 무게×100
> 발아율(%)＝발아한 종자 수/전체 종자 수×100

22 채종재배와 청과재배가 파종시기가 다른 이유를 쓰시오.

> **정답** 청과재배는 식용에 적합한 상태의 수확물이 목적이고, 채종재배는 우수한 형질의 종자를 얻는 것이 목적이다.

23 수출·수입 제한 종자 3가지를 쓰시오.

> **정답** ① 수입된 종자에 유해한 잡초종자
> ② 국내 생태계를 심각하게 파괴할 우려가 있는 종자
> ③ 특정 병해충이 확산될 우려가 있는 종자
> ④ 국민건강에 나쁜 영향을 미칠 우려가 있는 종자
> ⑤ 국내 유전자원(遺傳資源) 보존에 심각한 지장을 초래할 우려가 있는 종자

24 종자의 발아에 미치는 외부요인 4가지를 쓰시오.

> **정답** 수분, 온도, 산소, 빛

25 토마토톤의 처리시기와 빨리 처리했을 때와 늦게처리했을 때의 문제점을 쓰시오.

> **정답** ① 토마토톤의 처리시기 : 화방당 2~3화 개화 시 맑은 날 오전 중에 처리한다.
> ② 빨리 처리 했을 때의 문제점 : 약해의 위험성이 있다.
> ③ 늦게 처리했을 때의 문제점 : 착과율이 떨어진다.

26 고추, 양파, 파 등은 대표적인 단명종자로 취급되고 있다. 이 종자들을 최대한으로 장기간 저장하기 위해서는 다음의 조건들을 각각 어떻게 조절하여 주는 것이 좋은지 설명하시오.

> **정답** ① 종자의 충실도 및 함수량 : 함수량 10% 이하
> ② 환경조건 : 온도 4~5℃를 유지하고, 습도는 최대로 낮춘다.
> ③ 건조제의 첨부 여부 및 종류 : 실리카겔, 생석회, 염화칼슘(염화석회)

27 채종포 격리거리에 영향을 주는 4가지 요인을 쓰시오.

> **정답** ① 작물의 종류 및 품종
> ② 채종포의 크기
> ③ 장해물
> ④ 지형
> ⑤ 매개곤충

28 종자산업법에 의한 종자의 정의를 쓰시오.

> **정답** "종자"란 증식용 또는 재배용으로 쓰이는 씨앗, 버섯 종균(種菌), 묘목(苗木), 포자(胞子) 또는 영양체(營養體)인 잎·줄기·뿌리 등을 말한다.

29 오이의 채종재배 시 수확시기를 쓰시오.

> **정답** 수정 후 약 40일이 되어 과면이 완전히 변색되면 채취

30 작물별(가지과, 박과, 토마토과) 산성 토양에 재배 시 나타나는 병명을 쓰시오.

> **정답** ① 가지과 : 풋마름병
> ② 박과 : 만할병
> ③ 토마토 : 시들음병

31 종자번식에 비해 영양번식이 갖는 이점 4가지를 쓰시오.

> **정답** ① 우량한 상태의 유전형질을 쉽게 영속적으로 유지시킬 수 있음
> ② 종자번식보다 생육이 왕성할 때 이용 가능
> ③ 암수의 어느 한쪽 그루만 재배할 때 이용 가능
> ④ 품질 향상

32 엽근채류의 채종포 비배관리 시 주의사항 2가지를 쓰시오.

> **정답** ① 월동 이후 추대 시 재배기간이 길고 시비량이 많음
> ② 결구나 근은 비대시키지 않고 월동개화
> ③ 추비를 늦게까지 주어 영양 유지

33 웅성불임 가임주와 불임주 중에서 어떤 것을 많이 심어야 하는지, 가임주와 불임주는 어떻게 구별하는지를 쓰시오.

> **정답** ① 웅성불임주를 많이 심어야 함
> ② 구별법 : 꽃의 유무

34 육묘의 필요성 4가지를 쓰시오.

정답 ① 조기수확 및 증수   ② 종자 절약
③ 토지이용도 증진   ④ 직파가 불리할 경우
⑤ 노력 절감   ⑥ 추대 방지
⑦ 묘의 집중적인 관리   ⑧ 재해 방지
⑨ 용수 절약

35 종자 구별법 4가지를 쓰시오.

정답 크기, 색깔, 중량, 길이

36 감자의 채종과정 단계를 쓰시오.

정답 조직배양 – 기본종 – 기본식물 – 원원종 – 원종 – 보급종

37 콩의 특정병과 해초를 쓰시오.

정답 ① 특정병 : 자반병
② 해초 : 새삼

38 보증종자와 품종성능의 정의를 쓰시오.

정답 ① 보증종자 : 해당 품종의 진위성(眞僞性)과 해당 품종 종자의 품질이 보증된 채종(採種) 단계별
종자를 말한다.
② 품종성능 : 품종이 일정 수준 이상의 재배 및 이용상의 가치를 생산하는 능력을 말한다.

39 잡종강세의 정의를 쓰시오.

정답 서로 다른 품종 또는 계통 간 교배로 생산된 F_1이 양친의 어느 것보다 월등한 생육양상을 보이는
현상

40 웅성불임 이용 시 유전자 작용인 것 3가지는?

① 유전자적 웅성불임 : 보리, 토마토, 수수, 고추, 토마토, 벼
② 세포질적 웅성불임 : 양파, 옥수수, 유채, 사탕무, 벼
③ 세포질유전자적 웅성불임 : 양파, 당근, 샐러리, 사탕무, 아마, 벼

41 종자 저장 시 수분함량이 지나치게 많을 때의 단점 4가지를 쓰시오.

① 수명 단축
② 발아율 및 발아세 감소
③ 저장 중 양분 손실
④ 호흡 증가로 발아 곤란
⑤ 곰팡이 및 미생물 증가

42 종자의 수분함량 측정단위와 소수 몇째 자리까지 계량해야 하는지 쓰시오.

① 단위 : 그램(g)
② 계량은 소수 셋째 자리까지 한다.

43 개화기가 서로 다른 식물의 교잡 시 개화 일치방법 4가지를 쓰시오.

① 춘화 처리
② 식물생장조절제에 의한 조절
③ 파종기에 의한 조절
④ 광주율에 의한 조절
⑤ 환상박피

45 조직배양 시 식물생장조절제를 넣으려면 녹여야 한다. NAA, 2.4-D, GA3을 각각 어떻게 용해시켜야 하는가?

① NAA : 알코올
② 2.4-D : 에탄올
③ GA3 : 증류수

46 식물의 단과와 취과를 설명하시오.

> **정답** ① 단과 – 암술 하나가 자라서 된 열매
> ② 취과 – 여러 개의 이생심피

47 종자산업법령상 종자의 검사항목 4가지를 쓰시오.

> **정답** 종자의 규격, 순도, 발아, 수분

48 과수 접목 시 접목 부위를 밀랍이나 비닐로 싸주는 이유는 무엇인가?

> **정답** 건조 방지, 수분증발 방지, 부패 방지, 잡균 침입 방지

49 수박 채종 시 몇 번 과를 채종하여 쓰는가?

> **정답** 2~4번 과

50 시금치의 화아분화 조건은 무엇인가?

> **정답** 고온 장일

51 십자화과 채소 중 자가불화합성을 이용하여 1대 잡종종자 생산이 용이한 작물을 1가지만 쓰시오.

> **정답** 무, 양배추, 배추, 브로콜리, 순무

52 종자병충해 방제에 이용되고 있는 종자소독용 훈증제가 구비해야 할 조건을 4가지만 쓰시오.

> **정답** 휘발성, 비인화성, 곤충에 잘 흡수, 인체에 무해

53 식물신품종 보호법에서 규정하고 있는 품종의 보호요건 4가지를 쓰시오.

정답 신규성, 구별성, 안정성, 균일성, 1개의 고유한 품종명칭

54 조직배양기술의 이점 3가지를 쓰시오.

정답 ① 바이러스 무병주 생산
② 대량·급속 생산 가능
③ 조기수확
④ 품질 향상

55 종자가 퇴화하는 원인 4가지를 쓰시오.

정답 돌연변이, 자연교잡, 이형유전자의 분리, 기회적 부동, 자식약세, 종자의 기계적 혼입

56 수확 후 종자를 건조하는 방법 4가지를 쓰시오.

정답 ① 자연건조
② 태양건조
③ 인공건조
④ 흡습제 이용 건조
⑤ 진공건조
⑥ 냉동건조

57 일반적인 종자정선을 위하여 널리 쓰이는 기계로 종자의 무게와 크기에 따라 정선될 뿐 아니라, 바람에 의하여 가벼운 물질을 제거하는 기능을 가진 정선기는 무엇인가?

정답 풍구

58 경실종자(硬實種子)의 휴면타파에 가장 흔히 이용되는 방법을 3가지 쓰시오.

정답 ① 종피파상법
② 농황산 처리
③ 진탕 처리
④ 저온 처리
⑤ 건열 및 습열 처리

59 박과 채소류(오이, 호박 등)의 인공수분 방법을 4단계로 구분하고 이를 순서대로 쓰시오.

정답 ① 개화 전일 모계 꽃망울에 제웅하고 모계, 부계 각각 봉지를 씌운다.
② 개화 당일 봉지를 벗기고 교배한다.
③ 교배 후 봉지를 씌우고 교배조합 및 일자를 기록한 표찰을 부착한다.
④ 수정 여부 확인 후 봉지를 벗겨준다.

60 양배추의 모본을 유지하는 방법을 3가지 쓰시오.

정답 ① 분형법
② 집단도태법
③ 모본선발법

61 양질의 성형묘(Plug) 생산을 위하여 고려해야 할 재배 기술을 3가지만 쓰시오.

정답 ① 육묘배지 선택
② 종자의 전처리
③ 육묘용기 선택
④ 적정육묘일수 결정
⑤ 시비관리

62 발아 적온에 따라 채소종자를 3군으로 분류하고, 각각 해당하는 식물 종류를 2가지씩 쓰시오.

정답 ① 저온발아 : 당근, 시금치
② 고온발아 : 호박, 피망
③ 변온발아 : 담배, 샐러리

63 씨감자 생산이 고랭지 지역에 주로 국한되는 이유 2가지를 쓰시오.

정답 ① 바이러스의 방제
② 생육 적온 유지

64 오이 채종에서는 추숙(追熟)을 하여야 하는데 그 이유와 방법을 쓰시오.

> **정답** ① 이유 : 종자의 숙도를 균일하게 하여 발아력, 발아세 및 종자의 수명을 높이기 위해
> ② 방법 : 과면이 변색되면(교배 후 약 40일) 채취해서 5~7일 정도 음건시켜 종자를 수세건조

65 세포배양 또는 조직배양 기술의 응용 분야에 대하여 4가지를 쓰시오.

> **정답** ① 바이러스 무병주 생산　　　　② 대량 증식
> ③ 원연종·속 간 잡종 육성　　　④ 우량 이형접합체 증식
> ⑤ 인공종자 개발　　　　　　　⑥ 유전자원 보존

66 자웅동주 작물의 인공수분 순서를 쓰시오.

> **정답** ① 개화 전날 암꽃, 수꽃에 봉지 씌우기
> ② 개화하면 수꽃을 따서 암술머리에 바름
> ③ 교배 후 암꽃에 봉지 씌우기
> ④ 라벨 부착
> ⑤ 수일 후 봉지 벗기기

67 기내 육종법(Invitro breeding)의 종류를 4가지 쓰시오.

> **정답** ① 세포융합　　　　　② 약배양
> ③ 배주배양　　　　　④ 배배양
> ⑤ 캘러스배양

68 자가불화합성에 대하여 간단히 설명하시오.

> **정답** 식물의 암수 생식기관은 형태적·기능적으로 완전하나, 같은 꽃, 같은 기주 내의 꽃, 같은 계통 간의 수분에서 종자가 생기지 않는 현상

69 비정상묘를 세 가지 범주로 나누어 각각 설명하시오.

> **정답** ① 피해묘 : 필수 구조가 없거나 균형 있는 성장을 기대할 수 없는 심한 장해를 받은 묘
> ② 기형 또는 부정형묘 : 약하게 생장했거나 생리적인 손상 또는 필수구조가 형을 갖지 못했거나 균형을 잃은 묘
> ③ 부패묘 : 필수구조가 종자 자체로부터 감염되어 발병 또는 부패로 정상 발달이 어려운 묘

70 박과 채소를 인공교배시키는 시간과 교배시간을 지켜야 하는 이유를 쓰시오.

정답 ① 인공교배시간 : 오전 7~8시 사이
② 교배시간을 지켜야 하는 이유
　ㄱ. 화분이 나와 있는 한 일찍 행하는 것이 좋다.
　ㄴ. 하우스 내부 기온이 16℃ 이상이 아니면 충분히 화분이 나오지 않는다.
　ㄷ. 낮 기온이 고온이면 화분장애가 생기게 된다.
　ㄹ. 화분장애가 생기면 과실이 잘 달리지 않기 때문이다.

71 접목번식을 할 때 활착을 증진시킬 수 있는 방법을 4가지만 쓰시오.

정답 ① 접목 친화성이 있을 것
② 접수와 대목의 형성층이 서로 접착되게 할 것
③ 절단면의 건조 및 부패를 막을 것
④ 접목 시기에 맞게 실시할 것

72 겉보리의 포장검사 시기와 횟수를 쓰시오.

정답 ① 시기 : 유숙기로부터 황숙기 사이
② 횟수 : 1회

73 다음은 「식물신품종 보호법」의 심판청구방식에 관한 설명이다. 빈칸을 채우시오.

> • 심판위원회 위원장은 제93조 제1항에 따른 심판청구를 받았을 때에는 심판위원에게 심판하게 한다.
> • 심판위원은 직무상 (a)하여 심판한다.
> • 심판위원의 자격은 (b)으로 정한다.
> • 심판은 (c)명의 심판위원으로 구성되는 (d)에서 한다.
> • 심판의 합의는 (e)하지 않는다.

정답 a. 독립　　　　　　　　　　　b. 대통령령
　　 c. 3　　　　　　　　　　　　d. 합의체
　　 e. 공개

74 시금치의 자웅성비형을 분류하고 특성을 설명하시오.

> **정답** ① 순웅주 : 추대하면 화지의 상부엽은 흔적만 남으며 선단에 웅화가 밀생한다.
> ② 영양웅주 : 화지의 선단까지 엽이 밀생하고 엽액에 웅화군이 착생한다.
> ③ 자웅동주 : 웅화와 자화가 동일 주에 여러 가지 비율로 착생한다.
> ④ 순자주 : 자화만 착생하고 엽은 선단까지 착생한다.

75 종자번식, 영양번식의 차이점을 쓰시오.

> **정답** ① 종자번식 : 생식세포 유, 번식률 높음, 환경적응력 강함, 자손의 유전형질이 다양함
> ② 영양번식 : 생식세포 무, 번식률 낮음, 환경적응력 약함, 자손의 유전형질이 모체와 동일

76 채소종자 저장의 내적 · 외적 조건을 쓰시오.

> **정답** ① 내적 조건 : 종자의 숙도가 충실할 것, 종자의 함수량이 10% 이하일 것, 병충해가 없을 것
> ② 외적 조건 : 온도, 습도, 산소 중 하나만 최적의 상태로 두면 다른 조건에 의한 피해는 줄어듦
> (저온, 건조, 저산소)

77 우리나라에서 벼, 보리, 콩 등과 같은 주요 자식성 식물의 종자생산 및 공급을 위한 4단계의 종자증식체계를 쓰시오.

> **정답** 기본식물양성포 → 원원종포 → 원종포 → 채종포

78 인공교배 시 서로 개화기가 다른 작물의 개화기를 일치시키는 방법 4가지를 쓰시오.

> **정답** ① 춘화 처리
> ② 파종기 조절
> ③ 광주성 이용(장단일 처리)
> ④ 접목법
> ⑤ 환상박피법

79 타가수정작물의 1대 잡종 생산법 3가지를 설명하시오.

> **정답** ① 인공수분
> ② 웅성불임성 이용
> ③ 자가 불화합성 이용

80 보리 포장검사 특정법 2가지를 쓰시오.

　정답 겉깜부기병, 속깜부기병 및 보리줄무늬병을 말한다.

81 1대 잡종이 품종으로 실용성이 있으려면 어떤 조건들을 갖추어야 하는지 3가지를 쓰시오.

　정답 ① 확실한 생산량 증대
　　　② 균일한 생산물을 수확
　　　③ 우성 유전자의 이용 용이

82 순도검정에서 이물의 정의를 쓰시오.

　정답 정립이나 이종종자로 분류되지 않는 종자구조를 가졌거나 종자가 아닌 모든 물질

83 종자의 균일성을 높이는 데 주로 이용하는 방법을 쓰시오.

　정답 후숙, 프라이밍

84 경실종자 휴면타파 방법 3가지를 쓰시오.

　정답 진한황산 처리, 진탕 처리, 건열 처리, 습열 처리, 종피파상법

85 조직배양 중 생장점 배양의 목적을 쓰시오.

　정답 세포분열이 왕성하여 바이러스에 감염될 확률이 적어 무병주 생산

86 화아유도에 영향을 주는 내·외적 요인 4가지를 쓰시오.

　정답 C/N율, 온도, 일장, 식물생장조절제

87 종자를 발아시험에 의하지 않고 신속히 발아력의 유무를 알아내는 방법 2가지를 쓰시오.

정답 TTC 검정, 전기전도도 측정

88 밀봉저장한 종자가 밀봉하지 않은 종자보다 더 빨리 퇴화하였다. 그 원인을 쓰시오.

정답 건조되지 않은 종자가 밀봉될 시 내부 습도로 인해 부패 및 퇴화 발생

89 밀봉 저장한 종자가 밀봉하지 않은 종자보다 더 빨리 퇴화하는 경우를 쓰시오.

정답 ① 종자를 충분히 건조시키지 않아 수분을 많이 함유한 경우
② 밀폐용기 내의 상대습도가 높은 경우
③ 저장 전에 병충해의 방제를 하지 않은 경우

90 타인의 품종보호권을 침해한 자에게는 어떤 벌칙이 주어지는가?

정답 7년 이하의 징역 또는 1억 원 이하의 벌금

제3장 필답형 모의고사 문제

※ 주관식에는 답안작성 요령이 가장 중요하다.(확실한 답부터 적는다.)
※ 채점자도 간결한 답안을 원한다.

제1회 필답형 모의고사 문제

1. 테트라 졸륨법(TTC검정법)에서 색깔에 따른 발아 가능 유무를 쓰시오.

2. 원예식물의 일반적인 조직배양(캘러스 배양)과 생장점 배양의 차이점 2가지를 쓰시오.

3. 원원종, 원종 표본검사시 1개 조사구당 조사주수는 각각 얼마인가?

4. 메밀꽃의 착과율이 낮은 원인은 무엇 때문인지 쓰시오.

5. 조직배양기술의 장점을 3가지 이상 쓰시오.

6. 과수의 영양번식 3가지 종류와 그 이유를 쓰시오.

7. 오이, 호박에서 수분수는 몇 %로 심어야 하는가?

8. 조직배양에서 pH를 조절하는 방법에 대해서 쓰시오.

9. 카네이션 조직배양의 목적과 방법에 대해 논하시오.

10. 제웅(양성화) 중 고추 제웅하는 이유는 무엇인가?

11. 고구마를 인위적으로 개화시킬 때 대목 및 접수는 무엇으로 하는가?

12. 인공교배방법에 대해 쓰시오.

13. 과수의 불결실성 원인을 2가지 이상 쓰시오.

14. 종자를 저장하는 방법에 대해 쓰시오.

15. 인공종자란 무엇을 말하는지 설명하시오.

16. 보증종자의 보증표시방법을 설명하시오.

17. 콜히친 처리 방법의 종류를 쓰시오.

제2회 필답형 모의고사 문제

1. 저장하려는 종자의 수분함량이 지나치게 많으면 일어나는 단점 4가지를 쓰시오.

2. 원예작물의 품종개발에 쓰는 생물공학기술 3가지는 무엇인가?

3. 종자산업법에서 말하는 이형주란 무엇인가?

4. 종자저장에 영향을 미치는 요소는 무엇인가?

5. 건조저장으로 휴면타파가 되는 것은 무엇인가?

6. 종자순결도와 발아율을 구하는 공식을 쓰시오.

7. 1대 잡종(F₁) 종자 채종 시 3가지 방법과 해당 작물을 쓰시오.

8. 여교잡 시 1회친과 반복친이란 무엇인가?

9. 종자보증을 위해 포장 검사항목으로 무엇이 있는가?

10. 웅성불임 3가지 원인과 그에 해당하는 작물을 쓰시오.

11. 수분 함량이 많은 종자는 저장 중 어떤 현상이 발생되는가?

12. 채종종자 1,000m 이상 격리거리를 유지해야 하는 작물 5가지를 쓰시오.

13. 무 원종의 뇌수분 시 화뢰(꽃봉오리)상태는 개화 며칠 전이 좋은가?

14. 채종지에 영향을 주는 기후인자 3가지는 무엇인지 쓰시오.

15. 국가 품목 등록 대상작물에 해당하는 작물은 무엇인가?

16. 테트라 졸륨법에서 색깔에 따른 발아 가능 유무를 쓰시오.

17. 약 배양 시 약 채취시기 및 일반적인 사항을 쓰시오.

18. 호박의 종자 전염성 병을 3가지 이상 쓰시오.

제3회 필답형 모의고사 문제

1. 순도검사 시 시료량이 36g이었을 때 소수 몇 째 자리까지 칭량해야 하는가?

2. 휴면타파를 위한 약제 3가지 이상 쓰시오.

3. 자연교잡을 위한 지배요인을 3가지 이상 쓰시오.

4. 종자 프라이밍의 목적 4가지를 쓰시오.

5. 벼 포장검사규격 중 특정 병에 해당하는 것은 무엇인가?

6. 조직배양의 목적을 5가지 이상 쓰시오.

7. 채종재배에서 공간적 격리 재배 시 복대방법에 대해 쓰시오.

8. 우리나라에서 화훼구근 재배 시 가장 문제되는 것은 무엇인지 쓰시오.

9. 발아율과 발아세의 차이점에 대해 설명하시오.

10. 종자의 저장방법 종류에 대해 설명하시오.

11. 종자산업법에 대한 출원공고 기간은 출원공고 있는 날로부터 며칠간인지 쓰시오.

12. 과수의 영양번식방법 3가지와 그 이유를 쓰시오.

13. 플러그묘(공정육묘) 장점은 무엇인지 설명하시오.

14. 원예작물의 품종개발에 쓰이는 생물공학 기술 3가지를 쓰시오.

15. 자가불화합성이란 무엇인지 설명하시오.

16. 플러그묘에서 가장 중요한 장점 4가지를 쓰시오.

17. 벼의 인공교배 시 시간과 그 이유는 무엇인가?

18. 인공교배 성공을 위해서 알아야 할 사항은 무엇인지 쓰시오.

제4회 필답형 모의고사 문제

1. 호박의 인공수분을 위한 시간은 얼마나 걸리는지 쓰시오.

2. 파종 전 종자처리방법에는 어떤 것이 있는가?

3. 채소작물의 개화촉진 및 지연시키는 생장조절 물질과 작물 2가지는 무엇인가?

4. 일반적으로 종자는 몇 %의 발아율을 가져야 판매를 할 수 있는가?

5. 교배 전에 제웅을 하는 이유는 무엇인지 쓰시오.

6. 큐어링의 목적과 방법은 무엇인가?

7. 품종보호 출원인이 출원된 당해 품종에 대해 실시할 수 있는 임시보호권리는 언제부터 인가?

8. 채종종자 1,000m 이상 격리거리를 유지해야 하는 작물 5가지를 쓰시오.

9. 원예작물에서 2핵성과 3핵성에 대해 설명하고 채종상 이용면을 쓰시오.

10. 후숙이란 무엇이며, 그 효과는 무엇이지 쓰시오.

11. 보리의 품종성능 검사 시 포장검사 시기 및 회수에 대해 쓰시오.

12. 콜히친 처리방법의 종류를 쓰시오.

13. 양배추를 조기 추대시키는 방법에 대해 쓰시오.

14. 후숙을 시키는 이유는 무엇인지 쓰시오.

15. 종자 조제 시 주의사항으로 어떤 것이 있는지 설명하시오.

16. 품종보호요건 5가지를 말하고 설명하시오.

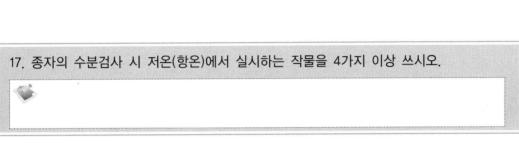

17. 종자의 수분검사 시 저온(항온)에서 실시하는 작물을 4가지 이상 쓰시오.

18. 과수에서 자가불화합성을 타파하는 방법 3가지를 말하시오.

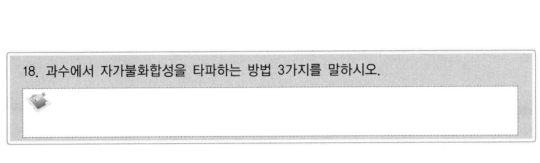

제5회 필답형 모의고사 문제

1. 품종보호권자의 보호를 위해 자기 권리 침해되었을 때 식물신품종 보호법에 규정된 청구 권은 무엇인가?

2. 무, 배추의 종묘 허가 발아율은 어떻게 되는가?

3. 국화과 채소종자의 휴면타파방법은 무엇인지 쓰시오.

4. 자가불화합성 작물의 자가수분방법에 대해 쓰시오.

5. 종자배 발달의 두 가지 형을 쓰시오.

6. 상토소독법과 구비요건에 대해 쓰시오.

7. 인공교배를 위한 개화조절방법에는 어떤 것이 있는가?

8. 보리 포장검사 시 특정 병은 무엇인가?

9. 종자의 자발휴면과 타발휴면의 차이점은 무엇인지 쓰시오.

10. 종자소독의 이점 3가지를 쓰시오.

11. 조직배양에서 난은 주로 어떤 배양을 이용하는지 설명하시오.

12. 시금치 화아분화조건은 무엇인지 쓰시오.

13. 종자의 배와 배유의 정핵, 난핵, 극핵의 구성분을 설명하시오.

14. 후숙의 효과가 가장 잘 나타나는 작물 3가지를 쓰시오.

15. 육묘이식재배의 장점을 5가지 이상 쓰시오.

16. 배추과 채소의 자식종자 채종을 위한 자가불화합성 타파방법 3가지를 쓰시오.

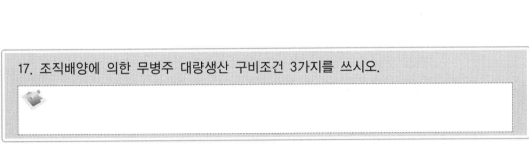

17. 조직배양에 의한 무병주 대량생산 구비조건 3가지를 쓰시오.

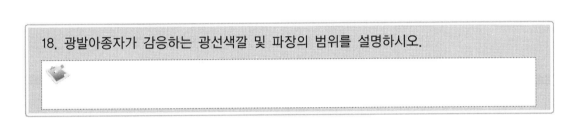

18. 광발아종자가 감응하는 광선색깔 및 파장의 범위를 설명하시오.

제6회 필답형 모의고사 문제

1. 콩의 포장검사 시기는 언제인가?

2. 품종퇴화 중 유전적 퇴화 원인을 4가지 이상 쓰시오.

3. 십자화과에서 영양번식으로 모본을 유지하는 방법 2가지를 적으시오.

4. 종자 검사 시 이물의 뜻과 종류를 쓰시오.

5. 종자 검사 시 순도를 중량비로 측정하는 데 필요한 요인은 무엇인가?

6. 씨감자퇴화의 주요 원인 2가지는 무엇인가?

7. 과수접목번식 접목불친화성 외적 증상 3가지를 쓰시오.

8. 오이 채종시 암꽃과 수꽃이 적절히 개화되어야 하는데 어느 때는 암꽃만 되고 어느 때는 수꽃만 된다. 어떻게 그 조절이 가능한지 쓰시오.

9. 종자의 후숙을 완료시키는 환경인자는 무엇인지 설명하시오.

10. 콩보급종의 포장검사 규격 중 기타 병에 대한 최고 범위는 얼마인지 쓰시오.

11. 배추, 양배추 등의 결구모본 저장 후 정식할 때 화경이 쉽게 올라오도록 하려면 어떤 처리를 하는가?

12. 웅성불임과 자가불화합성에 해당되는 채소명을 쓰시오.

13. 오이, 수박, 호박, 참외를 후숙 후 각각의 발아율을 적으시오.

14. 종자보증을 위한 포장검사항목 3가지란 무엇인가?

15. 장일, 중일, 단일 식물을 설명하고 대상 작물은 무엇인지 쓰시오.

16. 무 원종의 뇌수분 시 화뢰상태는 개화 며칠 전이 좋은지 쓰시오.

17. 종자 저장 시 사용되는 건조제의 종류를 쓰시오.

18. 과실종자의 휴면원인과 그 타파방법은 무엇인지 쓰시오.

 제7회 필답형 모의고사 문제

1. 종자 수명에 영향을 미치는 요건은 무엇인지 쓰시오.

2. 채종과정에서 다른 품종과의 교잡방지를 위한 방법 3가지만 쓰고 각각 설명하시오.

3. 벼 종자에 대한 보증검사에 있어서 포장검사 시기와 횟수를 쓰시오.

4. 당근, 우엉의 화아분화조건과 추대조건을 각각 쓰시오.

5. 호박과 수박의 착과율을 쓰시오.

6. 종묘업은 누가 허가하는지 쓰시오.

7. 과수의 생리적 낙과원인은 무엇인지 쓰시오.

8. 플러그묘의 장점은 무엇인지 쓰시오.

9. 육묘방식의 종류 3가지는 무엇인지 쓰시오.

10. 잡종강세의 특징을 4가지 이상 쓰시오.

11. 우량종자 생산에서 종자의 후숙은 어떤 이점을 가져오는지 3가지만 쓰시오.

12. 개화기를 앞당기는 방법 3가지는 무엇인지 쓰시오.

13. 모란 등과 같이 봄철에 파종 후 발근하였으나 온도가 상승하면서 휴면하다가 가을에 저온이 되면서 싹이 트는 성질을 어떤 종자라고 하는가?

14. 경실종자 휴면타파법에는 무엇이 있는지 설명하시오.

15. 양파, 감자를 MH를 쓰면 어떤 효과가 있는지 쓰시오.

16. 과채류의 접목 목적을 쓰시오.

17. 육묘의 목적은 무엇인지 쓰시오.

제8회 필답형 모의고사 문제

1. 물을 흡수하지 못하고 발아시험 기간이 끝나도 단단하게 남아있는 불발아 종자는 무엇이라 하는지 쓰시오.

2. 인공수분 순서를 서술하시오.

3. 크세니아란 무엇인지 설명하시오.

4. 씨 없는 수박의 생산방법을 쓰시오.

5. 일반적으로 가장 많이 쓰이는 배지로 난의 배양에 주로 이용되는 배지는 무엇인지 쓰시오.

6. 박과채소류에서 접목육묘 목적을 2가지만 쓰시오.

7. 후숙의 이점을 3가지 이상 쓰시오.

8. 난, 캘러스 배양 등의 조직배양에 이용되는 배지는 무엇인가?

9. 화아분화에 영향을 미치는 조건 3가지는 무엇인지 쓰시오.

10. 녹체춘화형 식물이란 무엇인지 쓰고 그에 해당하는 작물을 4가지 이상 쓰시오.

11. 조직배양의 목적을 5가지 이상 쓰시오.

12. 캘러스(Callus) 분화의 요인 3가지는 무엇인가?

13. 조직 배양 시 배지에 첨가되는 무기염 중 다량 요소와 미량 요소 4가지를 쓰시오.

14. 수박의 인공수분 시 착과율을 저하시키는 원인은 무엇인지 쓰시오.

15. 식물육종에서 이용되고 있는 조직배양기술 4가지와 각각의 장점을 쓰시오.

16. 카네이션 조직배양에서 사용하는 생장점의 크기와 사용하는 배지는 무엇인지 쓰시오.

17. 인공수분방법을 4가지 이상 쓰시오.

제9회 필답형 모의고사 문제

1. 종자발아의 환경인자 3가지를 쓰시오.

2. 오이, 호박의 암꽃 · 수꽃의 착생조절방법을 쓰시오.

3. 과수의 꽃눈분화에 영향을 미치는 요인 3가지 이상을 쓰시오.

4. 배가 저장조직보다 많이 함유하고 있는 성분은 무엇인지 쓰시오.

5. 수박의 F_1 생산에서 모친과 부친의 적당한 재식비율를 쓰시오.

6. 300평에 고추를 심는 데 재식거리 75cm, 60cm일 경우 몇 포기를 심는지 설명하시오.
   (소수 셋째 자리에서 반올림)

7. 웅성불임을 이용하는 채소는 무엇인지 쓰시오.

8. 춘화처리의 농업적 이용방법을 쓰시오.

9. 조직배양으로 실용화된 채소류 2가지는 무엇인지 쓰시오.

10. 저장하려는 종자의 수분함량이 지나치게 많으면 일어나는 단점 4가지를 쓰시오.

11. 딸기의 휴면타파법 3가지를 설명하시오.

12. 종자춘화형 식물의 정의와 해당 작물을 4가지 이상 쓰시오.

13. 어떤 종류의 식물이 자연계에는 100% 바이러스에 감염되어 있어 건전주를 얻기 불가능 하다고 가정할 때 바이러스 이병주만을 가지고 생장점 배양을 하고자 한다. 바이러스를 될 수 있는 대로 줄이려면 사용되는 방법 2가지는 무엇인가?

14. 종자를 장기저장하기 위한 조건 3가지를 쓰시오.

15. 벼의 포장검사 및 종자검사 기준에 규정된 특정 해초는 무엇인가?

16. 채소재배에서 F1의 특성은 무엇인지 설명하시오.

17. 종자저장 시 CO_2를 처리해줘야 하는데 그 공급원, 농도, 처리시간을 쓰시오.

18. 조직배양 시 완전무병주 생산방법은 무엇인지 설명하시오.

제10회 필답형 모의고사 문제

1. 감자의 휴면타파에 사용되는 화학물질 2가지를 쓰시오.

2. 십자화과 채소의 저장방법을 쓰시오.

3. 뇌수분은 어느 때 하는 것이 좋은지 설명하시오.

4. F₁ 종자의 대량생산에 쓰이는 체계를 쓰시오.

5. 콩 특정 병 바이러스병의 판정기준은 무엇인지 설명하시오.

6. 약배양의 배양적기는 언제인지 쓰시오.

7. 조직배양 원예적 이용을 쓰시오.

8. 카네이션 삽목 시 줄기의 어느 부분을 채취하여 사용하는지 쓰시오.

9. 휴면타파에 해당하는 약제는 무엇인지 쓰시오.

10. 자가불화합성의 타파방법은 무엇인지 설명하시오.

11. 채소종자 휴면타파약제 2가지를 쓰시오.

12. 조직배양기술의 이점 3가지를 쓰시오.

13. 상추에서 F₁ 품종을 사용하지 않는 이유는 무엇인지 쓰시오.

14. 교배모본의 월동저장법은 무엇인지 쓰시오.

15. 조직배양에서 난은 주로 어떤 배양을 이용하는가?

16. 오이가 40일이 되면 발아율이 100%에 육박한다. 그런데, 20일쯤 되어서 침수되어 덩굴이 죽었는데도 발아율이 100%에 가까운 이유는 무엇인가?

17. 상온에 저장한 양파의 종자를 발아시켰을 때, 6~8월에 발아율이 급격히 떨어지는데 그 원인은 무엇인가? 웅성불임을 이용하여 채종하는 이유를 쓰시오.

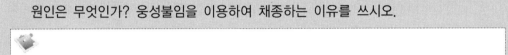

제11회 필답형 모의고사 문제

1. 웅성불임을 이용하여 채종하는 이유를 쓰시오.

2. 가을감자의 휴면타파법에는 어떤 것이 있는지 쓰시오.

3. 박과채소의 인공교배시키는 시간과 교배시간을 지켜야 하는 이유를 쓰시오.

4. 타인의 품종보호권을 침해한 자에게는 어떤 벌칙이 주어지는지 쓰시오.

5. 육종연한을 단축하기 위한 방법 3가지를 쓰시오.

6. 사과경정배양 시 발근 및 발근 억제에 사용되는 생장조절제는 무엇인가?

7. 품종보호를 위하여 신품종을 심판 및 심의하기 위한 농림수산식품부장관이 설치한 기관은 무엇인가?

8. 무·배추를 시중판매할 때 발아율은 몇 % 이상이어야 하는가?

9. 종자를 선별하기 위한 가장 기본적인 방법인 물리적 특성 3가지를 쓰시오.

10. 포장검사 및 종자검사기준 내용 중 정립에서 제외되는 것 3가지는 무엇인가?

11. 대부분의 조직배양에 쓰이는 배지와 난의 종자 발아 생장점 배양에 이용되는 배지는 무엇인가?

12. 십자화과 채소의 휴면타파방법을 쓰시오.

13. 원예식물의 일반적인 조직배양(캘러스 배양)과 생장점 배양의 차이점 2가지를 쓰시오.

14. 발아력 검정에 사용하는 식물생장조절제와 그 농도를 쓰시오.

15. 벼의 포장검사 및 종자검사 기준에 규정된 특정 병은 무엇인가?

16. 추대에 영향을 미치는 환경조건 3가지를 쓰시오.

17. 고추, 양파, 종자의 저장조건과 시약은 무엇인지 쓰시오.

제4장 필답형 모의고사 정답

제1회 필답형 모의고사 정답

01
1) 적색 : 발아율과 활력이 좋다.
2) 무색 : 발아력과 활력 상실
3) 부분 적색 : 발아 가능성은 있으나 발아율과 활력이 떨어진다.

02
1) 캘러스 배양
  ① 어느 부위를 절단하더라도 쉽게 획득 가능
  ② 바이러스감염의 위험
2) 생장점 배양
  ① 생장점만을 배양
  ② 바이러스 감염이 안 됨

03
1) 벼, 맥류 : 2000주
2) 두류, 참깨 : 300주
3) 옥수수, 수수 : 100주
4) 감자, 고구마 : 400포기

04 이형예현상 때문이다.

05
① 대량급속 생산가능
② 바이러스 무병주 생산
③ 품질향상 및 조기수확

06
1) 방법 : 취목, 삽목, 접목
2) 이유 : 풍토적응성 증대, 수세조절, 품질향상, 결과촉진

07 15~20%

08
① pH5.6보다 산성이면 수산화나트륨를 첨가(물 1L에 4g)
② pH5.6보다 알칼리성이면 염산을 첨가(물 1L에 3.6mL)

09
1) 조직배양의 목적 : 무병주 생산
2) 조직배양의 방법 : 0.2~0.5mm 크기로 생장점을 채취하여 차아염소산나트륨 용액에 소독하여 인공적으로 조성한 영양배치에 치상하여 적당 온도, 광을 주어 배양한다.

10 인공교잡 시 자연교잡과 자가수정을 회피하기 위하여

11
1) 대목 : 나팔꽃
2) 접수 : 고구마

12
① 자웅이화 : 제웅이 필요 없이 개화 전 암꽃에 봉지를 씌운다.
② 자웅동화의 완전화 : 암꽃용 품종은 반드시 화분이 성숙하기 전에 화판을 열개하고 약을 적출한 후 봉지를 씌운다.
③ 수꽃용 품종도 다른 화분의 혼입이 없도록 개화 전 봉지를 씌운다.
④ 개화하면 수꽃용의 수술에서 화분을 따서 암술의 주두에 수분시킨다.
⑤ 수분시킨 암꽃은 다시 봉지를 씌우고 기호를 매긴다.

13 ① 불화합성
② 암꽃 생식기관의 불완전
③ 화분의 불완전

14 ① 밀봉저장 : 판매용 종자
② 건조저장 : 채소화훼류
③ 충적저장 : 과수류
④ 토중저장 : 과수류
⑤ 저온저장
⑥ 냉건저장 : 0~10℃, 습도 30% 내외

15 식물의 체세포배를 인공배유와 인공표피로 피복하여 종자대용으로 사용되는 것을 말한다.

16 1) 채종단계별 구분을 요하는 종자
① 원원종 : 바탕은 흰색, 대각선은 보라색, 글씨는 검은색
② 원종 : 바탕은 흰색, 글씨는 검은색
③ 보증종(Ⅰ) : 바탕은 흰색, 글씨는 검은색
④ 보증종(Ⅱ) : 바탕은 적색, 글씨는 검은색
2) 채종단계별 구분을 요하지 않는 종자 : 바탕은 청색, 글씨는 검은색
3) 묘목 : 바탕은 청색, 글씨는 검은색

17 적하법, 라노린법, 침지법, 분무법

제2회 필답형 모의고사 정답

01 ① 호흡량 과다로 종자의 발아력 상실
② 곰팡이 발생
③ 종자의 수명단축
④ 충해 발생
⑤ 병해 발생

02 ① 세포융합
② 약배양
③ 배배양

03 동일 품종 내에서 유전적 형질이 그 품종 고유의 특성을 갖지 아니한 개체를 말한다.

04 산소, 저장온도, 저장습도, 종자함수량

05 콩, 고추, 감자, 옥수수, 배추, 상추, 무

06 1) 순결도 : 순결종자량/검사시료 종자량×100
2) 발아율 : 발아종자수/치상종자수×100

07 ① 인공교배 이용 : 수박, 호박, 멜론, 참외, 오이, 토마토, 가지, 피망
② 웅성불임성 이용 : 당근, 상추, 파, 양파, 고추, 쑥갓, 옥수수, 벼, 밀
③ 자가불화합성 이용 : 무, 양배추, 배추, 브로콜리, 순무

08 ① 1회친 : 비실용품종으로 재배되지 않지만 실용품종의 결점에 대해 우수한 특성을 가진 품종
② 반복친 : 반복해서 쓰이는 모본 실용품종으로 한 가지 결점을 가지고 있으나 현재 재배하는 우량품종이다.

09 격리거리, 작황, 품종순도, 특정 병, 특정해초

10 ① 유전자적 웅성불임 : 보리, 토마토, 수수, 고추, 토마토, 벼
② 세포질적 웅성불임 : 양파, 옥수수, 유채, 사탕무, 벼
③ 세포질·유전자적 웅성불임 : 양파, 당근, 샐러리, 사탕무, 아마, 벼

11 ① 호흡증가로 종자 사멸 및 발아율 저하
② 저장중 양분 손실
③ 곤충 발생

12 무, 배추, 양배추, 당근, 시금치

13 2~3일 전

14 기온, 강우, 일장

15 벼, 보리, 콩, 옥수수, 감자(감자는 국내에서 육성한 품종만)

16 ① 적색 : 발아율과 활력이 좋다.
② 무색 : 발아력과 활력 상실
③ 부분적색 : 발아 가능성은 있으나 발아율과 활력이 떨어진다.

17 꽃가루가 제1유사분열 정도의 단계에 있을 때 꽃봉오리가 어린 이삭을 채취

18 덩굴쪼김병, 덩굴마름병, 역병, 흰가루병, 노균병

제3회 필답형 모의고사 정답

01 소수 둘째 자리

02 티오요소, 농황산, 질산칼륨, 지베렐린

03 ① 충분한 양의 화분과 화분 생존시간
② 화분 전달 매개체의 유무
③ 수분수의 존재

04 ① 발아의 균일성 향상
② 발아속도 향상
③ 종자의 발아 촉진
④ 발아율 향상

05 ① 선충심고병
② 키다리병

06 ① 무병무균 식물의 육성
② 육종에의 이용
③ 동일종의 급속 대량 증식
④ 유전자원의 보고
⑤ 식물 영양번식 응용 – 부가산물생산

07 ① 봉지씌움
② 망실채종

08 바이러스 감염

09 ① 발아율 : 최종 조사일까지 발아된 개체수 (대부분 치상 7일까지)
② 발아세 : 치상 후 4일째까지 발아된 개체수 (특정일까지 발아할 수 있는 능력을 측정)

10 ① 건조저장 : 채소, 화훼류 등 일반종자의 대부분의 저장방법. 종자의 함수율은 4~6%, 상대습도는 50% 내외, 온도는 가능한 한 낮게 유지
② 층적저장 : 과수류나 정원수목에 많이 사용됨
③ 토중저장 : 적당한 용기 등에 넣어 땅속에 저장, 80~90% 습도 유지, 밤, 호두 등
④ 냉건저장 : 0~10℃를 유지하고 장기저장 시에는 0℃ 이하, 상대습도 30% 유지
⑤ CA저장 : 온도, 습도, 공기 조성의 3가지를 조절하는 방법으로 산소농도를 낮추고 CO_2 농도를 높이며 온도는 저온상태를 유지함

11 60일

12 1) 방법 : 분주, 삽목, 접목
2) 이유
① 우량한 유전특성을 쉽게 영속적으로 유지

② 종자번식보다 생육이 왕성
③ 환경적응성 증대
④ 병충해 저항성 증대
⑤ 결과촉진

13 ① 대량생산이 가능
② 기계정식이 용이
③ 관리인건비 및 모의 생산비 절감
④ 대규모화가 가능하여 조합영농
⑤ 기업화 또는 상업농화가 가능

14 ① 약배양
② 배배양
③ 세포융합

15 1) 뜻 : 같은 꽃이나 같은 개체에 있는 꽃 또는 같은 계통 간에 수분과 결실이 이루어지지 않는 현상으로, 자웅생식기관의 기능이 정상인데도 주두에서 발아하지 못하거나 발아해도 화분관의 신장이 도중에 정지하는 경우를 말한다.
2) 이용작물 : 배추, 무, 양배추, 순무
3) 자가불화합성의 기구
    ① 화분이 주두에서 발아불능
    ② 화분이 발아해도 주두조직내 침투불능
    ③ 주두조직 침투해도 신장의 불완전
4) 자가불화합성의 유전적 원인
    ① 염색체의 수적, 구조적 이상
    ② 치사유전자의 존재
    ③ 자가불화합성 유도유전자 존재
    ④ 자가불화합성 세포질의 존재
5) 자가불화합성의 생리적 원인
    ① 꽃가루와 암술머리의 삼투압 차이
    ② 화분발아 억제물질의 존재
    ③ 화분관 호흡기질의 결여
    ④ 꽃가루와 암술머리간 단백질 친화성 결여
6) 자가불화합성타파방법
    ① 뇌수분
    ② NaCl처리

③ CO_2처리
④ 노화수분(말기수분)
⑤ 전기자극

16 ① 육묘의 생력화, 효율화, 안정화
② 작업의 자동화
③ 규격묘연중생산

17 1) 인공교배 시간 : 11~12시
2) 이유 : 벼의 개화는 오전 10시부터 하나 오전 11~12시 사이가 개화의 최성기이기 때문

18 ① 대상작물과의 친화력
② 배주수정능력
③ 개화습성
④ 화분발아조건
⑤ 완전제웅

 제4회 필답형 모의고사 정답

01 오전 6~9시, 개화 후 3~4시간 이내

02 ① 경실종자 휴면타파법
② 프라이밍
③ 침종
④ 최아

03 ① 개화촉진 : GA
② 개화억제 : Auxin(2.4−D)
③ 작물 : 당근, 양배추, 무

04 75%

05 자연교잡이나 자가수정을 방지하기 위해 제웅을 한다.

06 1) 목적
　　수확물의 상처에 유상조직인 코르크층을
　　발달시켜 병원균의 침입을 방지하는 조치
　　2) 방법
　　① 고구마(32~33℃, 습도 85~90%, 4일간
　　　처리)
　　② 감자(10~15℃, 습도 90%, 1주간 처리)

07 출원공개일로부터

08 ① 배추
　　② 양배추
　　③ 당근
　　④ 무
　　⑤ 시금치

09 1) 3핵성
　　① 1개의 영양핵과 2개의 정핵을 형성하
　　　여 3n이 된다.
　　② 이용작물 : 배추과, 국화과, 벼과
　　2) 2핵성
　　① 1개의 영양핵과 1개의 정핵만 형성하
　　　여 2n이 된다.
　　② 이용작물 : 장미과, 백합과, 가지과

10 1) 후숙
　　미숙한 배를 성숙시키는 것으로 추숙이
　　라고도 함
　　2) 효과
　　① 종자의 숙도를 균일하게 한다.
　　② 종자의 충실도를 높인다.
　　③ 2차 휴면 타파
　　④ 발아세와 발아율 향상

11 1) 시기 : 유숙기로부터 황숙기 사이
　　2) 회수 : 1회

12 ① 적하법
　　② 침지법
　　③ 분무법

13 ① 저온감응을 충분히 받도록 한다.(녹식물
　　춘화형)
　　② 저온에 화아분화 : 고온, 장일(20℃) 추대
　　③ 질소질 비료를 적게 줌
　　④ 호르몬 처리(GA)

14 종자의 숙도를 균일하게 하여 발아율, 발아
세, 종자의 수명을 높이기 위해 실시한다.

15 ① 이물질 배제
　　② 건조 중에 비 맞지 않게 함
　　③ 병해충 감염 주의

16 ① 신규성
　　② 구별성
　　③ 안정성
　　④ 균일성
　　⑤ 1개의 고유한 품종명칭
　　　출원품종은 5가지 품종보호요건을 갖추
　　　고 법에서 규정된 출원방식에 위배되지
　　　않으면서 품종 보호료를 납부한 경우에
　　　품종보호권 부여

17 파, 부추, 콩, 배추씨, 유채, 고추, 목화, 참깨,
아마

18 ① 뇌수분
　　② 노화수분
　　③ 말기수분

제5회 필답형 모의고사 정답

01 ① 손해배상청구권
② 권리침해에 대한 금지청구권

02 ① 교잡종 – 무 : 85% 이상, 배추 : 85% 이상
② 고정종 – 무 : 75% 이상, 배추 : 80% 이상

03 ① Thiourea(티오요소 : 티오우레아)
② 변온
③ 박피

04 ① 뇌수분
② NaCl(염화나트륨) 처리
③ 이산화탄소(CO_2) 처리

05 1) 배유형 : 벼, 밀, 당근, 양파, 토마토
2) 무배유형 : 호박, 완두, 오이, 배추

06 1) 물리적 : 증기소독법, 소토법
2) 화학적 : 클로로피크린, 메틸브로마이드, 포르말린
3) 구비요건 : 통기성, 배수성, 보습성, 비유독성, 비병충성

07 ① 환상박피법
② 광주성 이용
③ 춘화처리

08 ① 깜부기병
② 겉깜부기병
③ 비린깜부기병

09 1) 자발휴면
① 종자의 배나 종피에 그 원인이 있어서 유발되는 휴면
② 미숙배, 휴면배, 각종 종피 관련 원인에 의하여 유발

2) 타발휴면 : 종자는 정상이나 환경조건이 부적합하여 나타나는 휴면

10 ① 종자오염균 피해 예방(종자 오염균의 피해를 막을 수 있다.)
② 토양미생물에 의한 피해 경감(발아 전 또는 발아 중 유묘가 자라는 중에 토양미생물에 의한 피해 경감가능)
③ 병균이나 해충피해의 보호작용(유묘에 대한 병균이나 해충의 피해로부터 침투보호 작용을 한다.)

11 생장점배양(메리클론)

12 고온 장일

13 ① 정핵(n) + 난핵(n) = 배(2n) 형성
② 정핵(n) + 극핵(2n) = 배유(3n) 형성

14 ① 당근
② 오이
③ 양파

15 ① 수량증대
② 품질향상
③ 추대의 방지
④ 조기수확 및 증수
⑤ 유묘기의 관리용이

16 ① 뇌수분
② 노화수분
③ CO_2 처리

17 ① 습도(수분)
② 온도
③ 산소

18 660nm의 적색광이 발아촉진 효과가 가장 크다.

제6회 필답형 모의고사 정답

01 개화기에 1회

02 ① 자연교잡
② 돌연변이
③ 이형유전자의 분리
④ 종자의 기계적 혼입
⑤ 자식약세

03 ① 기내배양
② 액아삽

04 1) 정의
정립이나 이종종자로 분류되지 않는 종자
구조를 가졌거나 종자가 아닌 모든 물질
2) 종류
모래, 흙, 줄기, 잎, 식물의 부스러기, 꽃 등
종자가 아닌 모든 물질

05 ① 순종자
② 협잡물
③ 타종자

06 ① 생리적 퇴화
② 병리적 퇴화

07 ① 생육저하
② 수정 및 결실저하
③ 병충해 발생

08 1) 암꽃착생의 촉진 : 저온, 단일처리, 2, 4-D,
NAA, 에테폰을 유묘기에 살포
2) 수꽃착생의 촉진 : 고온, 장일처리, 지베렐
린 혹은 질산은의 처리

09 ① 저온처리
② 습윤처리
③ 건조
④ 광선

10 ① 원원종포 : 10%
② 원종포 : 15%
③ 채종포 : 20%

11 고온 장일

12 1) 자가불화합성 : 무, 배추, 양배추
2) 웅성불임 : 고추, 당근, 토마토

13 발아율
① 오이-80%,
② 수박, 호박, 참외 : 75%

14 ① 달관검사 : 포장검사하기 전에 포장의 외
부를 검사하여 이에 합격했을 경우 포장
검사함
② 포장검사 : 이종종류수와 이품종수 특정
병해 및 특정해초를 검사함
③ 종자검사 : 종자의 순도검사와 발아율 검
사, 병해충, 수분함량, 천립중을 검사함

15 1) 장일 : 한계일장 이상에서 개화 촉진(시
금치, 상추, 감자, 당근, 무)
2) 중일 : 일장에 관계없이 일정 생장 후 개
화(오이, 토마토, 고추)
3) 단일 : 한계일장 이하에서 개화 촉진(딸
기, 고구마, 들깨, 차조기, 옥수수, 국화)

16 개화 2~3일 전

17 ① 실리카겔
② 생석회
③ 염화칼슘

18 1) 원인
　① 발아억제 물질의 존재
　② 배의 미숙
　③ 배의 휴면
　④ 종피의 불투기성 및 불투수성
　2) 타파방법
　① 층적저장
　② 고온처리
　③ 예냉

제7회 필답형 모의고사 정답

01 ① 종자의 함수량
　② 종자의 충실도
　③ 저장온도
　④ 저장장소 공기의 성분

02 ① 시간적 격리 : 개화기를 달리 한다.
　② 거리적 격리 : 충분한 격리거리
　③ 공간적 격리 : 망상, 망틀, 피대

03 ① 검사시기 : 유숙기~호숙기 사이
　② 검사횟수 : 1회

04 ① 화아분화 : 저온
　② 추대 : 고온·장일

05 ① 호박 : 15~20%
　② 수박 : 10~20%

06 농림축산식품부장관

07 ① 배발육 정지
　② 불수정
　③ 암술의 불완전
　④ 질소 과다
　⑤ 토양건조

08 ① 대량생산이 가능
　② 관리인건비 및 모의 생산비를 절감
　③ 기계정식이 용이
　④ 대규모화가 가능하여 조합영농, 기업화 또는 상업농화가 가능
　⑤ 모 소질의 개선이 비교적 용이

09 ① 온상(가온육묘)
　② 보온(태양열만 이용)
　③ 노지육묘

10 ① 균일하고 발아력이 우수
　② 내병성 및 풍토적응성
　③ 양친의 장점이 발현되어 생활력이 왕성
　④ 증수효과

11 ① 발아율과 발아세 향상
　② 상종자의 숙도 균일
　③ 종자의 수명연장

12 ① 파종기 앞당김
　② 광주율 이용
　③ 생장조절제 이용

13 2차휴면종자

14 ① 종피파상법
　② 농황산처리법
　③ 진탕처리
　④ 건열 및 습열처리

15 맹아억제

16 ① 만할병의 피해를 막음으로써 연작이 가능
　② 흡비력 강화 및 증수효과
　③ 저온 신장성의 강화
　④ 휴재연한을 짧게 할 수 있다.

17 ① 조기수확 및 증수
    ② 종자 절약
    ③ 토지이용도 증진
    ④ 직파가 불리할 경우
    ⑤ 용수절약

제8회 필답형 모의고사 정답

01 경실종자

02 ① 다음날 개화할 화뢰를 찾는다.
    ② 암꽃에 있는 수술제거
    ③ 복대
    ④ 화분용 수꽃 복대
    ⑤ 개화하면 수분시킨다.
    ⑥ 수분한 암꽃 복대
    ⑦ 라벨 부착
    ⑧ 수정 여부 확인 후 봉지를 벗김

03 화분의 형질이 직접 당대의 모체에 영향을
    미치는 현상

04 ① 자엽 전개 후 생장점에 0.1~0.8%의 콜히
       친 처리
    ② 배수화한 개체를 감별하여 자식시켜 4배
       체를 채종
    ③ 이듬해 4배체를 파종하여 이것을 모친으
       로 하고 2배체를 화분친으로 하여 교배하
       여 3배체를 채종
    ④ 3배체를 종자를 파종하면 씨 없는 수박이 됨

05 ① 하이포넥스배지
    ② MS배지

06 ① 저온 및 고온 신장성 증대
    ② 병균 저항성 향상(만할병, 덩굴쪼김병 방지)

07 ① 종자의 숙도를 균일
    ② 발아율 향상
    ③ 발아세 향상
    ④ 종자의 충실도를 높임

08 MS배지

09 ① 일장
    ② 온도
    ③ 유전인자

10 1) 정의 : 식물체가 어느 정도 커진 뒤에 저
       온에 감응하여 추대되는 식물
    2) 작물 : 국화, 히요스, 양파, 꽃양배추, 양배
       추, 당근

11 ① 육종에의 이용
    ② 무병무균 식물의 육성
    ③ 동일종의 급속 대량 증식
    ④ 식물 영양번식 응용
    ⑤ 유전자원의 보고

12 ① 생장조절물질
    ② 광, 온습도
    ③ 배지

13 1) 다량요소 : 질소, 인산, 칼륨, 칼슘, 마그네
       슘, 황
    2) 미량요소 : 철, 붕소, 망간, 몰리브덴, 아
       연, 구리

14 ① 저온 및 양분의 경합
    ② 강우 및 일조 부족으로 동화양분 부족
    ③ 씨방발육불량

15 1) 생장점 배양
       ① 대부분의 바이러스 제거
       ② 정아나 액아 모두 이용
       ③ 모본의 형질 유지

2) 캘러스 배양
  ① 식물체의 어느 부분이나 배양이 가능하다.
  ② 일시에 대량개체 생산
3) 배배양
  ① 육종연한의 단축
  ② 불화합성을 지닌 종간 및 속간교잡이 용이
4) 약배양
  ① 돌연변이 분리가 용이
  ② 상동의 식물체 생산에 반수체 식물을 이용

16 ① 크기 : 0.2~0.5mm
    ② 사용배지 : MS배지

17 ① 삽입법
    ② 수꽃에 진동을 주는 방법
    ③ 충매법
    ④ 벙치법
    ⑤ 화분 방사법

제9회 필답형 모의고사 정답

01 ① 수분
    ② 온도
    ③ 산소

02 1) 오이의 착생
    ① 수꽃 : 제 1본엽기에 지베렐린
    ② 암꽃 : 본엽 2~3매에 옥신류(IAA, NAA), CCC
    2) 호박의 착생
    암꽃 : 1~3 엽기에 에스렐 100~200ppm

03 ① C/N율
    ② 식물호르몬

    ③ 온도
    ④ 일장

04 ① 당분
    ② 지방
    ③ 회분

05 4 : 1

06 재식주수＝재식면적/주간거리
    972/(0.75×0.60)＝2,160포기

07 고추, 양파, 당근, 무, 파, 셀러리

08 ① 화아분화 촉진
    ② 개화기 일치
    ③ 생산물의 조기출하재배
    ④ 수량증가

09 ① 딸기
    ② 감자

10 ① 종자의 수명단축
    ② 병해발생
    ③ 호흡량과다로 종자의 발아력 상실
    ④ 충해발생
    ⑤ 곰팡이발생

11 ① GA처리(고냉지 재배)
    ② 저온처리
    ③ 일장처리

12 1) 식물체가 어릴 때에도 저온에 감응하여 추대되는 식물
    2) 작물 : 무, 배추, 완두, 잠두, 순무, 추파맥류

13 ① 경정배양
    ② 캘러스배양

14 ① 저온
② 건조
③ 밀폐

15 피

16 ① 다수성이며 품질이 우수하다.
② 재배가 쉽다.
③ 균일하다.
④ 강건하다.
⑤ 유용한 특성을 조합하기가 유리하다.

17 ① 온도 : 0~3℃
② 산소 : 3%
③ 이산화탄소 : 2~5%

18 ① 열처리하여 생산
② 경정배양으로 생산
③ 캘러스배양으로 생산

 제10회 필답형 모의고사 정답

01 ① 지베렐린
② 에틸렌클로로히드린

02 ① CA저장
② 냉동저장
③ 보온저장

03 꽃봉오리 때(개화 2~3일 전) 수분하는 것으로 불화합성 타파 및 위임 목적

04 ① 인공교배
② 인공제웅 후 지연수분
③ 자가불화합성의 이용
④ 웅성불임성 이용

05 1) 콩세균병
① 원원종포 3% 이상
② 원종포 5% 이상
③ 채종포 10% 이상
2) 바이러스병
① 원원종포 10% 이상
② 원종포 15% 이상
③ 채종포 20% 이상

06 화분4분자기~제1유사분열

07 ① 형질전환에 이용
② 무병주 육성
③ 대량증식

08 어미포기의 원줄기에 2~3마디를 남기고 절취

09 ① GA
② 티오요드
③ 질산칼륨

10 ① 이산화탄소처리
② 뇌수분
③ NaCl(염화나트륨)처리

11 ① 지베렐린
② 티오요소

12 ① 바이러스 무병주 생산
② 대량급속 생산가능
③ 품질향상

13 ① 우수계통 선발이 어려움
② 채종량이 적음
③ 노력과 경비 많이 소요

14 ① 피복 저장
② 서늘한 저장고 저장
③ 움 저장

15 생장점 배양

16 20일 정도만 되어도 종자의 형태는 갖추고 있고, 침수로 덩굴이 말라죽어도 오이 내부에서 추숙함으로써 종자의 발아율이 100% 가깝게 된다.

17 양파는 저온발아성성종자로 발아적온은 15~25도이다. 고온에서 발아율이 저하된다.

제11회 필답형 모의고사 정답

01 ① 교배당 종자수가 적다.
② 제웅 불필요
③ 비용 절감

02 ① 지베렐린
② 에스텔처리
③ 박피절단법

03 1) 인공교배 시간 : 오전 7~8시 사이
2) 교배시간 지켜야 하는 이유 : 화분이 나와 있는 한 일찍 행하는 것이 좋으나 하우스 내부 기온이 16℃ 이상 아니면 충분히 화분이 나오지 않는다.

04 7년 이하의 징역 또는 1억 원 이하의 벌금

05 ① 조직배양 방법으로서 약배양
② 배배양
③ 세포융합

06 ① 발근 : 옥신
② 발근억제 : 시토키닌

07 품종보호심판위원회

08 80%

09 ① 크기
② 무게
③ 색에 의한 선별

10 ① 이물
② 잡초종자
③ 이종종자

11 ① 조직배양 : MS배지
② 난 : knudson배지

12 ① 지베렐린처리
② 티오요소처리
③ 저온처리

13 1) 캘러스 배양
① 어느 부위를 절단하더라도 쉽게 획득 가능
② 바이러스 감염의 위험
2) 생장점 배양
① 생장점만을 배양
② 바이러스 감염이 안 됨

14 ① 시약명 : 테트라졸륨
② 농도 : 0.1~1.0%

15 ① 키다리병
② 선충심고병

16 ① 일장
② 온도
③ 식물 호르몬

17 ① 저장조건 : 함수량 7~10%, 온도 5~15℃
② 시약 : 실리카겔

제5장 종자관리요강

[시행 2022.10.20] [농림축산식품부고시 제2022-110호, 2022.10.20, 일부개정]

제1장 총 칙

제1조(목적) 이 요강은 「종자산업법」 및 「식물신품종 보호법」, 각각의 시행령 및 시행규칙에서 위임된 사항과 그 시행에 관하여 필요한 사항을 규정함을 목적으로 한다.

제2장 육성자의 권리보호

제2조(품종의 특성설명) 「식물신품종 보호법 시행령」 제33조 제1항의 규정에 의한 품종의 특성설명은 별표 1과 같으며, 특성설명을 위한 작물별 조사형질 및 조사방법 등은 국립종자원장·국립수산과학원장 또는 산림청장이 정한다.

제3조(사진의 제출) 「식물신품종 보호법 시행규칙」 제40조 제1호에 따른 사진의 제출은 별표 2와 같다.

제4조(종자시료의 제출) 「식물신품종 보호법 시행규칙」 제40조 제2호에 따른 종자시료의 제출은 국립종자원장·국립수산과학원장 또는 산림청장(국립산림품종관리센터장)이 따로 정하여 시행한다.

제5조(재배심사의 판정기준 등) ① 「식물신품종 보호법 시행규칙」 제47조 제2항에 따른 재배심사의 판정기준은 별표 4와 같다.

② 재배심사를 함에 있어서 심사관이 필요하다고 인정하는 경우에는 「식물신품종 보호법」 제2조 제3호에 따른 육성자의 포장에서 현지심사를 실시할 수 있다.

제6조(예정가격의 결정기준) ① 「식물신품종 보호법 시행규칙」 제35조 제2항에 따른 종자의 총판매수량 또는 총판매예정수량은 유상으로 처분하는 국유품종보호권의 실시기간 중 매 연도별 판매수량 또는 판매예정수량을 합계한 것으로 본다.

② 「식물신품종 보호법 시행규칙」 제35조 제2항에 따른 종자의 판매예정단가는 유상으로 처분하고자 하는 국유보호품종과 유사한 품종의 최근 3년간 평균판매가격으로 한다.

③ 「식물신품종 보호법 시행규칙」 제35조 제2항에 따른 기본율은 유상으로 처분하고자 하는 국유품종보호권을 이용하여 생산한 종자의 총판매가격 또는 총판매예정가격의 2퍼센트

로 하되, 그 국유품종보호권의 보호품종의 우수성 및 실용가치를 참작하여 1퍼센트 이내에서 가감할 수 있다.

제3장 품종성능의 관리

제7조(사진의 제출) 「종자산업법 시행규칙」 제5조 제1호에 따른 사진의 제출은 별표 2와 같다.

제8조(종자시료의 제출) 「종자산업법 시행규칙」 제5조 제1호에 따른 종자시료의 제출은 국립종자원장 또는 산림청장(국립산림품종관리센터장)이 따로 정하여 시행한다.

제9조(품종성능의 심사기준) 〈삭제 2002.11.13.〉

제10조(종자생산대행의 확인) ① 「종자산업법」 제22조 제5호 및 같은 법 시행규칙 제12조 제2호에 따라 농림축산식품부장관을 대행하여 종자를 생산하고자 하는 농업인 또는 농업법인은 별지 제1호 서식의 신청서를 관할 특별시장·광역시장·특별자치시장·도지사 또는 특별자치도지사(이하 '시·도지사'로 한다) 또는 관할 국립종자원 지원장에게 제출하여야 한다.

② 제1항에 따라 종자생산대행신청을 받은 시·도지사 또는 국립종자원 지원장은 그 포장이 다음 각 호의 요건에 적합한 때에는 종자생산포장으로 지정하고 별지 제2호 서식의 종자생산대행확인서를 해당 신청인에게 교부하여야 한다.

1. 작물의 생육에 적합한 통풍과 채광이 양호하고 지력이 비옥·균일할 것
2. 병충해 발생 및 침수해의 상습지대가 아닐 것
3. 관수 및 배수가 용이할 것
4. 포장격리가 가능한 포장조건을 갖춘 지대일 것

제4장 종자의 보증

제11조(국가보증의 대상) 〈삭제 2014.08.29.〉

제12조(포장검사 등의 검사기준) 「종자산업법 시행규칙」 제17조에 따른 포장검사, 종자 검사 및 재검사의 작물별 검사기준은 별표 6과 같다.

제13조(포장의 종류 및 포장단위) 「종자산업법 시행규칙」 제17조에 따른 종자검사 및 재검사를 함에 있어서 포장의 종류 및 포장단위는 별표 7과 같다.

제14조(사후관리시험의 대상작물) 「종자산업법」 제33조 제1항에 따라 사후관리 시험을 실시하여야 하는 작물은 「종자산업법」 제15조에 따른 국가품종목록의 등재대상작물로 한다.

제15조(사후관리시험의 기준) 「종자산업법 시행규칙」 제23조에 따른 사후관리시험의 검사기준은 별표 8과 같다.

제5장 종자의 유통

제1절 종자업등록

제16조(종자업등록번호 등) ① 「종자산업법 시행규칙」별지 제19호 서식에 따른 종자업등록번호 또는 별지 제19호의2 서식에 따른 육묘업등록번호 작성방법은 별표 9와 같다.

제17조(종자업등록사항의 변경통지) 〈삭제 2002.11.13.〉

제18조(종자업등록증의 재교부신청) 〈삭제 2002.11.13.〉

제2절 품종의 생산·수입 판매 신고

제19조(사진의 제출) 「종자산업법 시행규칙」제27조 제1항 제1호에 따른 사진의 제출은 별표 2와 같다.

제20조(종자시료의 제출) 「종자산업법 시행규칙」제27조 제1항 제1호에 따른 종자시료의 제출은 국립종자원장 또는 산림청장(국립산림품종관리센터장)이 따로 정하여 시행한다.

제21조(품종의 생산·수입 판매 신고번호) 「종자산업법 시행규칙」별지 제23호 서식에 따른 품종의 생산·수입 판매 신고번호의 작성방법은 별표 9와 같다.

제22조(종자를 정당하게 취득하였음을 입증하는 서류의 범위) 「종자산업법 시행규칙」제27조 제1항 제7호에 따라 그 품종의 종자를 정당하게 취득하였음을 입증하는 서류로서 농림축산식품부장관이 정하여 고시하는 사항이 기재된 거래명세서는 다음 각 호의 어느 하나에 해당하는 서류와 같다.

1. 같은 법 시행규칙 제27조 제1항 제7호 전단에 따른 거래당사자의 성명, 서명, 품종명, 거래일시 등 농림축산식품부장관이 정하여 고시하는 사항이 기재된 거래명세서 : 판매자(또는 양도자)가 발부한 작물명, 품종명, 수량, 판매업자명(또는 상호명), 거래일자 및 판매자의 서명 등 취득경로를 명확히 알 수 있는 사항을 포함. 이 경우 해당 품종이 같은 법 시행규칙 제27조 제1항 제7호 후단에 따른 품종으로서 「식물신품종 보호법」제17조에 따른 신규성을 갖추지 못한 것으로 보는 경우에는 그 사실을 증명할 수 있는 사항을 포함하여야 한다.

2. 같은 법 시행규칙 제27조 제1항 제7호 후단에 따른 해당 품종의 실시를 할 수 있는 권리를 양도받았음을 증명하는 서류 : 육성자권리의 출원인 또는 그 밖에 육성자권리를 가진 자로부터 사용 동의(성명 및 서명 포함), 권리범위(증식, 생산, 판매 등 행위), 사용범위(품종명, 기간, 수량, 사용 국가명), 계약일자, 구매자(도입자)의 성명(서명 포함) 등의 사항을 포함

제23조(품종의 생산·수입 판매 신고 취소) ① 품종의 생산·수입 판매 신고를 허위로 하거나 부정한 방법으로 신고한 사실이 확인될 경우 국립종자원장 또는 산림청장(국립산림품종관리

센터장)은 신고 수리를 취소하고 그 사실을 당사자에게 알려야 한다.

② 품종의 생산·수입 판매 신고자가 신고를 취소하고자 할 경우 별지 제14호 서식에 따라 품종의 생산·수입 판매 신고 취소신청서를 국립종자원장 또는 산림청장(국립산림품종관리센터장)에게 신청하여야 한다.

③ 제2항의 규정에 의하여 품종의 생산·수입 판매 신고 취소신청을 받은 국립종자원장 또는 산림청장(국립산림품종관리센터장)은 특별한 사유가 없을 경우 취소하여야 한다.

제3절 수입적응성시험

제24조(수입적응성시험의 대상작물 및 신청 등) ① 「종자산업법 시행규칙」 제29조에 따른 수입적응성시험 대상작물과 실시기관은 별표 11과 같다.

② 「종자산업법」 제41조 제1항에 따라 수입적응성시험을 받고자 하는 자는 제1항의 대상작물 실시기관의 장에게 「종자산업법 시행규칙」 별지 제27호 서식 수입적응성시험 신청서를 제출하여야 한다.

제25조(수입적응성시험의 대상작물) 〈삭제 2016.10.28〉

제26조(수입적응성시험의 심사기준) 「종자산업법 시행규칙」 제30조에 따른 수입적응성시험의 심사기준은 별표 12와 같다.

제27조(수입적응성시험계획서의 검토) ① 실시기관의 장은 「종자산업법 시행규칙」 제29조에 따라 제출한 수입적응성시험계획서(이하 "시험계획서"라 한다)의 적정여부를 검토하고 그 결과를 수입적응성시험신청인(이하 "시험자"라 한다)에게 통보하여야 한다.

② 실시기관의 장은 시험계획서가 부적절하다고 인정되는 때에는 그 기간을 정하여 보완을 명할 수 있다.

③ 실시기관의 장은 수입적응성 여부 등에 관한 사항을 검토·심의하기 위하여 수입적응성시험 심의위원회 등을 둘 수 있다.

제28조(수입적응성시험결과의 제출) 시험자는 시험계획서에 따라 실시한 시험결과에 대한 종합평가서를 작성하거나 대학 및 정부 연구기관에서 실시한 시험성적이 있을 경우 그 결과를 첨부하여 실시기관의 장에게 제출하여야 한다.

제29조(수입적응성검토·심의) ① 실시기관의 장은 제28조에 따라 제출된 종합평가서 등을 취합하여 검토 또는 심의위원회에 상정하여 심의하여야 한다.

② 실시기관의 장은 제1항에 따라 검토하거나 심의결과 수입적응성이 인정된 품종은 별지 제7호 서식의 수입적응성시험확인품종목록에 등재하고, 그 결과를 국립종자원장 및 시험자에게 통보하여야 한다.

제30조(수입적응성시험의 확인 등) ① 판매용으로 종자를 수입하고자 하는 자는 실시기관의 장에게 수입적응성시험확인 및 「관세법 제226조에 의한 세관장 확인물품 및 확인방법 지정 고시

「(관세청고시)」에 따른 수입요건확인을 받아야 한다.

② 수입적응성시험확인 및 수입요건확인을 받고자 하는 자는 다음 각 호에 따라 신청서를 실시기관의 장에게 제출하여야 한다.

　　1. 수입적응성시험확인 : 별지 제8호 서식 수입적응성시험확인신청서

　　2. 수입요건확인 : 별지 제9호의2 서식 수입요건확인(신청)서

③ 제2항에 따른 신청서를 받은 실시기관의 장은 제29조 제2항에 따른 수입적응성시험확인 품종목록 등재사항을 확인하여 별지 제9호 서식의 수입적응성시험확인서 및 별지 제9호 의2 서식 수입요건확인서를 해당 신청인에게 교부하여야 한다.

④ 국립종자원장은 「종자산업법 시행규칙」 제27조에 따른 품종의 수입판매신고 시 첨부하 는 실시기관의 장이 발행한 수입적응성시험확인서가 제29조 제2항에 따라 수입적응성이 인정된 품종으로 통보받은 품종인지 확인하여야 한다.

제4절 행정처분의 통보 등

제31조(행정처분의 통보) 시장·군수는 「종자산업법」 제39조에 따라 종자업자에게 행정처분을 한 때에는 종자업등록번호, 영업소의 명칭, 처분내용, 처분기간 등을 명시하여 행정처분사 항을 국립종자원장 또는 산림청장(국립산림품종관리센터장) 및 다른 시·도지사에게 통 보하여야 한다.

제32조(유해한 잡초종자의 종류) 「종자산업법 시행령」 제16조 제2항에 따른 유해한 잡초종자의 종류는 「식물방역법」 제2조 제2호 다목에 따른 잡초(그 씨앗을 포함한다)로서 농림축산식 품부장관이 정하여 고시한 것을 잡초로 한다

제33조(특정 병해충의 종류) 「종자산업법 시행령」 제16조 제2항에 따른 특정 병해충의 종류는 다 음 각 호와 같다.

　1. 「식물방역법 시행규칙」 별표 1에서 정하는 병해충

　2. 그 밖에 농촌진흥청장 또는 산림청장이 정하는 병해충

제34조(규격묘의 기준) 「종자산업법 시행규칙」 제34조 제9호에 따른 규격묘의 기준은 별표 14와 같다.

제35조(규격묘의 표시) ① 「종자산업법 시행규칙」 제34조 제9호에 따라 묘목을 판매하거나 보급 하려는 자는 최대 10주 단위로 규격묘 품질표지를 부착하여야 한다. 단, 종자업자와 최종 소 비자간 직거래로 단일품종을 판매할 경우에 한하여 주수와 상관없이 하나의 규격묘 품질표 지를 부착할 수 있다.

② 한 번 사용한 규격묘 품질표지지는 다시 사용해서는 아니 된다.

③ 제1항에 따른 규격묘의 표시는 별표 15와 같다.

제36조(조사용 종자의 수거) 「종자산업법」 제45조 제1항에 따른 조사에 필요한 종자의 수거는 다음 각 호에 의한다.

1. 수거대상

   농림축산식품부장관 또는 시·도지사가 정한다.

2. 종자의 수거량은 제20조의 제출량 기준에 따른다.

3. 종자의 수거방법

   가. 관계공무원은 수거대상 종자시료를 시료제공자의 입회하에 시료제공자 보관용 5분의 1, 검사용 5분의 4 비율의 2봉투로 분할하여 각각 봉인한다.

   나. 관계공무원은 별지 제10호 서식의 종자시료수거확인서를 3부 작성하여 그중 1부는 검사용 종자시료와 함께 검사기관인 국립종자원장 또는 산림청장(국립산림품종관리센터장)에게 송부하고, 그중 1부는 보관용 종자 시료와 함께 시료제공자에게 발급하되 발급일로부터 1년간 보관하게 하여야 하며, 나머지 1부는 해당 종자시료를 생산한 종자업자에게 통보하여 종자시료로 제공된 실량을 시료제공자에게 무상공급하게 하여야 한다.

   다. 수거대상종자는 「식물신품종 보호법」 제54조 제2항에 따라 품종보호권이 설정등록된 보호품종의 종자, 「종자산업법」 제17조 제4항에 따라 국가품종목록에 등재된 품종의 종자 또는 「종자산업법」 제38조 제1항에 따라 생산·판매신고된 품종의 종자로서 「종자산업법」 제43조에 따른 품질 표시가 되어 있고 개포장이 되어 있지 않는 종자이어야 한다.

4. 제3호 가목에 따른 검사용 종자시료봉투의 전면 기재사항은 별지 제11호 서식과 같다.

5. 국립종자원장 또는 산림청장(국립산림품종관리센터장)은 실검사용 종자시료를 종자업체별 품종별로 무작위 추출하여 그중 2분의 1은 공시하고 나머지 2분의 1은 봉인하여 1년간 보관을 하여야 하며, 실검사에 사용되지 않은 남은 종자는 즉시 해당 종자업자에게 반송하여야 한다.

제37조(종자수거 등) ① 관계공무원이 「종자산업법」 제45조 제2항에 따라 이 법에 위반하여 생산 또는 판매되고 있는 종자를 수거하고자 할 때에는 별지 제12호 서식에 의한 수거목록서 2부를 작성하여 그중 1부는 수거 당시 해당 종자를 소유 또는 소지하고 있던 자에게 교부하고, 나머지 1부는 수거된 종자의 보관기간이 경과될 때까지 비치하여야 한다.

② 시·도지사는 불법 또는 불량종자의 유통방지를 위하여 관계공무원으로 하여금 지역별 책임제에 의한 단속 또는 시·군·구간 교체단속을 실시할 수 있으며, 그 단속실적을 별지 제13호 서식에 따라 다음 연도 1월 20일까지 농림축산식품부장관에게 보고하여야 한다.

제38조(보관하기 곤란한 종자) 「종자산업법」 제45조 제3항의 단서조항에 따라 보관하기 곤란한 종자로서 농림축산식품부장관이 정하는 작물의 종자는 별표 16과 같다.

제6장 종자산업의 기반 조성

제39조(종자산업진흥센터 시설기준) ① 「종자산업법 시행령」 별표2에 따른 종자산업진흥센터(이하 "진흥센터"라 한다)의 시설기준은 별표17과 같다.

제7장 기타

제40조(재검토기한) 농림축산식품부장관은 이 고시에 대하여 「훈령·예규 등의 발령 및 관리에 관한 규정」에 따라 2023년 1월 1일을 기준으로 매 3년이 되는 시점(매 3년째의 12월 31일까지를 말한다)마다 그 타당성을 검토하여 개선 등의 조치를 하여야 한다.

부 칙

〈제2022-110호, 2022. 10. 20.〉

제1조(시행일) 이 고시는 발령한 날부터 시행한다.

제2조(수입적응성시험 실시기관 변경에 관한 경과조치) 이 고시 시행 당시 종전의 규정에 따라 수입적응성시험이 신청되어 진행 중인 경우에는 별표 11의 개정규정에도 불구하고 종전의 실시기관에서 시행한다.

[별표 1] 품종의 특성설명(제2조 관련)

1. 특성조사장소 :

2. 특성조사자 성명 :

3. 특성조사년도 :

4. 대조품종명 :

5. 품종특성표

번호	특성	표현형태	계급	출원품종		대조품종	
				계급치	실측치	계급치	실측치
1							
2							
3 : :							

6. 기타

육성자가 필요하다고 인정하는 품종의 특성(타 품종과 구별되거나, 육성당시 육성목표 형질)에 대해서 기록한다.

[별표 2] 사진의 제출규격(제3조 및 제7조 관련)

1. 사진의 크기

4″×5″의 크기이어야 하며, 실물을 식별할 수 있어야 한다.

2. 사진의 색채

원색으로 선명도가 확실하여야 한다.

3. 촬영부위 및 방법

가. 품종보호 출원품종의 경우

1) 구별성이 잘 나타나도록 해당 특성을 대조품종과 함께 촬영한 사진(대조품종과 함께 촬영할 수 없는 경우는 대조품종의 해당특성을 별도로 촬영하여 출원품종과 대비한 사진)

2) 균일성이 잘 나타나도록 포장에서 식물체 집단을 촬영한 사진(대조품종의 사진도 포함함)

나. 국가품종목록 등재신청품종의 경우

1) 식물체의 특성 및 품종의 성능을 나타낼 수 있도록 촬영한 사진(예 : 수량 관련, 품질관련, 내재해성, 가공성 관련특성 등)

2) 품종의 식물체 집단 및 특정부분을 촬영한 사진(예 : 식물의 이삭, 종실, 수확물 등)

다. 생산 · 수입판매신고품종의 경우

1) 식량작물 : 수확기 포장의 전경, 이삭특성, 종실특성이 나타나야 한다.

2) 채소작물 : 생육최성기(과채류) 또는 수확기(엽근채류)의 생육상태가 나타나야 하며 식용부위의 측면, 상면, 횡단면 또는 종단면이 나타나야 한다.

3) 과수작물 : 과실 성숙기의 모수(3주 이상) 전경과 과실의 측면, 상면, 하면, 횡단면 또는 종단면이 나타나야 한다. 다만, 포도 등 과실의 크기가 작은 경우에는 과방의 측면만 나타낼 수 있다.

4) 화훼작물 : 개화기의 포장전경 및 꽃의 측면과 상면이 나타나야 한다.

5) 특용작물 : 가목 내지 다목의 경우에 준한다.

6) 사료 및 녹비작물 : 수확기 포장의 전경, 이삭특성이 나타나야 한다.

7) 버섯작물 : 버섯이 제일 많이 생육된 장면이 나타나야 하며 수확직전의 버섯의 횡단면 또는 종단면이 나타나야 한다.

8) 〈삭제 2002.11.13.〉

4. 제출방법

사진은 A4 용지에 붙이고 하단에 각각의 사진에 대해 품종명칭, 촬영부위, 축척과 촬영일시를 기록한다.

5. 제출매수

각 1매

[별표 4] 재배심사의 판정기준(제5조 제1항 관련)

1. 구별성의 판정 기준

가. 구별성의 심사는 「식물신품종 보호법」 제18조의 규정에 의한 요건을 갖추었는지를 심사한다.

나. 구별성이 있는 경우라는 것은 신품종심사를 위한 작물별 세부특성조사 요령에 있는 조사특성 중에서 한 가지 이상의 특성이 대조품종과 명확하게 구별되는 경우를 말한다.

다. 잎의 모양 및 색 등과 같은 질적특성의 경우에는 관찰에 의하여 특성 조사를 실시하고 그 결과를 계급으로 표현하여 출원품종과 대조품종의 계급이 한 등급 이상 차이가 나면 출원품종은 구별성이 있는 것으로 판정한다.

라. 잎의 길이와 같은 양적 특성의 경우에는 특성별로 계급을 설정하고 품종 간에 두 계급 이상의 차이가 나면 구별성이 있다고 판정한다. 다만, 한 계급 차이가 나더라도 심사관이 명확하게 구별할 수 있다고 인정하는 경우에는 구별성이 있는 것으로 판정할 수 있다. 계급을 설정할 수 없는 경우에는 실측에 의한 통계처리 방법을 이용하되, 두 품종 간에 유의성이 있는 경우에 구별성이 있는 것으로 판정할 수 있다.

2. 균일성의 판정 기준

가. 균일성의 심사는 동일한 번식의 단계에 속하는 식물체가 「식물신품종 보호법」 제19조의 규정에 의한 요건을 갖추었는지를 심사한다.

나. 신품종심사기준에서 정하고 있는 품종의 조사특성들이 당대에 충분히 균일하게 발현하는 경우에 균일성이 있다고 판정한다. 즉, 출원품종 중에서 이형주의 수가 작물별 균일성 판정기준의 수치를 초과하지 아니하는 경우에 출원품종은 균일성이 있다고 판정한다.

3. 안정성의 판정 기준

가. 안정성의 심사는 반복적인 증식의 단계에 속하는 식물체가 「식물신품종 보호법」 제20조의 규정에 의한 요건을 갖추었는지를 심사한다.

나. 안정성은 출원품종이 통상의 번식방법에 의하여 증식을 계속 하였을 경우에 있어서도 모든 번식단계의 개체가 위의 구별성의 판정에 관련된 특성을 발현하고 동시에 그의 균일성을 유지하고 있는지를 판정한다.

다. 안정성은 1년차 시험의 균일성 판정결과와 2년차 이상의 시험의 균일성 판정결과가 다르지 않으면 안정성이 있다고 판정한다.

[별표 6] 포장검사 및 종자검사의 검사기준(제12조 관련)

1. 용어의 정의

가. 백분율(%) : 검사항목의 전체에 대한 중량비율을 말한다. 다만 발아율, 병해립과 포장 검사항목에 있어서는 전체에 대한 개수비율을 말한다.

나. 품종순도 : 재배작물 중 이형주(변형주), 이품종주, 이종종자주를 제외한 해당품종 고유의 특성을 나타내고 있는 개체의 비율을 말한다.

다. 이형주(Off Type) : 동일품종 내에서 유전적 형질이 그 품종 고유의 특성을 갖지 아니한 개체를 말한다.

라. 포장격리 : 자연교잡이 일어나지 않도록 충분히 격리된 것을 말한다.

마. 작황균일 : 시비, 제초, 약제살포 등 포장관리상태가 양호하여 작황이 고르게 좋은 것을 말한다.

바. 제거 : 포장에서 검사규격상 불필요한 것을 뽑아 없애는 것을 말한다.

사. 소집단(Lot) : 생산자(수검자)별, 종류별, 품위별로 편성된 현물종자를 말한다.

아. 1차시료(Primary Sample) : 소집단의 한 부분으로부터 얻어진 적은 양의 시료를 말한다.

자. 합성시료(Composite Sample) : 소집단에서 추출한 모든 1차시료를 혼합하여 만든 시료를 말한다.

차. 제출시료(Submitted Sample) : 검정기관(또는 검정실)에 제출된 시료를 말하며 최소한 관련 요령에서 정한 양 이상이여야 하며 합성시료의 전량 또는 합성시료의 분할시료이여야 한다.

카. 원원종 : 품종 고유의 특성을 보유하고 종자의 증식에 기본이 되는 종자를 말하며, "원원종포"라 함은 원원종의 생산포장을 말한다.

타. 원종 : 원원종에서 1세대 증식된 종자를 말하며, "원종포"라 함은 원종의 생산포장을 말한다.

파. 보급종 : 원종 또는 원원종에서 1세대 증식하여 농가에 보급하는 종자를 보급종 또는 보급종Ⅰ이라 말하며, 보급종Ⅱ는 보급종을 1세대 다시 증식한 것을 말하고, "채종포(또는 증식포)"라 함은 보급종의 생산포장을 말한다.

하. 검사시료(Working Sample) : 검사실(분석실)에서 제출시료로부터 취한 분할시료로 품위검사에 제공되는 시료이다.

거. 분할시료(Sub Sample) : 합성시료 또는 제출시료로부터 규정에 따라 축분하여 얻어진 시료이다.

너. 봉인(Sealing) : 종자가 들어있는 콘테이너(용기)나 포장이 파괴되거나 손이간 흔적을 남기지 않고는 다시 종자를 넣거나 뺄 수 없도록 봉하는 것을 말한다.

더. 수분 : 103±2℃ 또는 130~133℃ 건조법에 의하여 측정한 수분을 말하되 이와 같은 동등한 측정결과를 얻을 수 있는 전기저항식 수분계, 전열 건조식수분계, 적외선조사식수분계 등에 의하여 측정한 수분을 말한다.

러. 정립 : 이종종자, 잡초종자 및 이물을 제외한 종자를 말하며 다음의 것을 포함한다.

　1) 미숙립, 발아립, 주름진립, 소립

　2) 원래 크기의 1/2 이상인 종자쇄립

　3) 병해립(맥각병해립, 균핵병해립, 깜부기병해립 및 선충에 의한 충영립을 제외한다)

　4) 목초나 화곡류의 영화가 배유를 가진 것

머. 발아 : 실험실에서의 종자의 발아란 알맞은 토양조건에서 장차 완전한 식물로 생장할 수 있는지의 여부를 가리키는 묘의 단계까지 필수구조들이 출현하고 발달된 것을 말한다.

버. 발아율 : 일정한 기간과 조건에서 정상묘로 분류되는 종자의 숫자비율을 말한다.

서. 이종종자 : 대상작물 이외의 다른 작물의 종자를 말한다.

어. 이품종 : 대상품종 이외의 다른 품종을 말한다.

저. 잡초종자 : 보편적으로 인정되는 잡초의 괴근, 괴경 및 종실과 이와 유사한 조직을 말한다. 다만, 이물질로 정의된 것을 제외한다.

처. 메성배유개체출현율 : 찰성벼, 보리, 밀, 옥수수 등에서 키세니아 현상으로 일어나는 메성 전분배유소지 개체의 출현율을 말한다.

커. 이물 : 정립이나 이종종자로 분류되지 않는 종자구조를 가졌거나 종자가 아닌 모든 물질로 다음의 것을 포함한다.

　1) 원형의 반 미만의 작물종자 쇄립 또는 피해립

　2) 완전 박피된 두과종자, 십자화과 종자 및 야생겨자종자

　3) 작물종자 중 불임소수

　4) 맥각병해립, 균핵병해립, 깜부기병해립, 선충에 의한 충영립

　5) 배아가 없는 잡초종자

　6) 회백색 또는 회갈색으로 변한 새삼과 종자

　7) 모래, 흙, 줄기, 잎, 식물의 부스러기 꽃 등 종자가 아닌 모든 물질

터. 피해립 : 발아립, 부패립, 충해립, 열손립, 박피립, 상해립 및 기타 기계적 손상립으로 이물에 속하지 아니한 것을 말한다.

퍼. 기타 위에 명시된 용어의 정의 외에는 ISTA의 종자검정규정에 따른다.

허. 모수 : 원원종 또는 원종 등에서 유래된 무성 번식체로서 보급종 생산용 재료(대목, 접수, 삽수 등)를 생산하기 위해 사용되는 식물체를 말하고, "모수포"라 함은 모수가 식재되어

있는 포장을 말한다.

고. 무병(Virus Free) 묘목 : 바이러스 무병화 과정(열처리, 생장점 배양 등)을 거친 묘목 또는 포장검사 대상바이러스에 감염되지 않은 묘목을 말한다.

노. 격리망실 : 출입문 시건장치와 진딧물 등의 해충을 완전히 차단할 수 있는 시설이 구비되어 있는 망실을 의미하며, 망실의 그물망 격자 크기는 0.5×0.7mm 이하이어야 한다.

도. 미숙립율 : 벼의 껍질을 벗긴 현미만을 정선하여 1.7mm 줄체를 통과한 미숙현미의 무게를 전체 현미의 무게로 나눈값의 비율을 말한다.

2. 포장검사 및 종자검사 규격

가. 벼

1) 포장검사

가) 검사시기 및 횟수 : 유숙기로부터 호숙기 사이에 1회 검사한다. 다만, 특정병에 한하여 검사횟수 및 시기를 조정하여 실시할 수 있다

나) 포장격리 : 원원종포·원종포는 이품종으로부터 3m 이상 격리되어야 하고 채종포는 이품종으로부터 1m 이상 격리되어야 한다. 다만, 각 포장과 이품종이 논둑 등으로 구획되어 있는 경우에는 그러하지 아니하다.

다) 전작물 조건 : 없음

라) 포장조건 : 파종된 종자는 종자원이 명확하여야 하고 포장검사 시 1/3 이상이 도복(생육 및 결실에 지장이 없을 정도의 도복은 제외)되어서는 아니 되며, 적절한 조사를 할 수 없을 정도로 잡초가 발생되었거나 작물이 왜화·훼손되어서는 아니 된다.

마) 검사규격

채종단계		최저한도(%) 품종순도	이종종자주	잡초 특정해초	잡초 기타해초	병주 특정병	병주 기타병	작황
원원종포		99.9	무	무	–	0.01	10.00	균일
원종포		99.9	무	0.00	–	0.01	15.00	균일
채종포	1세대	99.7	무	0.01	–	0.02	20.00	균일
채종포	2세대	99.0	무	0.01	–	0.02	20.00	균일

정의

- 특정해초 : 피를 말한다.
- 특정병 : 키다리병, 선충심고병을 말한다.
- 기타병 : 도열병, 깨씨무늬병, 흰잎마름병, 잎집무늬마름병, 줄무늬잎마름병, 오갈병, 이삭누룩병 및 세균성벼알마름병을 말한다.

2) 종자검사

[검사규격]

항목 채종 단계	최저한도(%)			최고한도(%)										
	정립	발아율	수분	이품종	이종 종자	잡초종자			피해립	병해립		이물	메벼 출현율
						특정 해초	기타 해초	계		특정병	기타병		
원원종	99.0	85	14.0	0.02	0.02	무	0.03	0.05	2.0	2.0	5.0	1.0	0.2
원종	99.0	85	14.0	0.05	0.03	무	0.10	0.10	3.0	5.0	10.0	1.0	0.4
보급종	98.0	85	14.0	0.10	0.05	0.00	0.10	0.20	3.0	5.0	10.0	2.0	0.6

※ 보급종 정립 중 미숙립율 최고한도는 4.0% 이하로 한다.

정의

- 특정해초 : 포장검사규격에 준한다.
- 기타해초 : 물달개비, 여뀌, 마디꽃, 논뚝외풀, 사마귀풀 및 올챙이 고랭이를 말한다.
- 특정병 : 포장검사규격에 준한다.
- 기타병 : 도열병, 깨씨무늬병 및 이삭누룩병을 말한다.

나. 겉보리, 쌀보리 및 맥주보리

1) 포장검사

가) 검사시기 및 횟수 : 유숙기로부터 황숙기 사이에 1회 실시한다.

나) 포장격리 : 벼에 준한다.

다) 전작물 조건 : 품종의 순도유지를 위하여 2년 이상 윤작을 하여야 한다. 다만, 경종적 방법에 의하여 혼종의 우려가 없도록 담수처리, 객토, 비닐멀칭을 하였거나, 타작물을 앞그루로 재배한 경우 및 이전 재배 품종이 당해 포장검사를 받는 품종과 동일한 경우에는 그러하지 아니하다.

라) 포장조건 : 벼에 준한다.

마) 검사규격

채종단계		최저한도(%)	최고한도(%)						작황
	항목	품종순도	이종 종자주	잡초		병주			
				특정해초	기타해초	특정병	기타병		
원원종포		99.9	0.01	–	–	0.10	10.00		균일
원종포		99.9	0.01	–	–	0.10	15.00		균일
채종포	1세대	99.7	0.05	–	–	0.40	20.00		균일
	2세대	99.0							

> **정의**
> • 특정병 : 겉깜부기병, 속깜부기병 및 보리줄무늬병을 말한다.
> • 기타병 : 흰가루병, 줄기녹병, 좀녹병, 붉은곰팡이병 및 바이러스병을 말한다.

2) 종자검사

[검사규격]

채종 단계	최저한도(%)				최고한도(%)									
	정립	발아율	수분	이품종	이종 종자	잡초종자			피해립	병해립		이물	메성배유 개체 출현율
						특정 해초	기타 해초	계		특정병	기타병		
원원종	99.0	85	14.0	0.05	0.06	–	0.03	0.05	2.0	무	5.0	1.0	0.2
원종	99.0	85	14.0	0.10	0.12	–	0.05	0.10	3.0	2.0	10.0	1.0	0.4
보급종	98.0	85	14.0	0.20	0.20	–	0.10	0.20	5.0	4.0	10.0	2.0	0.6

> **정의**
> • 기타해초 : 냉이 및 뚝새풀을 말한다.
> • 특정병 : 포장검사규격에 준한다.
> • 기타병 : 붉은 곰팡이병을 말한다.

다. 밀

1) 포장검사

가) 검사시기 및 횟수 : 유숙기로부터 황숙기 사이에 1회 실시한다.

나) 포장격리 : 벼에 준한다.

다) 전작물 조건 : 품종의 순도유지를 위해 2년 이상 윤작을 하여야 한다. 다만, 경종 적 방법에 의하여 혼종의 우려가 없도록 담수처리·객토·비닐멀칭을 하였거나, 이전 재배품종이 당해 포장검사를 받는 품종과 동일한 경우에는 그러하지 아니 하다.

라) 포장조건 : 벼에 준한다.

마) 검사규격

채종 단계 \ 항목		최저한도(%)	최고한도(%)						작황
		품종순도	이종 종자주	잡초		병 주			
				특정해초	기타해초	특정병	기타병		
원원종포		99.9	0.01	–	–	0.01	10.00		균일
원종포		99.9	0.01	–	–	0.01	15.00		균일
채종포	1세대	99.7	0.05	–	–	0.02	20.00		균일
	2세대	99.0							

정의
- 특정병 : 겉깜부기병 및 비린깜부기병을 말한다.
- 기타병 : 흰가루병, 줄기녹병, 위축병, 좀녹병, 엽고병 및 붉은곰팡이병을 말한다.

2) 종자검사

[검사규격]

채종 단계 \ 항목	최저한도(%)		최고한도(%)										
	정립	발아율	수분	이품종	이종 종자	잡 초 종 자			피해립	병 해 립		이물
						특정 해초	기타 해초	계		특정병	기타병	
원원종	99.0	85	12.0	0.05	0.03	–	0.03	0.05	2.0	무	5.0	1.0
원종	99.0	85	12.0	0.10	0.06	–	0.05	0.10	3.0	0.1	10.0	1.0
보급종	98.0	85	12.0	0.20	0.10	–	0.10	0.20	5.0	0.2	10.0	2.0

정의
- 기타해초 : 겉보리종자 검사규격에 준한다.
- 특정병 : 포장검사규격에 준한다.
- 기타병 : 붉은곰팡이병을 말한다.

라. 콩

1) 포장검사

가) 검사시기 및 횟수 : 개화기에 1회 실시한다.

나) 포장격리 : 벼에 준한다.

다) 전작물 조건 : 겉보리에 준한다.

라) 포장조건 : 벼에 준한다.

마) 검사규격

채종 단계	항목	최저한도(%) 품종 순도	이종 종자주	최고한도(%)				작황
				잡 초		병주		
				특정해초	기타해초	특정병	기타병	
원원종포		99.9	무	무	–	3.00	10.00	균일
원종포		99.9	무	무	–	5.00	15.00	균일
채종포	1세대	99.7	0.20	0.01	–	10.00	20.00	균일
	2세대	99.0	0.50					

정의
- 특정해초 : 새삼을 말한다.
- 특정병 : 자주무늬병(자반병)을 말한다.
- 기타병 : 모자이크병, 세균성점무늬병, 불마름병(엽소병), 탄저병 및 노균병을 말한다.

2) 종자검사

[검사규격]

채종 단계	항목	최저한도(%)		최고한도(%)										
		정립	발아율	수분	이품종	이종 종자	잡 초 종 자			피해립	병 해 립		이물
							특정 해초	기타 해초	계		특정병	기타병	
원원종		99.0	85	14.0	0.10	무	무	–	0.01	2.0	3.0	5.0	1.0
원종		99.0	85	14.0	0.20	무	무	–	0.02	3.0	5.0	10.0	1.0
보급종		98.0	85	14.0	0.50	0.10	무	–	0.05	5.0	5.0	10.0	2.0

정의
- 특정해초 : 포장검사규격에 준한다.
- 특정병 : 포장검사규격에 준한다.
- 기타병 : 모자이크병, 미이라병 및 탄저병을 말한다.

마. 옥수수

1) 교잡종

　가) 포장검사

　　(1) 검사시기 및 횟수 : 수술출현 1주일 전·수술출현기·암술출현기 및 수확 1주일 전에 1회씩 실시한다. 다만, 수술출현 1주일 전의 검사와 암술출현기의 검사는 생략할 수 있다.

　　(2) 포장격리

　　　(가) 원원종, 원종의 자식계통 및 채종용 단교잡종 : 원원종, 원종의 자식계통은 이품종으로부터 300m 이상, 채종용 단교잡종은 200m 이상 격리되어야 한다. 다만, 건물 또는 산림 등의 보호물이있을 때는 200m로 단축할 수 있다.

　　　(나) 복교잡종, 삼계교잡종 : 이품종 또는 유사품종으로부터 200m 이상 격리되어야 한다. 다만, 포장주위에 화분이 풍부한 숫옥수수를 심은 경우에는 다음에 따라 그 거리를 단축할 수 있다.

포장규모 포장주위 웅주줄수	4ha 미만	4ha 이상 8ha 미만	8ha 이상 12ha 미만	12ha 이상 16ha 미만	16ha 이상
2줄	200m	191m	181m	171m	166m
4줄	176m	166m	156m	146m	141m
6줄	151m	141m	131m	121m	116m
8줄	126m	116m	106m	96m	91m
10줄	101m	91m	80m	70m	65m
12줄	75m	65m	55m	50m	50m
14줄	50m	45m	35m	20m	20m

　　　(다) 종자의 타화수정방지를 위하여 별도의 조치를 취하였거나 품종 간의 개화기가 달라 교잡의 우려가 없는 경우에는 당해 포장 격리 기준을 적용하지 아니할 수 있다.

　　(3) 전작물 조건 : 없음

　　(4) 포장조건 : 벼에 준한다.

(5) 검사규격

채종단계＼항목	최고한도(%)				작황
	변형주	자연교잡율	병주		
			특정병	기타병	
자식계통	무	무	–	2.00	균일
단교잡종	0.20	0.50	–	5.00	균일
삼계교잡종	0.30	0.50	–	5.00	균일
변형단교잡종 복교잡종	0.40	1.00	–	5.00	균일

> **정의**
> • 자연교잡율 : 종자친의 미제웅비율 및 화분비산기 이후에 제거되어 자연 교잡된 비율을 말한다.
> • 기타병 : 매문병, 깨씨무늬병, 깜부기병 및 붉은곰팡이병을 말한다. 다만, 생육후기 검사 시 우량종자생산에 지장이 없을 경우에 한하여 매문병과 깨씨무늬병을 적용하지 아니할 수 있다.

나) 종자검사

[검사규격]

구분＼항목	최저한도(%)		최고한도(%)						이 물
	정립	발아율	수 분	이품종	이종종자	피해립	병해립		
							특정병	기타병	
자식계통	98.0	85	13.0	무	무	5.0	–	2.0	2.0
교잡종	98.0	85	13.0	무	무	5.0	–	5.0	2.0

주) 교잡종이 보급종일 경우 이품종 및 이종종자의 최고한도를 0.01%로 한다.

> **정의**
> • 기타병 : 포장검사규격에 준한다.

2) 합성품종 방임수분종

가) 포장검사

(1) 포장검사 및 횟수 : 수술출현 초기에 1회, 호숙기에 1회 실시한다.

(2) 포장격리 : 교잡종에 준한다.

(3) 전작물 조건 : 교잡종에 준한다.

(4) 포장조건 : 교잡종에 준한다.

(5) 검사규격

채종단계 \ 항목	최고한도(%)			작황
	이품종주	병주		
		특정병	기타병	
원원종포	무	–	2.00	균일
채종포	무	–	5.00	균일

> **정의**
> • 기타병 : 교잡종 검사규격에 준한다.

나) 종자검사

[검사규격]

채종 단계 \ 항목	최저한도(%)		최고한도(%)						
	정립	발아율	수분	이품종	이종 종자	피해립	병해립		이 물
							특정병	기타병	
원원종	98.0	85	13.0	무	무	5.0	–	2.0	2.0
보급종	98.0	85	13.0	무	무	5.0	–	5.0	2.0

> **정의**
> • 기타병 : 교잡종 검사규격에 준한다.

바. 감자

1) 포장검사

가) 검사시기 및 횟수

(1) 춘작 : 유묘가 15cm 정도 자랐을 때 및 개화기부터 낙화기 사이에 각각 1회 실시한다.

(2) 추작 : 유묘가 15cm 정도 자랐을 때 및 제1기 검사 후 15일경에 각각 1회 실시한다.

나) 포장격리

(1) 원원종포 : 불합격포장, 비채종포장으로부터 50m 이상 격리되어야 한다.

(2) 원종포 : 불합격포장, 비채종포장으로부터 20m 이상 격리되어야 한다.

(3) 채종포 : 비채종포장으로부터 5m 이상 격리되어야 한다.

(4) 십자화과·가지과·장미과·복숭아나무·무궁화나무 기타 숙주로부터 10m 이상 격리되어야 한다.

(5) 다른 채종단계의 포장으로부터 1m 이상 격리되어야 한다.

(6) 망실재배를 하는 원원종포·원종포 또는 채종포의 경우에는 격리 거리를 1) 내지 5)의 포장격리기준의 10분의 1로 단축할 수 있다.

다) 전작물 조건

(1) 연작하지 아니한 포장이어야 한다. 다만, 연작피해 방지대책을 강구한 경우에는 그러하지 아니할 수 있다.

(2) 윤부병 발생포장은 2년 이상 윤작하여야 한다.

(3) 갈쭉병 발생포장은 5년간 감자 및 가지과작물을 재배하여서는 아니 된다.

라) 포장조건 : 벼에 준한다.

마) 검사규격

채종 단계	이품 종주	이종 종자주	특정병							기타병				작황
			모자이크 바이러스	잎말림 바이러스	기타 바이러스	바이러스 계	갈쭉 병	둘레 썩음병	풋마 름병	흑지 병	위조 병	기타 병	병해 계	
원원종포	무	무	0.5	0.3	0.2	1.0	무	무	무	0.5	0.5	5.0	6.0	균일
원종포	무	무	1.0	0.5	0.5	2.0	무	무	무	1.0	1.0	6.0	8.0	균일
채종포	무	무	2.0	1.0	1.0	4.0	무	무	무	1.5	1.5	7.0	10.0	균일

> **정의**
> - 특정병 : 모자이크바이러스·잎말림바이러스·기타 바이러스·갈쭉병 및 둘레썩음병·풋마름병을 말한다.
> - 기타병 : 흑지병·후사리움위조병·역병·하역병 등을 말한다.

2) 종자검사

[검사규격]

채종 단계	괴경 중량	이품종	특정병				기타 병	피해서				기형서	싹튼 감자	이물
			바이 러스	둘레 썩음병	풋마름 병	갈쭉 병		계	동해	수분해	기타			
원원종	30~330g	무	1.0	무	무	무	1.0	13.0	무	10.0	3.0	0.5	무	0.5
원종	30~330g	무	2.0	무	무	무	3.0	15.0	무	10.0	5.0	0.8	3.0	0.5
보급종	50~270g	0.01	4.0	무	무	무	5.0	18.0	무	10.0	8.0	1.0	6.0	1.0

주) • 인공씨감자를 재배하여 생산된 종자 또는 양액재배로 생산된 종자를 씨감자로 사용하는 경우는 괴경중량을 3~50g으로 할 수 있으며 인공씨감자를 종자로 직접 사용하는 경우 괴경중량은 0.5g 이상으로 할 수 있다.
• 보급종 괴경중량 중 50~270g 이외는 30~50g, 270~330g으로 각각 구분하여 유통하여야 한다.
• 농림축산식품부장관 및 종자관리사는 괴경중량 기준 대신에 괴경크기 기준을 정하여 검사할 수 있다.

> **정의**
> - 특정병 : 바이러스 · 둘레썩음병 · 풋마름병 · 걀쭉병을 말한다.
> - 기타병 : 더뎅이병 · 흑지병 · 역병 · 무름병 · 마른썩음병 등을 말한다.
>   다만, 더뎅이병은 개체의 병반지름이 5mm 이내이고, 병반지름의 합이 2cm 이하로서 병반면적이 전체표면적의 3% 이내인 것은 제외한다.
> - 피해서 : 중심공동서 · 동해 · 일소 · 기계적상해 · 개열서 · 충해 · 수분해 기타 원인에 의하여 손상을 받은 것을 말한다.
> - 싹튼감자 : 눈이 5mm 이상 자란 것을 말한다.

사. 고구마

1) 포장검사

    가) 검사시기 및 횟수 : 괴근비대 초기에 1회 검사한다.

    나) 포장격리 : 벼포장 검사규격에 준한다.

    다) 전작물 조건 : 감자에 준한다.

    라) 포장조건 : 벼에 준한다.

    마) 검사규격

항목 채종단계		최고한도(%)						작황
		이품 종주	이종 종자주	변형주	특정병주		기타병	
					흑반병	위축병		
원원종포		무	무	무	0.10	무	0.10	균일
원종포		무	무	무	0.20	무	0.20	균일
채종포	1세대	무	무	무	0.30	무	0.50	균일
	2세대							

> **정의**
> - 특정병 : 흑반병 및 마이코프라스마병을 말한다.
> - 기타병 : 만할병 및 선충병을 말한다.

2) 종자검사

[검사규격]

항목 채종단계	괴근중량	최고한도(%)				
		이품종저	병해충저		피해저	싹튼 고구마
			흑반병	기타병충		
원원종	70~400g	무	무	0.1	1.0	1.0
원종	70~400g	무	0.2	0.5	3.0	3.0
보급종	70~400g	무	0.5	1.0	5.0	5.0

정의
- 특정병 : 흑반병을 말한다.
- 기타병 : 선충병·만할병·연부병·자문우병 등 기타병을 말한다.
- 피해저 : 상해저·압상저·부패저·병해저·충해저 및 퇴화저를 말한다.
- 싹튼고구마 : 눈이 20mm 이상 자란 것을 말한다.

아. 팥

1) 포장검사

　가) 검사시기 및 횟수 : 개화기에 1회 실시한다.

　나) 포장격리 : 벼에 준한다.

　다) 전작물 조건 : 밀에 준한다.

　라) 포장조건 : 벼에 준한다.

　마) 검사규격

항목 채종단계		최저한도(%)	최고한도(%)			작황
		품종순도	이종 종자주	병주		
				특정병	기타병	
원원종포		99.9	무	3.00	10.00	균일
원종포		99.9	무	5.00	15.00	균일
채종포	1세대	99.7	0.10	10.00	20.00	균일
	2세대	99.0				

정의
- 특정병 : 콩세균병 및 위축병을 말한다.
- 기타병 : 갈반병·엽소병·탄저병 등 기타병을 말한다.

2) 종자검사

[검사규격]

항목 채종단계	최저한도(%)		최고한도(%)							
	정립	발아율	수분	이품종	이종종자	잡초종자	피해립	병 해 립		이물
								특정병	기타병	
원원종	99.0	85	13.0	0.10	무	0.01	2.0	3.0	5.0	1.0
원종	99.0	85	13.0	0.20	무	0.02	3.0	5.0	10.0	1.0
보급종	98.0	85	13.0	0.50	0.10	0.05	5.0	5.0	10.0	2.0

정의
- 특정병 및 기타병 : 포장검사규격에 준한다.

자. 땅콩

1) 포장검사

  가) 검사시기 및 횟수 : 개화초에 1회 실시한다.

  나) 포장격리 : 벼에 준한다.

  다) 전작물 조건 : 밀에 준한다.

  라) 포장조건 : 벼에 준한다.

  마) 검사규격

항목 채종단계		최저한도(%)	최고한도(%)					작황
		품종순도	이종종자주	잡초		병주		
				특정해초	기타해초	특정병	기타병	
원원종포		99.9	무	–	무	0.20	5.0	균일
원종포		99.9	무	–	무	0.50	10.0	균일
채종포	1세대	99.7	0.3	–	무	1.00	15.0	균일
	2세대	99.0	0.5					

정의
- 특정병 : 갈반병을 말한다.
- 기타병 : 검은무늬병, 균핵병 및 줄기썩음병을 말한다.

2) 종자검사

[검사규격]

항목 채종 단계	최저한도(%)		최고한도(%)									
	정립	발아율	수분	이품종	이종 종자	잡초종자			피해립	병해립		이물
						특정 해초	기타 해초	계		특정병	기타병	
원원종	99.0	85	13.0	0.10	무	–	0.01	0.01	2.0	1.0	2.0	1.0
원종	99.0	85	13.0	0.20	무	–	0.02	0.02	3.0	3.0	5.0	1.0
보급종	98.0	85	13.0	0.50	0.10	–	0.03	0.05	5.0	3.0	10.0	2.0

정의
- 특정병 : 포장검사규격에 준한다.
- 기타병 : 검은무늬병, 균핵병을 말한다.

차. 참깨

1) 포장검사

가) 검사시기 및 횟수 : 개화기에 1회 실시한다.

나) 포장격리 : 이품종으로부터 500m 이상 격리되어야 한다. 다만, 동일 종피색 품종 간의 격리거리는 5m 이상으로 하며, 망실재배시에는 격리거리를 적용하지 아니한다.

다) 전작물 조건 : 채종 당해년도부터 2년 이내에 참깨를 재배하지 아니한 포장

라) 포장조건 : 벼에 준한다.

마) 검사규격

항목 채종단계		최저한도(%)	최고한도(%)			작황
		품종순도	이종 종자주	병주		
				특정병	기타병	
원원종포		99.0	0.1	10.0	15.0	균일
원종포		98.0	0.1	15.0	20.0	균일
채종포	1세대	97.0	0.1	20.0	30.0	균일
	2세대	95.0				

정의
- 특정병 : 역병 및 위조병을 말한다.
- 기타병 : 엽고병 등을 말한다.

2) 종자검사

[검사규격]

항목 채종단계	최저한도(%)		최고한도(%)							
	정립	발아율	수분	이품종	이종 종자	잡초 종자	피해립	병해립		이물
								특정병	기타병	
원원종	99.0	90	10.0	3.0	0.1	0.2	2.0	3.0	5.0	1.0
원종	98.0	85	10.0	5.0	0.1	0.4	3.0	5.0	10.0	1.0
보급종	97.0	85	10.0	7.0	0.1	0.5	5.0	10.0	20.0	2.0

정의
• 특정병과 기타병 : 포장검사규격에 준한다.

카. 들깨

1) 포장검사

가) 검사시기 및 횟수 : 개화기에 1회 실시한다.

나) 포장격리 : 이품종으로부터 5m 이상 격리되어야 한다.

다) 전작물 조건 : 밀에 준한다.

라) 포장조건 : 벼에 준한다.

마) 검사규격

항목 채종단계		최저한도(%)	최고한도(%)			작황
		품종순도	이종 종자주	병주		
				특정병	기타병	
원원종포		99.0	0.1	10.0	15.0	균일
원종포		98.0	0.1	15.0	20.0	균일
채종포	1세대	97.0	0.1	20.0	30.0	균일
	2세대	95.0				

정의
• 특정병 : 녹병을 말한다.
• 기타병 : 줄기마름병 등을 말한다.

2) 종자검사

[검사규격]

항목 채종 단계	최저한도(%)		최고한도(%)							
	정립	발아율	수분	이품종	이종 종자	잡초 종자	피해립	병해립 특정병	병해립 기타병	이물
원원종	99.0	85	10.0	3.0	0.1	0.2	2.0	3.0	5.0	1.0
원종	98.0	85	10.0	5.0	0.1	0.4	3.0	5.0	10.0	1.0
보급종	97.0	85	10.0	7.0	0.1	0.5	5.0	10.0	20.0	2.0

정의
- 특정병과 기타병 : 포장검사규격에 준한다.

타. 유채

1) 포장검사

가) 검사시기 및 횟수 : 추대기에 1회 실시한다.

나) 포장격리
- 원원종은 망실재배를 원칙으로 하며, 이때 격리거리는 필요 없다.
- 원종, 보급종은 이품종으로부터 1,000m 이상 격리되어야 한다. 다만, 산림 등 보호물이 있을 때에는 500m까지 단축할 수 있다.

다) 전작물 조건 : 밀에 준한다.

라) 포장조건 : 벼에 준한다.

마) 검사규격

항목 채종단계		최저한도(%)	최고한도(%)					작황
		품종순도	이종 종자주	잡초 특정해초	잡초 기타해초	병주 특정병	병주 기타병	
원원종포		99.9	무	무	–	1.0	2.0	균일
원종포		99.9	무	무	–	5.0	5.0	균일
채종포	1세대	99.7	무	무	–	10.0	10.0	균일
채종포	2세대	99.0						

정의
- 특정해초 : 십자화과 잡초를 말한다.
- 특정병 : 균핵병을 말한다.
- 기타병 : 백수병, 근부병, 공동병을 말한다.

2) 종자검사

[검사규격]

항목 채종단계	최저한도(%)		최고한도(%)			잡초종자				병해립		
	정립	발아율	수분	이품종	이종 종자	특정 해초	기타 해초	계	피해립	특정 병	기타 병	이물
원원종	99.0	85	10.0	0.2	무	무	0.1	0.1	2.0	0.1	2.0	1.0
원종	99.0	85	10.0	0.5	무	무	0.2	0.2	3.0	0.2	4.0	1.0
보급종	98.0	85	10.0	1.0	0.10	무	0.5	0.5	4.0	0.3	6.0	2.0

정의

- 특정해초 : 포장검사규격에 준한다.
- 특정병 : 포장검사규격에 준한다.
- 기타병 : 포장검사규격에 준한다.

파. 녹두

1) 포장검사

가) 검사시기 및 횟수 : 개화기에 1회 실시한다.

나) 포장격리 : 벼에 준한다.

다) 전작물 조건 : 밀에 준한다.

라) 포장조건 : 벼에 준한다.

마) 검사규격

항목 채종단계		최저한도(%)	최고한도(%)					
		품종순도	이종 종자주	잡초		병주		작황
				특정해초	기타해초	특정병	기타병	
원원종포		99.9	무	무	–	3.0	10.0	균일
원종포		99.9	무	무	–	5.0	15.0	균일
채종포	1세대	99.7	0.50	무	–	10.0	20.0	균일
	2세대	99.0		무	–	10.0	20.0	균일

정의

- 특정해초 : 새삼을 말한다.
- 특정병 : 녹두 황색모자이크바이러스병을 말한다
- 기타병 : 녹두 모틀바이러스병, 갈반병, 흰가루병을 말한다.

2) 종자검사

[검사규격]

항목 채종 단계	최저한도(%)		최고한도(%)								
						잡초종자			병해립		
	정립	발아율	수분	이품종	이종 종자	특정 해초	계	피해립	특정병	기타병	이물
원원종	99.0	85	13.0	0.10	무	무	0.01	2.0	3.0	5.0	1.0
원종	99.0	85	13.0	0.20	무	무	0.02	3.0	5.0	10.0	1.0
보급종	98.0	85	13.0	0.50	0.10	무	0.05	5.0	5.0	10.0	2.0

정의
- 특정해초 : 포장검사규격에 준한다.
- 기타병 : 갈반병 등을 말한다.
- 특정병 : 포장검사규격에 준한다.

하. 채소작물

1) 포장검사

가) 검사시기 및 횟수 : 개화기에 1회 이상 실시한다.

나) 포장격리 : 종자작물은 다른 꽃가루 및 종자전염병(종자바이러스 감염 및 질병의 원인이 될 수 있는 야생식물 포함)의 모든 원천으로부터 격리되어야 한다. 작물별 격리거리는 다음 이상이어야 한다.

작물명	격리거리(m)	포장 내지 식물로부터 격리되어야 하는 것
무	1,000	①, ②
배추	1,000	①, ②
양배추	1,000	①, ②
고추	500	①, ②
토마토	300	①, ②
오이	1,000	①, ②
참외	1,000	①, ②
수박	1,000	①, ②
호박(박)	1,000	①, ②
파	1,000	①, ②
양파	1,000	①, ②, ③
당근	1,000	①, ②
상추	60	①, ②
시금치	1,000	①, ②

(주) ① 같은 종의 다른 품종

② 바람이나 곤충에 의해 전파된 치명적인 특정병 또는 기타병에 감염된 같은 작물이나 다른 숙주 식물

③ 교잡양파 양친계통 : ①, ②로부터 1,600m

위의 격리거리 요건은 다른 종자작물과 종자포장에서 같은 시기에 개화하는 채소 생산작물에 적용된다. 종자포장내지 단지가 자연적 또는 인위적인 방어물로 불필요한 화분립원과 종자전 파성 질병을 충분히 방어할 수 있고 다른 작물에 의한 수분이 불가능할 때는 무시한다. (예, "온실재배, 교배모본에 인위적 교배장치를 한 재배" 등)

다) 전작물 조건 : 전에 재배하였던 작물과 동일종의 작물을 재배하려는 경우에는 최소한 전작물과 2년 이상의 간격을 두어야 한다. 다만, 연작 피해 대책을 강구하고 동일 품종을 재배하는 경우에는 예외로 한다.

라) 포장조건 : 벼에 준한다. 다만, 기타 조건은 다음과 같다.

　(1) 종자생산용 포장 또는 온실은 다음 사항에 의한 종자의 오염을 방지하기 위하여 자생식물이 없어야 한다.

　　(가) 작물종자로부터 제거하기 어려운 종자

　　(나) 타가수분

　　(다) 자생식물로부터 전파되는 종자전염병

　(2) 앞작물 재배는 현존하는 토양전염병이 수확된 종자에서 전파될 수 있는 위험을 가능한 한 최소화시킬 수 있는 방법이 되어야 한다.

　(3) 앞작물로 인하여 포장 또는 온실이 상기 이유 등으로 부적합할 경우 적절한 조치를 취해야 한다.

마) 포장검사 규격

작물명	최저한도(%)		최고한도(%)			작황
	순도		이종 종자주	특정 해초	병주	
	F₁양친	교잡종				
무, 양배추, 파, 양파, 상추	99.0	98.0	0.05	0.05	2.0	균일
배추, 토마토, 당근, 시금치	99.0	98.0	0.05	0.05	5.0	균일
고추	99.0	98.0	0.05	0.05	8.0	균일
오이, 참외, 수박	99.0	98.0	0.05	0.05	10.0	균일
호박(박)	99.0	98.0	0.05	0.05	15.0	균일

※ 특정해초의 정의 : 해당작물의 야생종, 화분, 오염성 잡초 및 새삼과 작물을 말한다.

2) 종자검사

가) 검사규격

작물명		최저한도(%)		최고한도(%)						병해립	
		정립	발아율	수분	이종 종자	잡초 종자	이물	손상립		특정병	기타병
무	원종	99.0	70	9.0	0.05	0.05	1.0	7.0			6.0
	보급종	96.0	70	9.0	0.20	0.10	4.0	7.0			6.0
배추	원종	99.0	75	9.0	0.05	0.05	1.0	10.0			7.0
	보급종	96.0	75	9.0	0.20	0.10	4.0	10.0			7.0
양배추	원종	99.0	75	9.0	0.05	0.05	1.0	10.0			6.0
	보급종	96.0	75	9.0	0.20	0.10	4.0	10.0			6.0
고추	원종	99.0	65	9.0	0.05	0.05	1.0	5.0			5.0
	보급종	96.0	65	9.0	0.20	0.10	4.0	5.0			5.0
토마토	원종	99.0	70	9.0	0.05	0.05	1.0	3.0			6.0
	보급종	96.0	70	9.0	0.20	0.10	4.0	3.0			6.0
오이	원종	99.0	80	9.0	0.05	0.05	1.0	5.0		무	5.0
	보급종	96.0	80	9.0	0.20	0.10	4.0	5.0		무	5.0
참외	원종	99.0	75	9.0	0.05	0.05	1.0	5.0		무	7.0
	보급종	96.0	75	9.0	0.20	0.10	4.0	5.0		무	7.0
수박	원종	99.0	75	9.0	0.05	0.05	1.0	5.0		무	6.0
	보급종	96.0	75	9.0	0.20	0.10	4.0	5.0		무	6.0
호박(박)	원종	99.0	75	9.0	0.05	0.05	1.0	7.0		무	10.0
	보급종	96.0	75	9.0	0.20	0.10	4.0	7.0		무	10.0
파	원종	99.0	65	9.0	0.05	0.05	1.0	5.0			4.0
	보급종	96.0	65	9.0	0.20	0.10	4.0	5.0			4.0
양파	원종	99.0	75	9.0	0.05	0.05	1.0	5.0			4.0
	보급종	96.0	75	9.0	0.20	0.10	4.0	5.0			4.0
당근	원종	99.0	65	9.0	0.05	0.05	1.0	3.0			7.0
	보급종	96.0	65	9.0	0.20	0.10	4.0	3.0			7.0
상추	원종	99.0	75	9.0	0.05	0.05	1.0	10.0			5.0
	보급종	96.0	75	9.0	0.20	0.10	4.0	10.0			5.0
시금치	원종	99.0	65	9.0	0.05	0.05	1.0	3.0			6.0
	보급종	96.0	65	9.0	0.20	0.10	4.0	3.0			6.0

> **정의**
> • 손상립 : 발아립, 부패립, 충해립 등 물리적 피해립을 말한다.
> • 특정병 : 오이녹반모자이크바이러스(CGMMV)를 말한다.
> • 기타병 : CGMMV 이외의 병을 말한다.
> • 잡초종자 : 모든 잡초 종자를 말한다.

거. 목초종자

1) 포장검사

　가) 검사시기 및 횟수 : 개화기에 1회 이상 실시한다.

　나) 격리거리

작물명	구분	2ha 미만 포장(m)	2ha 이상 포장(m)
화본과 및 콩과	원원종, 원종	200	100
	보급종	100	50

　다) 전작물 조건 : 밀에 준한다.

　라) 포장조건 : 벼에 준한다.

　마) 작황 : 균일

　바) 검사규격

구분	작물명	최저한도(%)		최고한도(%)				
		품종순도		이종종자주			잡초종자주	
		원원종 원종	보급종	원원종 원종	보급종		원원종 원종	보급종
화본과	티머시	99.0	98.0	0.05	0.20		0.05	0.10
	레드톱	99.0	98.0	0.05	0.20		0.05	0.10
	톨훼스큐	99.0	98.0	0.05	0.20		0.05	0.10
	메도우 훼스큐	99.0	98.0	0.05	0.20		0.05	0.10
	오차드 그라스	98.0	97.0	0.05	0.20		0.05	0.10
	페러니얼 라이그라스	99.0	98.0	0.05	0.20		0.05	0.10
	리드카나리 그라스	99.0	98.0	0.05	0.20		0.05	0.10
	브롬 그라스	98.0	97.0	0.05	0.20		0.05	0.10
	켄터키 블루그라스	99.0	98.0	0.05	0.20		0.05	0.10
콩과	알팔파	99.0	98.0	0.05	0.20		0.05	0.10
	버즈 풋트레포일	99.0	98.0	0.05	0.20		0.05	0.10
	화이트 크로바	99.0	98.0	0.05	0.20		0.05	0.10
	레드 크로바	99.0	98.0	0.05	0.20		0.05	0.10
	앨사이크 크로바	99.0	98.0	0.05	0.20		0.05	0.10

2) 종자검사

[검사규격]

작물명		최저한도(%)				최고한도(%)					
		정립		발아율	수분	이종종자		이물		잡초종자	
		원원종 원종	보급종			원원종 원종	보급종	원원종 원종	보급종	원원종 원종	보급종
화본과	티머시	98.0	97.0	85	14.0	0.05	0.20	2.0	3.0	0.05	0.10
	레드 톱	98.0	97.0	80	14.0	0.05	0.20	2.0	3.0	0.05	0.10
	톨 훼스큐	98.0	97.0	85	14.0	0.05	0.20	2.0	3.0	0.05	0.10
	메도우훼스큐	98.0	97.0	80	14.0	0.05	0.20	2.0	3.0	0.05	0.10
	오차드그라스	95.0	92.0	85	14.0	0.05	0.20	5.0	8.0	0.05	0.10
	페러니얼 라이그라스	98.0	97.0	80	14.0	0.05	0.20	2.0	3.0	0.05	0.10
	리드카나리 그라스	98.0	97.0	75	14.0	0.05	0.20	2.0	3.0	0.05	0.10
	브롬 그라스	92.0	90.0	80	14.0	0.05	0.20	8.0	10.0	0.05	0.10
	켄터키블루 그라스	98.0	97.0	80	14.0	0.05	0.20	2.0	3.0	0.05	0.10
콩과	알팔파	98.0	98.0	80	14.0	0.05	0.20	2.0	2.0	0.05	0.10
	버즈 풋트레포일	98.0	98.0	80	14.0	0.05	0.20	2.0	2.0	0.05	0.10
	화이트 크로바	98.0	98.0	85	14.0	0.05	0.20	2.0	2.0	0.05	0.10
	레드 크로바	98.0	98.0	85	14.0	0.05	0.20	2.0	2.0	0.05	0.10
	앨사이크 크로바	98.0	98.0	85	14.0	0.05	0.20	2.0	2.0	0.05	0.10

너. 사료 및 녹비작물종자

1) 포장검사

가) 검사시기 및 횟수 : 벼, 보리, 옥수수, 밀은 일반재배용 종자에 준하고 그 외의 종자는 개화기에 1회 이상 실시한다.

나) 포장격리 : 벼에 준한다.(다만, 수단그라스와 이탈리안 라이그라스, 헤어리베치는 목초 종자에 준하고 호밀의 원원종, 원종은 300m, 보급종은 250m 이상 격리되어야 한다.)

다) 전작물 조건 : 밀에 준한다. 다만, 벼, 보리, 옥수수는 일반재배용 종자에 준한다.

라) 포장조건 : 벼에 준한다.

마) 작황 : 균일

바) 포장검사 규격

작물명	최저한도(%)			최고한도(%)					
	품종순도			이종종자주			잡초종자주		
	원원종 원종	보급종		원원종 원종	보급종		원원종 원종	보급종	
옥수수	99.5	99.0		0.05	0.20		0.05	0.10	
벼	99.5	99.0		0.05	0.20		0.05	0.10	
보리	99.5	99.0		0.05	0.20		0.05	0.10	
밀	99.5	99.0		0.05	0.20		0.05	0.10	
수수	99.5	99.0		0.05	0.20		0.05	0.10	
호밀	99.5	99.0		0.05	0.20		0.05	0.10	
라이밀(트리티케일)	99.5	99.0		0.05	0.20		0.05	0.10	
귀리	99.5	99.0		0.05	0.20		0.05	0.10	
수단그라스	99.5	99.0		0.05	0.20		0.05	0.10	
이탈리안라이그라스	99.5	99.0		0.05	0.20		0.05	0.10	
헤어리베치	97.0	94.0		0.05	0.20		0.05	0.10	

2) 종자검사 규격

작물명	최저한도(%)				최고한도(%)					
	정립		발아율	수분	이종종자		이물		잡초종자	
	원원종 원종	보급종			원원종 원종	보급종	원원종 원종	보급종	원원종 원종	보급종
옥수수	98.0	98.0	85	14.0	0.05	0.20	2.0	2.0	–	–
벼	99.0	98.0	80	14.0	0.05	0.20	1.0	2.0	0.05	0.20
보리	99.0	98.0	80	14.0	0.05	0.20	1.0	2.0	0.10	0.10
밀	99.0	98.0	80	12.0	0.06	0.20	1.0	2.0	0.10	0.10
수수	99.0	98.0	80	14.0	0.05	0.20	1.0	2.0	0.05	0.10
호밀	99.0	98.0	80	14.0	0.05	0.20	1.0	2.0	0.05	0.10
라이밀(트리티케일)	99.0	98.0	80	14.0	0.05	0.20	1.0	2.0	0.05	0.10
귀리	99.0	98.0	80	14.0	0.05	0.20	1.0	2.0	0.05	0.10
수단그라스	99.0	98.0	85	14.0	0.05	0.20	1.0	2.0	0.05	0.10
이탈리안라이그라스	99.0	98.0	85	14.0	0.05	0.20	1.0	2.0	0.05	0.10
헤어리베치	99.0	98.0	80	14.0	0.05	0.20	1.0	2.0	0.05	0.10

※ 보리의 이품종 최고한도(%)는 원원종·원종 3.0%, 보급종 6.0%로 한다. 다만, 이품종은 겉보리, 쌀보리, 맥주보리 중 어느 한 품목이 섞인 것을 말한다.

더. 화훼 구근류

1) 포장검사

　가) 검사시기 및 횟수 : 정식 후 묘가 20cm 정도 자랐을 때(튤립, 글라디올러스는 30cm)와 개화기 때 각 1회 실시한다.

　나) 포장격리 : 불합격 포장, 다른 구근류 재배포장으로부터 20m 이상 격리되어야 한다. 다만, 망실재배를 하는 포장의 경우에는 10분의 1로 단축할 수 있다.

　다) 전작물 조건 : 글라디올러스, 구근아이리스, 튤립은 2년 이상 윤작하여야 하며 나리, 프리지아는 3년 이상 윤작하여야 한다. 단, 연작피해 방지대책을 강구한 경우에는 그러하지 아니할 수 있다.

　라) 포장조건

　　(1) 뿌리응애 및 구근부패병 발생이 없었던 포장이어야 한다.

　　(2) 조사하기가 곤란할 정도로 잡초발생이 있거나 작물이 훼손되어서는 아니 된다.

　마) 검사규격

구분 작물명	최저한도(%) 맹아율	최고한도(%)		특정병			
		이품 종주	블라스팅 및 블라인드	바이 러스	잎마름 병	목썩음 병	갈색 반점병
나리	85	무	–	2.0	0.5	–	–
글라디올러스	85	무	–	2.0	–	무	–
프리지아	85	무	–	2.0	–	2.0	–
구근아이리스	85	무	–	1.0	–	–	–
튤립	85	–	–	2.0	–	–	2.0

구분 작물명	최고한도(%)						작황
	기타 병해충						
	진딧물	총채 벌레	마늘줄 기선충	역병	잿빛 곰팡이병	균핵병	반점 세균병	
나리	0.1	–	0.5	0.5	–	–	–	균일
글라디올러스	0.1	0.5	–	–	0.5	–	–	균일
프리지아	1.0	–	–	–	2.0	2.0	–	균일
구근아이리스	0.1	–	–	–	–	–	0.5	균일
튤립	1.0	–	–	–	–	–	–	균일

정의

• 블라스팅 및 블라인드 : 동일한 규격의 구근을 심어도 꽃봉오리가 발생하지 않거나 조기에 고사한 것을 말한다.

• 특정병 : 바이러스병, 잎마름병(*Botrytis elliptica*), 목썩음병(*Buikholderia gladioli*), 갈색반점병(*Botrytis tulipae*)을 말한다.

⟨바이러스병⟩
  – LSV : lily symptomless virus
  – CMV : cucumber mosaic virus
  – BYMV : bean yellow mosaic virus
  – FMV : freesia mosaic virus
  – TuMV : turnip mosaic virus
  – IMMV : iris mild mosaic virus
  – TBV : tulip breaking virus

• 기타병해충 : 목화진딧물(*Aphis gossyipii*), 총채벌레(*Thrips simlex*), 마늘줄기선충(*Ditylenchus dipsaci*), 역병(*Phytophthora* sp.), 잿빛곰팡이병(*Botryis gladiorum*), 균핵병(*Sclerotinia* sp.), 반점세균병(*Pseudomonas iridicola*)을 말한다.

2) 종자검사

[검사규격]

구분 작물명	최저한도(%)		최고한도(%)					
	구근상태		구근상태		특정병			
	건전 외피	밑뿌리 충실도	싹 또는 발근	블라스팅 및 블라인드	바이 러스	뿌리 썩음병	목 썩음병	갈색 반점병
나리	90	90	5.0	–	2.0	1.0	–	–
글라디올러스	90	–	3.0	–	2.0	–	5.0	–
프리지아	90	–	3.0	–	2.0	–	2.0	–
구근아이리스	90	–	5.0	–	1.0	–	–	–
튤립	90	–	0.0	–	2.0	–	–	2.0

구분 작물명	최고한도(%)					
	기타병					
	줄기 썩음병	역병	마늘줄기 선충	감자썩이 선충	균핵병	잿빛 곰팡이병
나리	5.0	5.0	5.0	–	–	–
글라디올러스	–	–	5.0	5.0	–	–
프리지아	–	–	–	–	–	5.0
구근아이리스	–	–	–	–	–	5.0
튤립	–	–	–	–	–	–

> **정의**
> • 건전외피 : 비늘잎(인편, 나리)이나 구근외피에 상처가 없고, 얼거나 마르지 않으며 고유의 색을 나타낼 것
> • 싹 또는 발근
>   – 나리 : 저장 중에는 없고, 정식 직전에는 5cm 이하여야 한다.
>   – 글라디올러스 : 저장 중에는 없고, 정식 직전에는 2cm 이하여야 한다.
> • 밑뿌리 충실도 : 밑뿌리(하근)는 싱싱하게 살아 있어야 하고, 4개 이상 많을수록 좋은 것을 말한다.
> • 블라스팅 및 블라인드 : 동일한 규격의 구근을 심어도 꽃봉오리가 발생하지 않거나 조기에 고사한 것을 말한다.
> • 특정병해충 : 바이러스(LSV, CMV, FMV, BYMV, TuMV, IMMV, TBV) 뿌리썩음병(*Pseudomonas cichori*), 목썩음병, 갈색반점병을 말한다.
> • 기타 병해충 : 줄기썩음병(*Rhizoctonia solani*), 역병, 마늘줄기선충, 감자썩이 선충(*Ditylenchus destructor*), 균핵병, 잿빛곰팡이병(*Botrytis* sp.)을 말한다.

러. 버섯종균

종류 \ 항목	최고한도(%)			
	세균오염	진균오염	병징바이러스 보유	이품종 혼입
원균	무	무	무	무
접종원	무	무	무	무
종균	0.1	0.1	무	무

> **정의**
> • 병징 바이러스 보유 : 병징을 일으키는 바이러스 종류를 보유하는 것을 말한다.
>   – 대부분의 곰팡이 바이러스(mycovirus)는 버섯에서 병징을 유발하지 않으나 일부 특수 종류의 바이러스가 병징을 가지므로 공식적으로 병징이 확인된 바이러스만 해당된다.

머. 과수

1) 포장검사

  가) 검사시기 및 횟수 : 생육기에 1회 실시하며, 품종의 순도·진위성·무병성 등의 확인을 위해 필요할 경우 추가 검사한다. 다만, 과수 바이러스·바이로이드 검사는 3개 시기(4~6월, 7~9월, 10~익년 2월) 중 선택하여 2회 이상 실시한다.

  나) 포장격리

    (1) 무병 묘목인지 확인되지 않은 과수와 최소 5m 이상 격리되어 근계의 접촉이 없어야 한다.

    (2) 다른 품종들과 섞이는 것을 방지하기 위해 한 열에는 한 품종만 재식한다.

다) 전작물 조건 : 핵과류, 장과류, 감귤은 다른 과수작물에 비해 연작 피해발생이 쉬우므로 동일포장에서 위 과종을 양묘할 때는 최소한 1년 이상의 간격을 두어야 한다. 다만, 연작피해 방지를 위하여 충분한 처리를 하고 재배하는 경우에는 예외로 한다.

라) 포장조건

   (1) 토양소독 등을 통하여 토양선충 등 토양에 의한 오염원이 제거된 포장에서 건전한 생육이 담보되는 관리(시비, 관수, 배수, 잡초방제 등)가 이루어져야 한다.

   (2) 생육기간 동안 육안으로 확인할 수 있는 병과 해충의 피해가 있는 식물체는 제거되거나 소독ㆍ방제되어야 한다.

주요 병해충 종류   reference

① 사과
- 병 : 흰가루병, 점무늬낙엽병, 겹무늬썩음병, 갈색무늬병
- 해충 : 응애, 진딧물, 잎말이나방, 굴나방

② 배
- 병 : 붉은별무늬병, 검은별무늬병, 흰가루병, 배나무잎검은점병
- 해충 : 응애, 진딧물, 꼬마배나무이, 복숭아순나방, 잎말이나방, 깍지벌레

③ 복숭아
- 병 : 잎오갈병, 세균성구멍병, 탄저병, 잿빛무늬병
- 해충 : 진딧물, 복숭아굴나방, 복숭아순나방

④ 포도
- 병 : 탄저병, 새눈무늬병, 흰가루병, 노균병, 갈색무늬병
- 해충 : 포도유리나방, 포도호랑하늘소, 박쥐나방

⑤ 감귤
- 병 : 검은점무늬병, 더뎅이병, 잿빛곰팡이병
- 해충 : 귤응애, 깍지벌레, 진딧물, 굴나방, 총채벌레

⑥ 감
- 병 : 둥근무늬낙엽병, 탄저병, 흰가루병
- 해충 : 잎말이나방, 노린재류, 쐐기나방

⑦ 자두
- 병 : 잿빛무늬병, 세균성구멍병
- 해충 : 응애, 진딧물, 깍지벌레, 복숭아유리나방

⑧ 참다래
- 병 : 궤양병, 줄기썩음병
- 해충 : 뽕나무깍지벌레

---

   (3) 포장마다 재식상태를 알 수 있는 재식도가 있어야 하며, 재식열별로 품종명을 알 수 있는 라벨을 설치한다.

마) 검사규격

생산단계＼항목	최고한도(%)			
	이품종주	이종주	특정병주	
			바이러스	기타
원원종포	무	무	무	2.0
원종포	무	무	무	2.0
모수포	무	무	무	6.0
증식포	1.0	무	무	10.0

※ 단, 국가기관에서 운영·관리하는 원원종포에 대해서는 검사를 생략할 수 있다.

※ 원종포 : 원종이 보존되어 있는 격리망실 내의 포장을 말한다.

※ 이품종주 : 다른 품종 / 원품종×100

※ 바이러스 감염주 : 바이러스 건전주 대비 진단 반응수치가 2배 이상 또는 특이적 프라이머(primer)로 증폭하여 전기영동할 경우, 해당 바이러스에 대한 고유밴드가 나타나는 것을 감염주로 판정한다.

대상 바이러스 종류　　　　reference

① 사과
  • ACLSV(Apple chlorotic leaf spot virus)
  • ASGV(Apple stem grooving virus)
  • ASPV(Apple stem pitting virus)
  • ApMV(Apple mosaic virus)
  • ASSVd(Apple scar skin viroid)
② 배
  • ACLSV(Apple chlorotic leaf spot virus)
  • ASGV(Apple stem grooving virus)
  • ASSVd(Apple scar skin viroid)
③ 복숭아
  • ACLSV(Apple chlorotic leaf spot virus)
  • HSVd(Hop stunt viroid)
④ 포도
  • GLRaV－1(Grapevine leafroll associated virus－1)
  • GLRaV－3(Grapevine leafroll associated virus－3)
  • GFkV(Grapevine fleck virus)
⑤ 감귤
  • CTLV(Citrus tatter leaf virus)
  • CTV(Citrus tristeza virus)

※ 기타병은 사과·배·복숭아·감의 경우 근두암종병(뿌리혹병)을, 포도는 근두암종병(뿌리혹병)·뿌리혹선충(필록세라)을, 감귤은 궤양병을 참다래는 역병을 말한다.

※ 특정병주(바이러스)에 대한 검사는 선택하여 실시(보증항목에서 제외)할 수 있다.

2) 종자(묘목)검사

가) 검사시기 : 판매 전까지 1회 실시한다. 다만, 과수 바이러스·바이로이드 검사는 3개 시기(4~6월, 7~9월, 10~익년 2월) 중 선택하여 2회 이상 실시한다.

나) 〈삭제 2009.6.〉

다) 외형적 기준은 별표 14의 규격묘의 규격기준을 따른다. 다만 육안으로 보았을 때 과수화상병 등 식물방역법령에 따른 금지병해충이 발생하는 경우 관계기관에 신고하고 그 조치에 따라 처리한다.

라) 대목·접수 및 묘목 등은 계통 관리되어 어떤 원원종 또는 원종에서 유래되었는지 알 수 있어야 한다.

마) 묘목의 굴취는 잎이 떨어진 이후에 시작하여 다음해 잎눈 발아 전까지 할 수 있다.

바) 검사규격

구분	최고한도(%)				최저한도(%)
	이품종주	이종주	특정병주		뿌리 충실도
			바이러스	기타	
원원종	무	무	무	1.0	95.0
원종	무	무	무	1.0	95.0
모수	무	무	무	3.0	93.0
보급종	0.5	무	무	5.0	90.0

※ 특정병 : 포장검사 규격에 준한다.

※ 기타병 : 포장검사 규격에 준한다.

※ 뿌리충실도 : 뿌리가 싱싱하게 살아 있고 적당히 발근되어 충실히 근계가 형성되어 있으며, 적당한 길이를 유지한 상태로 굴취되었고, 기계적, 화학적, 기상재해에 의한 피해를 입지 않은 정도를 말한다.

- 사과(자근 및 이중접목묘 포함) : [곁뿌리 10개 이상 + 뿌리털 70개 이상을 포함한 묘목수]/전체 주수×100]

- 배, 감 : [(건전한 원뿌리 1개 이상 + 곁뿌리 3개 이상 + 뿌리털 30개 이상을 포함한 묘목수)/전체주수×100]

- 핵과류 : [(건전한 원뿌리 1개 이상 + 곁뿌리 20개 이상 + 뿌리털 100개 이상을 포함한 묘목수)/전체주수×100]

- 포도, 참다래(접목 및 삽목묘 포함) : [(곁뿌리 15개 이상 + 뿌리털 70개 이상을 포함한 묘목수)/전체주수×100]

- 감귤 : [(건전한 원뿌리 1개 이상 + 곁뿌리 15개 이상 + 뿌리털 100개 이상을 포함한 묘목수)/전체주수×100]

3) 과수 무병원종의 분양 및 관리

　가) 농촌진흥청장은 아래의 조건을 모두 갖춘 기관에 무병원종을 분양할 수 있다.

　　1) 격리망실 등 외부 병해충을 차단할 수 있는 시설을 갖추고 있어 분양받은 무병원종의 보존 및 관리가 가능해야 한다.

　　2) 엘라이자(ELISA), PCR 등 바이러스 검정 장비와 전문 검사인력을 갖추고 있어 지속적인 바이러스 검사가 가능해야 한다.

　　3) 분양받은 무병원종은 무병묘목의 생산 등에 사용되어야 하며, 생산된 묘목에 대하여 보증이 가능하여야 한다.

　나) 무병원종을 보존하고 있는 기관은 3년 주기로 보존중인 무병원종에 대하여 국립종자원장으로부터 바이러스 감염여부에 대하여 전수 검사를 받아야 한다. 단, 무병원종 보존 기관이 자체검사를 한 경우 검사의 적절성을 국립종자원장이 판단하여 이를 인정할 수 있다.

버. 뽕나무

1) 포장검사

　가) 검사시기 및 횟수 : 생육기에 1회 실시하며, 품종의 순도·진위성·무병성 등의 확인을 위해 필요할 경우 추가 검사한다.

　나) 포장격리

　　(1) 무병 묘목인지 확인되지 않은 뽕밭과 최소 5m 이상 격리되어 근계의 접촉이 없어야 한다.

　　(2) 다른 품종들과 섞이는 것을 방지하기 위해 한 열에는 한 품종만 재식한다.

　다) 전작물 조건 : 동일포장에서 위 과종을 양묘할 때는 최소한 1년 이상의 간격을 두어야 한다. 다만, 연작피해 방지를 위하여 충분한 처리를 하고 재배하는 경우에는 예외로 한다.

　라) 포장조건

　　(1) 토양소독 등을 통하여 토양선충 등 토양에 의한 오염원이 제거된 포장에서 건전한 생육이 담보되는 관리(시비, 관수, 배수, 잡초방제 등)가 이루어져야 한다.

　　(2) 생육기간 동안 육안으로 확인할 수 있는 병과 해충의 피해가 있는 식물체는 제거되거나 소독·방제되어야 한다.

주요 병해충 종류　　　　　　　　　　　　　reference

- 병 : 자주빛 날개무늬병, 흰빛 날개무늬병, 오갈병
- 해충 : 뿌리혹 선충, 깍지벌레

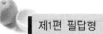

(3) 포장마다 재식상태를 알 수 있는 재식도가 있어야 하며, 재식열별로 품종명을 알 수 있는 라벨을 설치한다.

마) 검사규격

생산단계	최고한도(%)			
	이품종주	이종주	특정병주	
			오갈병주	기타
원종포	무	무	무	2.0
모수포	무	무	무	6.0
증식포	1.0	무	무	10.0

※ 원종포 : 원종이 보존되어 있는 격리망실 내의 포장을 말한다.

※ 이품종주 : 다른 품종 / 원품종×100

2) 종자(묘목)검사

가) 검사시기 : 굴취 후 판매 전까지 1회 실시한다.

나) 외형적 기준은 별표 14의 규격묘의 규격기준을 따른다.

다) 대목·접수 및 묘목 등은 계통 관리되어 어떤 원원종 또는 원종에서 유래되었는지 알 수 있어야 한다.

라) 묘목의 굴취는 잎이 떨어진 이후에 시작하여 다음해 잎눈 발아 전까지 할 수 있다.

마) 검사규격

구분	최고한도(%)				최저한도(%)
	이품종주	이종주	특정병주		뿌리 충실도
			오갈병	기타	
원원종	무	무	무	1.0	95.0
원종	무	무	무	3.0	93.0
보급종	1.0	무	무	5.0	90.0

※ 기타병은 자주빛 날개무늬병, 흰빛 날개무늬병, 줄기마름병, 눈마름병을 말한다.

※ 뿌리충실도 : 뿌리가 싱싱하게 살아 있고 적당히 발근되어 충실히 근계가 형성되어 있으며, 원뿌리 20cm 이상의 길이를 유지한 상태로 굴취되었고, 기계적, 화학적, 기상재해에 의한 피해를 입지 않은 정도를 말한다.

　－ [(건전한 원뿌리 1개 이상＋곁뿌리 5개 이상＋뿌리털 100개 이상을 포함한 묘목수)/전체주수×100]

3) 뽕나무 무병원종의 분양 및 관리

가) 농촌진흥청장은 아래의 조건을 모두 갖춘 기관에 무병원종을 분양할 수 있다.

1) 격리망실 등 외부 병해충을 차단할 수 있는 시설을 갖추고 있어 분양받은 무병원종의 보존 및 관리가 가능해야 한다.

2) 분양받은 무병원종은 무병묘목의 생산 등에 사용되어야 하며, 생산된 묘목에 대하여 보증이 가능하여야 한다.

나) 무병원종을 보존하고 있는 기관은 5년 주기로 보존 중인 무병원종에 대하여 국립종자원장으로부터 오갈병 감염여부에 대하여 전수 검사를 받아야 한다. 단, 무병원종 보존 기관이 자체검사를 한 경우 검사의 적절성을 국립종자원장이 판단하여 이를 인정할 수 있다.

서. 기타 작물류

상기에 포함되지 않는 작물에 대하여는 OECD의 보증제도와 ISTA의 종자검사 방법에 따른다.

3. 기타 검사기준 및 세부적인 검사방법은 검사기관의 장이 정하는 방법에 따른다.

[별표 7] 포장의 종류 및 포장단위(제13조 관련)

1. 포장의 종류

가. 포장재

마대·지대·망대·합성수지대·비닐대상자(플라스틱·골판지 또는 목재) 또는 캔(Can) 등으로서 탈루의 우려가 없는 새 것으로 한다. 다만, 농산물 수송용기(콘테이너 등)는 완전히 세척하여 재사용할 수 있으며, 대형백(Bag)은 외부에 해당 품종명을 명기하고 해당 품종에만 재사용할 수 있고 재가공 판매를 위한 매입용기는 해당 품종에만 재사용할 수 있다.

나. 방법

(1) 마대·지대·망대 및 합성수지대는 강인한 망사, 면사 또는 화학사로 꿰메고 기타는 탈루의 우려가 없도록 봉한다. 다만, 지퍼식 합성수지대는 아구리의 지퍼를 닫고 열리지 않도록 손잡이를 고정시킨다.

(2) 필요한 경우에는 (1)의 자재 중에서 동종 또는 이종을 겹으로 사용할 수 있다.

(3) 상자의 결박

종류	구분	자재	품질	자리
플라스틱상자 골판지 상자	봉합	종이감테프	너비 38mm 이상	상·하 날개가 맞닿은 곳
		접착테프	너비 38mm 이상	
	결속	종이끈밴드	KSA 1524 규격에 따름	세로 2개소
		PP 밴드	KSA 1507 규격에 따름	세로 2개소
		스테플러	너비 : 35mm 이상 침길이 : 15mm 이상	상·하 날개를 10cm 간격으로 박음
목재상자	결속	종이끈밴드	KSA 1524 규격에 따름	세로 2개소
		PP 밴드	KSA 1507 규격에 따름	세로 2개소
		철선	14 - 16 번선	세로 2개소

2. 포장단위

1kg 미만, 1kg, 2kg, 3kg, 4kg, 5kg, 10kg, 15kg, 20kg, 25kg, 30kg, 35kg, 40kg, 45kg, 50kg, 60kg, 100kg 또는 거래 계약상의 포장중량

[별표 8] 사후관리시험의 기준 및 방법(제15조 관련)

1. 검사항목

품종의 순도, 품종의 진위성, 종자전염병

2. 검사시기

성숙기

3. 검사횟수

1회 이상

4. 검사방법

가. 품종의 순도

(1) 포장검사 : 작물별 사후관리시험 방법에 따라 품종의 특성조사를 바탕으로 이형주수를 조사하여 품종의 순도기준에 적합한지를 검사

(2) 실내검사 : 포장검사로 명확하게 판단할 수 없는 경우 유묘검사 및 전기 영동을 통한 정밀검사로 품종의 순도를 검사

나. 품종의 진위성

품종의 특성조사의 결과에 따라 품종고유의 특성이 발현되고 있는지를 확인

다. 종자전염병

포장상태에서 식물체의 병해를 조사하여 종자에 의한 전염병 감염여부를 조사

[별표 9] 등록번호 및 신고번호 작성방법(제16조 및 제21조 관련)

1. 종자업등록번호

□□ – □□□ – □□□□ – □□ – □□
(시·도)　　(시·군명)　　　(연도)　　(종자업분류)(등록번호)

가. 시·도 기호

공문서 수신처기호

나. 종자업분류 기호

1) 채소 : 10
2) 과수 : 20
3) 화훼 : 30
4) 버섯 : 40
5) 뽕 : 50
6) 식량작물 : 60
7) 기타 : 70

2. 육묘업등록번호

□□ – □□□ – □□□□ – □□ – □□
(시·도)　　(시·군명)　　　(연도)　　(육묘업분류)(등록번호)

가. 시·도 기호

공문서 수신처기호

나. 육묘업분류 기호

1) 채소 : 80
2) 화훼 : 90
3) 식량작물 : 100

3. 품종생산·수입 판매신고번호

□□ – □□□□ – □□□□ – □□□
(작물분류)　　(작물)　　　(연도)　　　(신고번호)

[별표 11] 수입적응성시험의 대상작물 및 실시기관(제24조 관련)

구분	대상작물	실시기관
1. 식량작물(13)	벼, 보리, 콩, 옥수수, 감자, 밀, 호밀, 조, 수수, 메밀, 팥, 녹두, 고구마	한국종자협회
2. 채소(18)	무, 배추, 양배추, 고추, 토마토, 오이, 참외, 수박, 호박, 파, 양파, 당근, 상추, 시금치, 딸기, 마늘, 생강, 브로콜리	한국종자협회
3. 과수〈삭제 2010.12.16.〉		
4. 화훼〈삭제 2004.1.27.〉		
5. 버섯(11)	양송이, 느타리, 영지, 팽이, 잎새, 버들송이, 만가닥버섯, 상황버섯	한국종균생산협회
	표고, 목이, 복령	국립산림품종관리센터
6. 약용작물(22)	곽향, 당귀, 맥문동, 반하, 방풍, 산약, 작약, 지황, 택사, 향부자, 황금, 황기, 전칠, 파극, 우슬	한국생약협회
	백출, 사삼, 시호, 오가피, 창출, 천궁, 하수오	국립산림품종관리센터
7. 목초·사료 및 녹비작물(29)	오차드그라스, 톨페스큐, 티모시, 페러니얼라이그라스, 켄터키블루그라스, 레드톱, 리드카나리그라스, 알팔파, 화이트크로바, 레드크로바, 버즈풋트레포일, 메도우페스큐, 브롬그라스, 사료용 벼, 사료용 보리, 사료용 콩, 사료용 감자, 사료용 옥수수, 수수수단그라스 교잡종(Sorghum×Sudangrass Hybrid), 수수 교잡종(Sorghum×Sorghum Hybrid), 호밀, 귀리, 사료용 유채, 이탈리안라이그라스, 헤어리베치, 콤먼벳치, 자운영, 크림손클로버, 수단그라스 교잡종(Sudangrass×Sudangrass Hybrid)	농업협동조합중앙회
8. 인삼(1)	인삼	한국생약협회
9. 산림 및 조경용 등 기타용도〈삭제 2016.10.28.〉		

[별표 12] 수입적응성시험의 심사기준(제26조 관련)

1. 재배시험기간

재배시험기간은 2작기 이상으로 하되 실시기관의 장이 필요하다고 인정하는 경우에는 재배시험기간을 단축 또는 연장할 수 있다.

2. 재배시험지역

재배시험지역은 최소한 2개 지역 이상(시설 내 재배시험인 경우에는 1개 지역 이상)으로 하되, 품종의 주 재배지역은 반드시 포함되어야 하며 작물의 생태형 또는 용도에 따라 지역 및 지대를 결정한다. 다만, 작물 및 품종의 특성에 따라 지역수를 가감할 수 있다.

3. 표준품종

표준품종은 국내외 품종 중 널리 재배되고 있는 품종 1개 이상으로 한다.

4. 평가형질

평가대상 형질은 작물별로 품종의 목표형질을 필수형질과 추가형질을 정하여 평가하며, 신청서에 기재된 추가 사항이 있는 경우에는 이를 포함한다.

5. 평가기준

가. 목적형질의 발현, 기후적응성, 내병충성에 대해 평가하여 국내적응성 여부를 판단한다.
나. 국내 생태계보호 및 자원보존에 심각한 지장을 초래할 우려가 없다고 판단되어야 한다.

[별표 14] 규격묘의 규격기준(제34조 관련)

1. 과수묘목

작물	묘목의 길이(cm)	묘목의 직경(mm)	주요 병해충 최고한도
• 사과			근두암종병(뿌리혹병) : 무
– 이중접목묘	120 이상	12 이상	
– 왜성대목자근접목묘	140 이상	12 이상	
• 배	120 이상	12 이상	근두암종병(뿌리혹병) : 무
• 복숭아	100 이상	10 이상	근두암종병(뿌리혹병) : 무
• 포도			근두암종병(뿌리혹병) : 무
– 접목묘	50 이상	6 이상	
– 삽목묘	25 이상	6 이상	
• 감	100 이상	12 이상	근두암종병(뿌리혹병) : 무
• 감귤류	80 이상	7 이상	궤양병 : 무
• 자두	80 이상	7 이상	
• 매실	80 이상	7 이상	
• 참다래	80 이상	7 이상	역병 : 무

주) 1) 묘목의 길이 : 지제부에서 묘목선단까지의 길이

2) 묘목의 직경 : 접목부위 상위 10cm 부위 접수의 줄기 직경. 단, 포도 접목묘는 접목부위 상하위 10cm 부위 접수 및 대목 각각의 줄기 직경, 포도 삽목묘 및 참다래는 신초분기점 상위 10cm 부위의 줄기직경

3) 대목의 길이 : 사과 자근대목 40cm 이상, 포도 대목 25cm 이상, 기타 과종 30cm 이상

4) 사과 왜성대목자근접목대묘측지수 : 지제부 60cm 이상에서 발생한 15cm 길이의 곁가지 5개 이상

5) 배 잎눈 개수 : 접목부위에서 상단 30cm 사이에 잎눈 5개 이상

6) 주요 병해충 판정기준 : 증상이 육안으로 나타난 주

2. 뽕나무 묘목

묘목의 종류	묘목의 길이(cm)	묘목의 직경(mm)
접목묘	50 이상	7
삽목묘	50 이상	7
휘묻이묘	50 이상	7

주) 1) 묘목의 길이 : 지제부에서 묘목 선단까지의 길이

2) 묘목의 직경 : 접목부위 상위 3cm 부위 접수의 줄기 직경. 단, 삽목묘 및 휘묻이묘는 지제부에서 3cm 위의 직경

3. 기타

관련 종자협회장이 정한다.

[별표 15] 규격묘의 표시(제35조 제3항 관련)

규격묘의 품질표지

※ 크기는 최소 10×3cm(가로×세로) 이상으로 한다.

(앞면)

규격묘의 품질표시					
① 작물의 종류		② 품종명		③ 대목명	
④ 업체명 (종자업 등록번호)		⑤ 품종생산· 판매신고 번호		⑥ 생산연도	
⑦ 주요병해충 유무					

(뒷면)

※ 품종의 특성 및 재배상의 주의사항

[별표 16] 보관하기 곤란한 종자(제38조 관련)

분류	작물
식량작물	고구마, 감자
특용작물	상업적으로 영양번식하여 유통되는 작물
채소작물	마늘, 딸기, 생강, 토란, 쪽파, 기타 상업적으로 영양번식하여 유통되는 작물
화훼 및 과수작물	상업적으로 영양번식하여 유통되는 작물

[별표 17] 종자산업진흥센터 시설기준(제39조 관련)

시설구분		규모(m²)	장비 구비 조건
분자표지 분석실	필수	60 이상	• 시료분쇄장비 • DNA추출장비 • 유전자증폭장비 • 유전자판독장비
성분분석실	선택	60 이상	• 시료분쇄장비 • 성분추출장비 • 성분분석장비 • 질량분석장비
병리검정실	선택	60 이상	• 균주배양장비 • 병원균 접종장비 • 병원균 감염확인장비 • 병리검정온실(33m² 이상, 별도설치 가능)

※ 선택 시설(성분분석실, 병리검정실) 중 1개 이상의 시설을 갖출 것

제6장 법규 용어 해설

종자산업법 용어의 뜻

1. 종자산업법에서 "종자"란

증식용 또는 재배용으로 쓰이는 씨앗, 버섯 종균(種菌), 묘목(苗木), 포자(胞子) 또는 영양체(營養體)인 잎·줄기·뿌리 등을 말한다.

2. 종자산업법에서 "묘"(苗)란

재배용으로 쓰이는 씨앗을 뿌려 발아시킨 어린식물체와 그 어린식물체를 서로 접목(接木)시킨 어린식물체를 말한다.

3. 종자산업법에서 "종자산업"이란

종자와 묘를 연구개발·육성·증식·생산·가공·유통·수출·수입 또는 전시 등을 하거나 이와 관련된 산업을 말한다.

4. 종자산업법에서 "작물"이란

농산물 또는 임산물의 생산을 위하여 재배되는 모든 식물을 말한다.

5. 종자산업법에서 "품종"이란

식물학에서 통용되는 최저 분류 단위의 식물군으로서 품종보호 요건을 갖추었는지와 관계없이 유전적으로 나타나는 특성 중 한 가지 이상의 특성이 다른 식물군과 구별되고 변함없이 증식될 수 있는 것을 말한다.

6. 종자산업법에서 "품종성능"이란

품종이 이 법에서 정하는 일정 수준 이상의 재배 및 이용상의 가치를 생산하는 능력을 말한다.

7. 종자산업법에서 "보증종자"란

해당 품종의 진위성(眞僞性)과 해당 품종 종자의 품질이 보증된 채종(採種) 단계별 종자를 말한다.

8. 종자산업법에서 "종자관리사"란

　이 법에 따른 자격을 갖춘 사람으로서 종자업자가 생산하여 판매·수출하거나 수입하려는 종자를 보증하는 사람을 말한다.

9. 종자산업법에서 "종자업"이란

　종자를 생산·가공 또는 다시 포장(包裝)하여 판매하는 행위를 업(業)으로 하는 것을 말한다.

10. 종자산업법에서 "육묘업"이란

　묘를 생산하여 판매하는 행위를 업으로 하는 것을 말한다.

11. 종자산업법에서 "종자업자"란

　이 법에 따라 종자업을 경영하는 자를 말한다.

12. 종자산업법에서 "육묘업자"란

　이 법에 따라 육묘업을 경영하는 자를 말한다.

식물신품종 보호법 용어의 뜻

1. 식물신품종 보호법에서 "육성자"란

   품종을 육성한 자나 이를 발견하여 개발한 자

2. 식물신품종 보호법에서 "품종보호권"이란

   이 법에 따라 품종보호를 받을 수 있는 권리를 가진 자에게 주는 권리

3. 식물신품종 보호법에서 "품종보호권자"란

   품종보호권을 가진 자

4. 식물신품종 보호법에서 "보호품종"이란

   이 법에 따른 품종보호 요건을 갖추어 품종보호권이 주어진 품종

5. 식물신품종 보호법에서 "실시"란

   보호품종의 종자를 증식 · 생산 · 조제 · 양도 · 대여 · 수출 또는 수입하거나 양도 또는 대여의
   청약(양도 또는 대여를 위한 전시를 포함)을 하는 행위

제7장 종자의 내부구조와 화서

여러 가지 종자의 내부구조

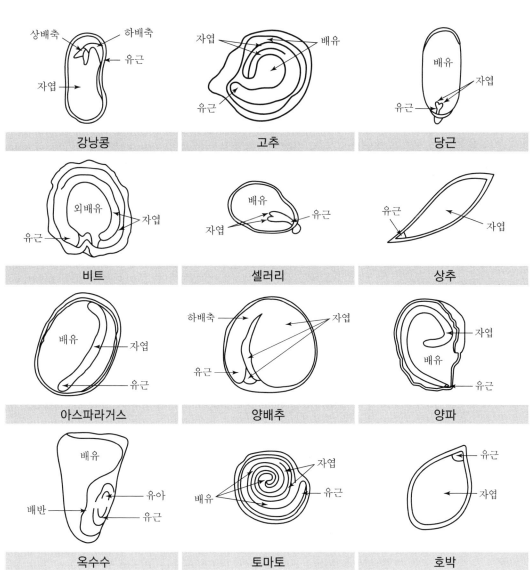

▣ 다음 내부 구조를 보고 어떤 종자 구조인지 빈칸에 알맞은 명칭을 쓰시오.

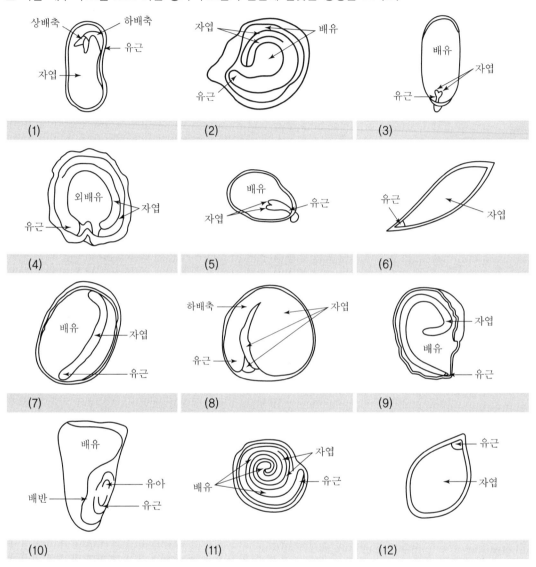

(1)	(2)	(3)

(4)	(5)	(6)

(7)	(8)	(9)

(10)	(11)	(12)

정답

(1) 강낭콩	(2) 고추	(3) 당근	(4) 비트	(5) 셀러리
(6) 상추	(7) 아스파라거스	(8) 양배추	(9) 양파	(10) 옥수수
(11) 토마토	(12) 호박			

Section 화서의 종류

1. 유한화서

단정화서

단집산화서

복집산화서

전갈고리형 화서

집단화서

■ 다음 그림 보고 어떤 화서인지 빈칸에 알맞은 명칭을 쓰시오.

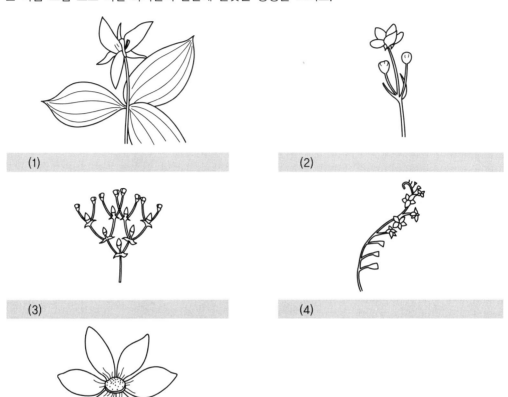

(1)	(2)

(3)	(4)

(5)

 **정답**

(1) 단정화서	(2) 단집산화서	(3) 복집산화서	(4) 전갈고리형 화서	(5) 집단화서

2. 무한화서

총상화서

원추화서

유이화서

수상화서

산방화서

단순산형화서

복합산형화서

두상화서

육수화서

■ 다음 그림 보고 어떤 화서인지 빈칸에 알맞은 명칭을 쓰시오.

(1)

(2)

(3)

(4)

(5)

(6)

(7)

(8)

(9)

 **정답**

(1) 총상화서	(2) 원추화서	(3) 유이화서	(4) 수상화서	(5) 산방화서
(6) 단순산형화서	(7) 복합산형화서	(8) 두상화서	(9) 육수화서	

제8장 화학물질

화학물질(체내 식물호르몬 + 인공적으로 합성한 물질)

구분	천연	합성
auxin류	IAA, IAN, PAA	NAA, IBA, 2,4-D, 2,4,5-T, PCPA, MCPA, BNOA
gibberellin류	GA_2, GA_3	-
cytokinin류	zeatin, IPA	kinetin, BA
ethylene	ethylene	ethephon(ethrel)
생장억제제	ABA, phenol	CCC, B-9, phosphon-D, AMO-1618, MH-30

01 옥신류의 천연 호르몬과 합성 호르몬의 종류를 각 2개씩 쓰시오.

> **정답** • 천연 : IAA, IAN, PAA 등
> • 합성 : NAA, IBA, 2,4-D, 2,4,5-T, PCPA, MCPA, BNOA 등

02 시토키닌(Cytokinin)의 천연 호르몬과 합성 호르몬의 종류를 각 2개씩 쓰시오.

> **정답** • 천연 : 제아틴(zeatin), IPA
> • 합성 : 키네틴(kinetin), BA

03 생장억제제의 천연 호르몬과 합성 호르몬의 종류를 각 2개씩 쓰시오.

> **정답** • 천연 : ABA, 페놀(phenol)
> • 합성 : CCC, B-9, phosphon-D, AMO-1618, MH-30

04 지베렐린류 천연 호르몬의 종류를 2개 쓰시오.

> **정답** GA_2 , GA_3

05 에틸렌의 천연 호르몬과 합성 호르몬의 종류를 쓰시오.

> **정답** 천연 : ethylene, 합성 : ethephon(ethrel)

제2편 작업형 필답

Contents

Engineer Seeds & Industrial Engineer Seeds

Engineer Seeds & Industrial Engineer Seeds

제1장 요점정리

[01] 순도분석(Purity Analysis)

(1) 목적

시료의 구성요소(정립, 이종종자, 이물)를 중량백분율로 산출하여 소집단 전체의 구성요소를 측정하고, 품종의 동일성과 종자에 섞여 있는 이물질을 확인하는 데 있다.

(2) 정의

1) 정립(Pure Seed, 순수한 · 깨끗한 종자)

해당종자 중에서 이종종자, 잡초종자 및 이물을 제외한 종자를 말하며 모든 식물학적 변종과 품종이 포함되며 다음의 것을 포함한다.

① 미숙립, 발아립, 주름진립, 소립

② 원래 크기의 1/2 이상인 종자 쇄립

③ 병해립(맥각병해립, 균핵병해립, 깜부기병해립 및 선충에 의한 충영립은 제외)

④ 목초나 화곡류의 영화가 배유를 가진 것

2) 이종종자(Other Seeds)

① 정립 이외의 식물종자를 말한다.

② 풍선절차에 따르는 종자는 이종종자 평가시 풍선하지 않고 선별한다.

③ 회백색 또는 회갈색의 부서질 듯한 새삼(Cuscuta spp). 종자는 이물에 포함된다.

3) 이물(Inert Matter)

이물은 정립과 이종종자(잡초종자 포함)로 구분되지 않는 종자구조를 가졌거나 모든 다른 물질로서 다음의 것을 포함한다.

① 진실종자가 아닌 종자

② 벼과 종자에서 내영 길이의 1/3 미만인 영과가 있는 소화(라이그라스, 페스큐, 개밀)

③ 임실소화에 붙은 불임소화는 아래 명시된 속을 제외하고는 떼어내어 이물로 처리한다.
   귀리, 오처드그라스, 페스큐, 브로움그라스, 수수, 수단그라스, 라이그라스

④ 원래 크기의 절반 미만인 쇄립 또는 피해립

⑤ 정립종자 정의로 구분되지 않은 부속물은 떼어내어 이물에 포함한다.

⑥ 종피가 완전히 벗겨진 콩과, 십자화과의 종자

⑦ 콩과에서 분리된 자엽

⑧ 회백색 또는 회갈색으로 변한 새삼과 종자

⑨ 배아가 없는 잡초종자

⑩ 떨어진 불임소화, 쭉정이, 줄기, 외영, 내영, 포 줄기, 잎, 솔방울, 인편, 날개, 줄기껍질, 꽃, 선충충영과, 맥각, 공막, 깜부기 같은 균체, 흙, 모래, 돌 등 종자가 아닌 모든 물질

⑪ 풍선법으로 분리된 가벼운 것으로 이종종자 이외의 모든 물질. 원래 크기의 절반 이하로 쪼개진 소화, 영과와 정립종자를 제외한 모든 물질

(3) 일반원칙

검사시료를 정립, 이종종자, 이물의 세 부분으로 구분하고 각 부분의 비율은 무게로 정한다. 가능한 모든 종자의 종과 각 이물의 종류를 동정하여야 하며, 필요하면 이들 각각에 대한 중량의 백분율을 산출하여야 한다.

(4) 기구

조명기구, 체, 풍선기 등과 같은 기구를 사용하여 검사시료의 구성 부분을 확인할 수 있다.

(5) 절차

1) 검사시료

① 제출시료를 균분하여 채취한 1개의 검사시료 또는 2개의 반량시료(검사시료량의 반 이상인 분할시료)로 한다. 예외적으로 일정한 풍선법을 이용하는 벼과식물 종의 검사시료량은 최소한 2,500립의 종자 중량이나 순도검사시료의 최소중량 이상으로 한다.

② 검사시료는 그 구성요소의 백분율을 소수점 이하 한 자리까지 계산하는데 필요한 자리수까지 그램(g)으로 칭량하여야 하며 그 기준은 다음과 같다.

검사시료 또는 반량시료의 중량(g)	총중량 및 구성요소 중량의 칭량시 소수점 이하 자릿수	표시방법(g)
1미만	4	~0.9999
1 이상~10 미만	3	1.000~9.999
10 이상~100 미만	2	10.00~99.99
100 이상~1,000 미만	1	100.0~999.9
1,000 이상	0	1000~

2) 분류

① 계량한 검사시료는 순도분석 정의에 따라 항목별로 분류한다.

② 정립계측은 육안계측 또는 발아능력에 손상을 주지 않는 기계 또는 압력을 이용한 방법을 기본으로 한다.

(6) 결과의 계산과 표현

1) 분석기간 중 시료중량의 증감조사

각 항목의 무게를 합한 총중량을 원래의 중량과 비교하여 증감 여부를 확인하고 원래의 중량에서 5% 이상 차이가 있을 때는 재분석을 실시하고 그 결과를 분석치로 사용한다.

2) 백분율

각 항목의 중량 비율은 소수점 아래 1자리로 한다. 비율은 원래의 중량이 아닌 구성요소의 무게를 합한 총중량을 기준으로 해야 한다.

3) 사사오입

① 모든 항목의 비율을 합하여 100.0%이어야 하며, 만약 합이 100.0%가 안 되면(예 99.9%, 100.1%) 큰 쪽(보통 정립종자부분)에서 가감한다.

② 0.1%가 넘게 차이가 날 때에는 계산 착오에 대한 조사가 필요하다.

[정립종자의 정의]

작물별로 정립종자의 정의가 있다. 정의에서 설명된 내용들은 정립으로 분류된다. 정의에서 특별히 언급되지 않은 부속기관은 정립종자로 분류하지 않는다.

해당작물	정립종자의 정의
콩, 녹두, 배추, 양배추, 유채 수박, 무, 오이, 호박, 토마토 레드클로버, 알팔파, 자운영 등	• 외종피가 있거나 없는 종자 • 외종피가 있거나 없고 원형의 1/2보다 큰 종자편 • 콩과, 배추과 : 외종피가 없는 종자 또는 종자편은 이물로 간주 • 콩과 : 분리된 자엽은 유근-유아축 또는 반 이상의 외종피 유무에 상관없이 이물로 간주
벼	• 소수, 호영이 있고, 외영 및 내영이 영과를 갖춘 크기와 관계없이 까락을 포함하는 것 • 소화, 불임외영의 유무와 관계없이 외영 및 내영이 영과를 갖춤 • 외영 및 내영이 영과를 갖춘 소화 • 영과 • 원래 크기의 1/2보다 큰 영과 조각

밀, 호밀, 옥수수	• 영과 • 원형의 1/2보다 큰 영과 조각
보리	• 소화, 외영 및 내영이 영과를 갖춘, 까락과 지경의 유무나 길이와 관계 없음 • 원형의 1/2보다 큰 영과를 포함한 소화 조각 • 영과 • 원형의 1/2보다 큰 영과 조각

[용어의 정의]

종자검사 관련

1. 소집단(lot) : 생산자(수검자)별, 종류별, 품위별로 편성된 현물종자를 말한다.
2. 1차시료(Primary Sample) : 소집단의 한 부분으로부터 얻어진 적은 양의 시료
3. 합성시료(Composition Sample) : 소집단에서 추출한 모든 1차시료를 혼합하여 만든 시료
4. 제출시료(Submitted Sample) : 검정기관(또는 검정실)에 제출된 시료를 말하며 최소한 관련 요령에서 정한 양 이상이어야 하며 합성시료의 전량 또는 합성시료의 분할시료여야 한다.
5. 분할시료(Sub-Sample) : 합성시료 또는 제출시료로부터 규정에 따라 축분하여 얻어진 시료
6. 검사시료(Working Sample) : 검정실에서 제출시료로부터 취한 분할 시료로 품위검사에 제공되는 시료

종자구조 관련

1. 망=까락(awn) : 가늘고 곧거나 굽은 강모, 벼과에서는 통상 외영 또는 호영의 중앙맥의 연장
2. 지경(rachila) : 2차 화서 줄기, 특히 목초류의 소화에 생긴 축
3. 호영(glume) : 벼과 소수의 기부에서 발생한 통상적으로 불임인 2개의 포엽 중 하나
4. 포엽(bract) : 꽃 또는 벼과식물의 소수(spikelet)를 엽맥에 끼우는 퇴화한 잎 또는 인편상의 구조물
5. **영과**(caryopsis) : 외종피가 과피와 합쳐진 벼과 식물의 나출과
6. **소화**(floret) : 벼과의 암술과 수술을 감싸고 있는 외영과 내영 또는 성숙한 영과
7. **소수**(spikelet) : 한 개 또는 두 개의 불임호영으로 감싸인 한 개 또는 그 이상의 소화를 갖고 있는 벼과 화서의 부분
8. 외영(lemma) : 벼과 소화의 바깥쪽(아래쪽) 포, 영과를 바깥쪽(등쪽)에서 싸고 있는 포
9. 내영(palea) : 목초류 소화의 안쪽(윗부분) 포, 영과의 안쪽을 감싸고 있는 포

02 발아검정(Germination Test)

(1) 목적

발아검정의 궁극적 목적은 종자 집단의 최대 발아능력을 판정함으로써 포장 출현율에 대한 정보를 얻고, 다른 소집단 간의 품질을 비교할 수 있게 하는 데 있다.

(2) 정의

1) 발아

실험실에서 발아란 알맞은 토양조건에서 장차 완전한 식물로 생장할 수 있는지의 여부를 보여주고 유묘 단계까지 필수구조들이 출현하고 발달된 것을 말한다.

2) 발아율

규정된 기간과 조건에서 정상묘로 분류되는 종자의 숫자 비율을 말한다.

3) 유묘의 필수구조

검정되는 종에 따라 묘는 장차 발육하는데 기본적인 다음의 몇몇 특수한 구조들로 구성되어 있다.

① 뿌리(초생근 : 어떤 경우는 2차근)

② 싹(하배축, 상배축)

③ 자엽(1개~여러 개)

④ 초엽(모든 벼과 식물)

4) 정상묘(Normal Seedlings)

정상묘는 질 좋은 흙과 적당한 수분, 온도, 광의 조건에서 식물로 계속 자랄 수 있는 능력을 보이는 것으로 다음과 같이 구분된다.

① 완전묘

　모든 필수구조가 잘 발달하고 무병하며 균형이 완전한 묘

② 경 결함묘

　완전묘와 비교하여 균형 있게 발달하고 다른 조건도 만족할 만한 묘이지만 필수구조에 가벼운 결함이 있는 묘

③ 2차 감염묘

　완전묘, 경 결함묘로서 종자 자체의 전염이 아닌 외부의 다른 원인으로 진균이나 세균의 감염을 받은 묘

5) 비정상묘(Abnormal Seedlings)

적당한 수분, 온도, 광과 좋은 토양에서 정상 식물로 자랄 수 있는 가능성이 없는 묘로 다

음의 것을 포함한다.

① 피해묘

어떤 필수구조가 없거나 균형 있는 성장을 기대할 수 없는 심한 장해를 받은 묘

② 모양을 갖추지 못했거나(기형) 또는 부정형묘

약하게 생장했거나 생리적인 손상 또는 필수구조가 형을 갖추지 못했거나 균형을 잃은 묘

③ 부패묘

필수구조가 종자 자체로부터 감염되어 발병 또는 부패로 정상발달이 어려운 묘

6) 복수발아 종자(Multigerm Seed Units)

한 개의 종자 중에서 두 개 이상의 묘가 나오는 것

7) 불발아 종자(Ungerminated Seeds)

① 경실종자

물을 흡수하지 못하여 시험기간이 끝나도 단단하게 남은 종자

② 신선종자

경실이 아닌 종자로 주어진 조건에서 발아하지는 못하였으나 깨끗하고 건실하여 확실히 활력이 있는 종자

③ 죽은 종자

경실종자도 신선종자도 아니면서 시험기간이 끝나도 묘의 어느 부분도 출현하지 않은 종자

④ 기타 범주

종자 속이 비었거나 발아하지 않은 종자 등

(3) 일반원칙

발아시험은 순도분석을 끝낸 정립종자로 실시하며, 정립종자 중에서 무작위로 100립씩 4반복인 400립을 추출하여 일정한 공간과 알맞은 간격을 유지하여 젖은 배지 위에 놓는다. 반복은 종자 크기와 종자 사이의 간격 유지에 따라 50 또는 25립인 반복으로 나눌 수 있다. 복수발아종자는 분리하지 않으며 단일종자로 취급한다.

(4) 검정조건

1) 배지

① 종이배지

㉠ TP(Top of Paper) : 종이 위에 종자를 치상한다.

㉡ BP(Between Papers) : 종이 사이에 종자를 치상한다.

㉢ PP(pleated Papers) : 주름종이를 이용하는 방법이다.

② 모래배지

  ㉠ TS(Top of Sand) : 모래 위에 종자를 치상한다.

  ㉡ S(in Sand) : 모래 속에 종자를 치상한다.

2) 온도

온도는 종자가 노출된 부분 내지 배지 안의 온도를 뜻한다.

지정되어 있는 온도는 상한선으로 생각하여야 하며, 변온은 보통 저온 16시간 고온 8시간을 나타낸다.

3) 광

검정에서 조명(인공광)은 보다 좋은 묘 발달을 위해 보통 권장된다.

4) 휴면타파 처리

① 생리적 휴면타파

  ㉠ 건조보관 : 휴면이 짧은 것은 짧은 기간 건조한 곳에 보관

  ㉡ 예냉 : 젖은 배지 상태로 5~10℃에 7일간 유지

  ㉢ 예열 : 환기가 잘 되는 곳에 30~35℃로 7일간 유지

  ㉣ 질산칼리(KNO₃) : 0.2% 용액으로 젖은 배지 사용

  ㉤ 지베렐린산(GA₃) : 0.02%~0.1% 용액으로 젖은 배지 사용

② 경실종자 처리

  ㉠ 침지 : 단단한 종피를 가진 종자를 24~48시간 물에 침지

  ㉡ 기계적인 상처내기 : 휴면상태가 충분히 깨지도록 종피를 조심스럽게 구멍뚫기, 깎기, 줄 또는 사포로 문지르기

  ㉢ 산으로 상처내기 : 진한 황산(H_2SO_4)에 종피가 얽은 자국이 나도록 담근다. 침지 후 흐르는 물에 잘 씻는다.

③ 발아억제물질의 제거

  ㉠ 사전에 씻기 : 발아시험 전에 25℃의 흐르는 물로 씻어낸다.

  ㉡ 종자에 붙은 물질 제거 : 어떤 종의 경우 외영과 내영 같은 바깥 구조를 떼어내면 촉진된다.

5) 검정기간

① 검정기간은 각 종의 특성에 따라 다르며 휴면타파나 처리기간은 발아검정기간에 포함되지 않는다.

② 1차 조사 시기는 정확한 판정을 할 수 있도록 묘가 충분히 발달단계에 도달해야 한다.

③ 1차 조사시 충분히 잘 발달한 묘는 제거하는 것이 계산을 쉽게 하고 다른 묘의 발달을 방해하는 것을 막기 위해 권장된다.

6) 묘의 평가

① 유묘의 필수구조(뿌리, 싹, 떡잎, 끝눈, 초엽)를 정확히 평가할 수 있는 단계에 도달한 묘를 대상으로 하고 시험기간 중 정상묘로 판정된 것만 제거하고 잘 모르는 것은 다음 조사일까지 남겨 둔다.

② 심한 부패묘는 2차 감염을 방지하기 위해 들어내고 다른 비정상묘는 마감일까지 남겨둔다.

③ 발아된 묘는 정상묘와 비정상묘로 나누고 비정상묘는 발아율에 포함되지 않는다.

④ 발아시험 기간이 끝나도 발아되지 않는 불발아 종자는 경실종자, 휴면종자, 죽은종자, 쭉정이종자, 충해종자 등이 있다.

(5) 재검정

다음과 같은 상황으로 판단되면 동일한 방법 또는 다른 지정된 방법으로 재검정을 해야 한다.

① 휴면 중일 가능성이 있을 때 신선종자는 휴면타파 방법을 써서 한 번 이상 추가검정을 할 수 있다.

② 결과가 식물 독이나 곰팡이, 세균의 번식으로 신빙성이 없을 때에는 다른 방법이나 모래 또는 흙을 사용하여 재검정한다.

③ 판정이 어려운 묘가 많으면 다른 방법이나 모래 또는 흙을 사용하여 재검정한다.

④ 검정조건, 묘 평가, 계산에 확실한 잘못이 있을 때는 같은 방법으로 재검정한다.

⑤ 100립씩이나 반복간에 최대 허용오차범위를 넘으면 같은 방법으로 재시험한다.

(6) 결과의 계산과 표현

① 결과는 100립씩 4반복(50 또는 25립씩의 준반복은 100립 반복으로 합친다.)의 평균으로 계산한다.

② 정상묘 숫자를 비율로 표시하며, 비율은 정수로 한다.(4사5입 정수자리로 한다.)

③ 비정상묘, 경실, 신선, 죽은 종자의 비율도 같은 방법으로 한다.

④ 정상, 비정상, 불발아 종자의 합은 100이 되어야 한다.

[작물별 발아 검정조건]

작물	배지	온도(℃)		발아조사(일)		휴면타파 등 지시사항
		변온	항온	시작	마감	
벼	TP, BP, S	20~30	25	5	14	예열 50℃, 물 또는 HNO₃ 24시간 침지
보리	BP	–	20	4	7	예냉, GA₃, 예열 30~35℃
콩	BP, S	20~30	25	5	8	

옥수수	BP, S	20~30	20, 25	4	7	
호밀	TP, BP, S	–	20	4	7	예냉, GA$_3$
무	TP, BP, S	20~30	20	4	10	예냉
시금치	TP, BP	–	15, 10	7	21	예냉
켄터키 블루그라스	TP	20~30 15~25 10~30	–	10	28	예냉, KNO$_3$

03 수분의 측정(Determination of Moisture Content)

(1) 목적

규정된 방법으로 종자의 수분함량을 측정하는 것이다.

(2) 정의

수분함량은 건조할 때 중량상의 감량을 말하며 원래 시료의 중량에 대한 백분율로 나타낸다.

(3) 원리

규정된 방법은 수분의 감소가 이루어지는 동안 산화, 분해, 기타 휘발성분의 손실을 최소화하도록 마련된 것이다.

(4) 장비

1) 분쇄기

① 비흡수성 물질로 만들어져야 한다.

② 종자가 가루가 되도록 분쇄되는 동안 주변공기로부터 보호되도록 만들어져야 한다.

③ 분쇄 중에 분쇄기에서 열이 나지 않아야 하며 수분을 잃게 되는 공기의 흐름을 최소화 시킬 수 있어야 한다.

④ 필요한 입도를 얻을 수 있도록 조절할 수 있어야 한다.

2) 항온기와 부속품

① 항온기는 중력에 의한 대류식 또는 기계적인 대류식(흡입력)의 두 가지 형태가 있다.

　㉠ 온도 조절에 의한 전기 가열로 단열이 잘 되고 내부 구석구석까지 일정한 온도를 유지시킬 수 있으며 위에 온도계를 설치한 것이어야 한다.

　㉡ 다공식 또는 철망식의 분리 가능한 선반을 갖추고 0.5℃까지 정확히 표시되는 온도계가 있어야 한다.

　㉢ 가열능력은 필요온도로 사전에 가열한 뒤 문을 열고 측정관을 넣어서 15분 이내에 필요 온도에 다시 도달해야 한다.

② 측정관은 비부식성인 금속이나 유리로 된 약 0.5mm 두께로, 습기의 흡수나 방출을 최소화할 수 있도록 적합한 뚜껑과 바닥은 평평하고 가장자리가 수평이 잡혀 있어야 한다. 측정관과 뚜껑은 같은 번호가 있어 식별되어야 한다.

③ 데시케이터는 측정관을 빨리 식힐 수 있게끔 두꺼운 금속판과 건조제가 들어 있어야 한다.

3) 분석용 저울

0.001g 단위까지 신속히 측정할 수 있어야 한다.

4) 체

0.50mm, 1.00mm, 4.00mm의 철제 그물체가 필요하다.

5) 절단기구

수목종자나 경실 수목종자와 같은 대립 종자는 절단을 위해 외과용 메스 또는 날의 길이가 최소 4cm 되는 전지가위 등을 사용해야 한다.

(5) 방법

1) 주의사항

측정은 시료 접수 후 가능한 빨리 시작해야 한다. 측정하는 동안 시료의 노출을 가급적 피해야 하며 분쇄가 필수적이지 않은 종은 시료가 접수된 상태의 용기에서 꺼내어 건조용기에 집어넣을 때까지 2분 이상 경과해서는 안 된다.

2) 계량

중량은 그램(g)으로 나타내며 소수점 아래 세 자리까지 단다.

3) 측정시료

① 접수된 시료에서 독립적으로 두 점을 채취하여 중복 실시한다.

② 시료의 양은 측정관의 직경에 따라 다음과 같다.

　㉠ 직경 8cm 미만 4~5g

　㉡ 직경 8cm 이상 10g

③ 측정용 시료를 추출하기 전에 다음 중 한 가지 방법으로 시료를 충분히 혼합한다.

    ⊙ 스푼으로 용기 안의 시료를 휘젓는다.

    ⓒ 시료가 담긴 용기의 열린 곳에 다른 용기를 맞대고 두 용기 사이에 종자 쏟기를 반복한다. 측정용 시료는 규정에 의한 방법으로 추출하고 시료를 외부에 30초 이상 노출시키지 않는다.

4) 분쇄

① 대상

분쇄가 필요한 종은 다음과 같으며 유분함량이 높아 분쇄가 어려운 것 또는 산화로 중량이 늘어나기 쉬운 것(특히 요오드가 높은 유분을 가진 아마와 같은 종자)은 제외한다.

> **분쇄가 필수적인 종**　　　　　　　　　　　　　　　　　reference
>
> 귀리, 콩, 팥, 땅콩, 메밀, 목화, 보리, 벼, 밀, 피마자, 호밀, 기장, 수수, 수단그라스, 벳지, 옥수수, 수박

② 절차

    ⊙ 곡류와 목초종자는 곱게 마쇄하여야 하며 분쇄된 것이 0.5mm 그물체를 최소한 50% 통과하고 남는 것이 1.00mm 그물체 위에 10% 이하여야 한다.

    ⓒ 콩과와 수목종자는 거칠게 가는데 4.00mm 그물체를 최소한 50%는 통과하여야 한다.

    ⓒ 필요한 크기의 가루를 얻기 위해 분쇄기를 조정하고 견본의 적은 양을 분쇄하고 그것을 쏟아내야 한다.

    ⓔ 분쇄할 견본량은 검정에 필요한 것보다 조금 많아야 한다.

5) 예비건조

① 분쇄가 필요한 종으로 수분이 17% 이상(콩은 10%, 벼는 13%)인 것은 예비건조를 해야 한다. 예비건조용 시료량은 각각 25±1g으로 하며, 예비건조는 수분 17% 이하(콩은 10%, 벼는 13%)가 되도록 한다.

② 예비건조 후 건조비율을 알기 위해 용기 안에 넣은 채 다시 칭량하여 예비건조 비율을 측정하고 즉시 예비 건조된 두 개의 시료를 별도로 분쇄하여 수분측정 작업을 계속한다.

6) 저온항온 건조기법

① 측정용 시료는 수분측정관의 표면에 평평하게 편다.

② 시료를 채우기 전·후에 수분측정관(덮개 포함)의 무게를 달아둔다.

③ **수분측정관을 103±2℃로 유지되는 항온기에 신속하게 넣은 후 17±1시간 동안 측정관 덮개를 열고 건조시킨다.**

④ 건조의 시작은 필요한 온도에 도달하고부터이다.

⑤ 규정시간이 끝나면 수분측정관의 뚜껑을 닫고 데시케이터에 넣어 30~45분간 식힌다.

⑥ 식힌 후 뚜껑을 닫은 채로 칭량한다. 측정 중 검정실 주변 공기의 관계습도는 70% 이하여야 한다.

> **저온항온 건조기법을 사용하는 종**   reference
>
> 마늘, 파, 부추, 콩, 땅콩, 배추씨, 유채, 고추, 목화, 피마자, 참깨, 아마, 겨자, 무 등

7) 고온항온 건조기법

절차는 저온항온 건조기법과 같으나 단지 온도를 $130 \sim 133℃$로 유지하고 건조시간을 옥수수 4시간, 다른 곡류는 2시간, 기타 종은 1시간으로 하고, 측정 중 검정실 주변 공기의 관계습도는 특별한 조건이 없다.

> **고온항온 건조기법을 사용하는 종**   reference
>
> 귀리, 수박, 오이, 참외, 호박, 상추, 벼, 티머시, 버뮤다그라스, 밀, 수수, 수단그라스, 옥수수, 당근, 토마토 등

8) 보조 수분측정법

수분은 저온 및 고온항온 건조기법에 의하여 측정함을 원칙으로 하되 이와 동등한 측정결과를 얻을 수 있는 전기저항식 수분계, 전열건조식 수분계, 적외선조사식 수분계 등 간이 수분측정기에 의한 측정 등의 보조 방법이 있다.

(6) 결과의 계산

1) 계산

① 수분함량은 다음 식으로 소수점 아래 1단위로 계산하며 중량 비율로 한다.

$$(M_2 - M_3) \times \frac{100}{(M_2 - M_1)}$$

여기서, M_1 : 수분 측정관과 덮개의 무게(g)
M_2 : 건조전 총 무게(g)
M_3 : 건조후 총 무게(g)

② 예비건조한 것은 처음(예비건조)과 두 번째 결과를 계산하여 수분함량으로 한다. S_1이 처음단계 수분 건조비율(%)이고 S_2가 두 번째 수분 건조비율(%)이라면 원 시료의 수분함량(%)의 계산은

$$(S_1 + S_2) - \frac{(S_1 \times S_2)}{100}$$

2) 허용오차

두 측정 사이의 차가 0.2%를 넘지 않으면 반복측정의 산술평균 결과로 하고 넘으면 반복측정을 한다.

[04] 활력의 생화학적 검정(Biochemical Test for Viability)

(1) 적용분야 및 목적

① TZ검정은 종자의 활력을 신속하게 평가할 수 있는 생화학적 검정방법으로 수확 후 얼마 지나지 않은 종자를 심은 경우, 해당 종자가 심한 휴면 상태에 있는 경우, 발아가 느리게 출현하는 경우, 종자의 발아 잠재력을 신속하게 평가할 필요가 있는 경우에 사용한다.

② 발아율 검정이 끝날 무렵 휴면이 의심되는 각각의 종자 활력을 측정할 수 있으며, 싹의 존재나 수확과정 내지 유통과정에서 손상(고온피해, 기계적인 피해, 곤충피해)을 감지할 수 있으며, 비정상묘의 원인이 확실치 않거나 살충제 처리가 의심되는 등 발아율 검정을 다시 해야 되는 문제를 해결할 수 있다.

③ 이 검정의 목적은 활력종자를 생화학적인 검정으로 정상묘로 자랄 수 있는 잠재력을 측정하는 것이다. 비활력종자는 정상묘로 자랄 수 있는 능력이 부족하므로 염색이 안 되거나 비정상적인 모양을 나타낸다.

(2) 시약

pH 6.5~7.5의 2,3,5-tripheny tetrazolium chloride 또는 bromide 수용액을 사용한다. 일반적으로 사용되는 농도는 1.0%이다. 어떤 경우에는 낮거나 높은 농도가 적정할 수도 있다. pH 범위를 교정하기 위한 완충용액이 필요한데 완충용액은 다음처럼 만든다.

> ① 두 용액을 만든다.
> ② 용액 1 - 물 1,000ml에 9.078g KH$_2$PO$_4$를 녹인다.
> ③ 용액 2 - 물 1,000ml에 9.472g의 Na$_2$HPO$_4$나 혹은 11.876g의 Na$_2$HPO$_4$x2H$_2$O를 녹인다.
> ④ 용액 1과 용액 2를 2 : 3 비율로 섞는데 pH가 6.5~7.5 사이에 있는지 점검하여야 한다.
> ⑤ 맞는 농도를 얻기 위해 이 완충용액에 TZ염(chloride 또는 bromide)을 녹인다.(예 : 100ml의 완충용액에 1g의 염을 녹이면 1% 용액이 된다.)

(3) 방법

1) 검사시료

100립씩 4반복으로 하는데 정립종자에서 무작위로 추출하거나 발아검정 종료시에 나온 하나하나의 휴면종자로 한다.

2) 종자의 염색 전 처리

① 종자의 사전흡습

ⓐ 사전흡습은 종의 염색전 필요한 과정이다.

ⓑ 흡습된 종자는 건조종자보다 부서짐이 적고 자르거나 구멍을 내기가 좀더 쉽다. 또한 염색이 잘되고 평가를 쉽게 한다.

ⓒ 만약 종피가 흡습을 방해하면 종피에 구멍을 뚫어야 한다.

  ⓐ 천천히 흡습
   • 종자는 발아검정 방법에 따라 BP나 TP에서 흡습하도록 한다.
   • 이 방법은 물에 직접 담그면 부서지기 쉬운 종에 사용하게 된다.
   • 많은 종에 있어 오래되었거나 건조된 종자는 서서히 흡습하는 것이 유리하다.
   • 어떤 종은 서서히 흡습되어 충분히 흡수가 되지 않아 물에 담그는 시간이 더 필요할 수도 있다.

  ⓑ 물에 담금
   • 종자를 물에 완전히 담가 충분히 흡수하도록 둔다.
   • 담그는 시간이 24시간 이상 되면 물을 갈아준다.

② 염색전 조직의 노출

ⓐ 다수의 종에 TZ액의 침투가 보다 쉽고, 평가하기 쉽도록 염색 전에 조직을 노출시킬 필요가 있다.

ⓑ 종자의 활력을 결정하기 위해 필수 조직의 관찰에 주력하여야 한다.

ⓒ 내부조직을 노출하는 조작은 준비(전처리)로 표준화되어 있어서 조제기술에 따라 야기되는 불가피한 손상이 쉽게 식별될 수 있게 되었다. 종피는 아래에 정한 것과 같은 다양한 기술을 사용하여 절개하거나 제거할 수 있다. 조제가 완료되면 TZ용액에 침지하는데 그때까지 종자는 습한 상태를 유지하여야 한다.

ⓓ 사전 흡습하는 동안 어떤 종자는 점액을 내어 다음 준비를 방해한다. 점액은 종자의 표면을 건조시키거나 종이나 헝겊 내에서 비벼주거나 1~2%의 황산가리알미늄($AlK(SO_4)_2 \cdot 12H_2O$) 용액에 5분간 담가두면 검정이 편리하다.

  ⓐ 종자에 구멍 뚫기
   흡습된 종자 또는 경피종자를 바늘이나 예리한 메스로 종자의 비필수 부위에 구멍을 뚫는다.

  ⓑ 세로(길게) 자르기
   • 이등분
    - 페스큐 이상의 크기인 모든 곡류와 목초류 종자는 배축의 중앙과 배유의 약 3/4 길이로 자른다.
    - 배유가 없고 배가 반듯한 쌍자엽 식물의 종자는 자엽 끝쪽 절반을 중앙에서 세로로 자르며, 배축은 자르지 않고 그대로 둔다.

- 살아 있는 조직으로 배가 둘러싸여 있는 종자는 배곁을 따라 조심하여 세로로 자른다.

ⓒ **가로 자르기**

가로 절단은 해부칼, 면도날, 개발톱깎이, 기타 편리한 분할기로 비필수 조직을 가로로 자른다.

- 목초류 종자 : 배 바로 위를 가로로 자르고 배의 첨단이 TZ용액에 잠기게 한다.
- 배유가 없고 곧은 배를 가지고 있는 쌍자엽 식물 종자 : 자엽 끝쪽을 1/3~2/5 부위에서 잘라 그 조직은 버린다.

ⓓ **가로로 째기(가로절개)**

가로로 째기는 가로 자르기 대신 쓸 수 있는데 레드톱, 티머시, 켄터키블루그라스 같은 작은 종자의 전처리 방법이다.

ⓔ **배 절제**

- 보리, 밀, 귀리에서 행한다.
- 해부용 핀셋으로 배반 바로 위 중앙을 조금 벗어나게 찌르고 배유가 세로로 찢어지게 가볍게 비틀어 배를 도려낸다.
- 배(배반포함)는 배유에서 느슨해져 적출해낼 수 있게 되며 이를 꺼내어 TZ 용액에 담근다.

ⓕ **종피 제거**

- 절단방법이 부적당할 때는 모든 종피(기타 덮인 조직 포함)를 벗겨야 한다.
- 종자 겉을 싸고 있는 것이 견과나 핵과처럼 단단하면 배에 장해가 가지 않도록 조심하며 종자가 건조할 때 또는 흡습 후에 찢거나 깨뜨린다.
- 가죽 같은 종피는 흡습 후에 예리한 해부용 칼이나 해부용 바늘로 조심하여 찢고 벗긴다.

③ 염색

㉠ 종자는 TZ용액에 완전히 잠기고 TZ염이 환원을 일으키는 직사광선에 용액이 노출되지 않도록 주의한다.

㉡ 실험을 해보면 적정 염색시간이 절대적인 것이 아닌데 그 이유는 종자의 조건에 따라 시간이 변경되기 때문이다.

㉢ 종자가 불완전하게 염색되었다면 염색 부족이 종자 내의 결점보다 TZ염의 흡수가 느렸기 때문인지를 알기 위해 염색시간을 연장한다. 그러나 과도한 염색은 동해, 약한 종자 등의 표시가 다른 염색 모습으로 되어 감춰지므로 피해야 한다.

㉣ 취급이 어려운 작은 종자는 흡습처리하고 싸거나 마른 종이에 치상하여 TZ용액에 담근다.

(4) 평가

① 종자를 활력 내지 비활력으로 평가하기 위해서는 정상묘의 출현과 발육에 관련된 종자 조직의 특징으로 구별한다.

② 필수구조는 분열조직과 정상묘로 발달하는 데 필요하다고 인정된 모든 구조이다.

③ 완전히 염색된 종자 또는 필수구조인 일부만 염색된 종자라도 미착색 최대허용범위 이내 인 것은 활력을 의미한다.

④ 비활력 종자는 비정상적인 착색과 무기력한 필수기관을 나타내는 종자를 포함한다.

⑤ 배나 다른 필수구조가 확실히 비정상적인 발달을 나타내는 종자는 염색이 되든 안 되든 비활력으로 간주한다.

⑥ 적절한 종자 평가를 위해 배나 다른 필수구조의 노출이 필요하다.

⑦ 적당한 조명과 확대경은 정확한 평가를 위해 꼭 있어야 한다.

⑧ 잘 발달하고 분화된 종자·배는 작은 괴저를 커버할 능력이 있다. 따라서 표면의 괴저가 일부분일 경우 허용될 수 있다.

(5) 결과의 계산

시료의 검사에서 활력으로 간주되는 종자의 숫자를 각 반복구별로 판정한다. 평균 비율은 반올림한 정수로 표현한다.

[테트라졸리움 검정 조건 및 평가표]

종	사전흡수(20℃)		염색전 처리	30℃에서 염색		평가를 위한 준비 및 관찰 부분	평가	비고
	방법	시간		용액농도(%)	시간		미착색, 연화, 괴사조직의 최대허용범위	
1	2	3	4		5	6	7	
벼	W	18	배는 완전히 배유의 3/4을 세로로 자름	1.0	2	절단면을 관찰	유근의 2/3	필요한 경우 외영 제거
보리, 밀	W	4	배반을 포함한 배절제	1.0	3	- 배반 뒷면 - 배표면 바깥쪽	1개의 뿌리시원체를 제외하고 뿌리 부위와 배반 말단부의 1/3	배반 중앙부 조직이 미착색 된 것은 열에 의한 손상임

	W	18	배는 완전히 배유는 3/4을 세로로 자름	1.0	3	− 잘린 표면 − 배반 뒷면 − 배표면 바깥쪽	−	−
옥수수	W	18	배는 완전히 배유는 3/4을 세로로 자름	1.0	2	− 잘린 표면 − 배반 뒷면 − 배표면 바깥쪽	1차근과 배반의 말단 1/3	배반 중앙부조직이 미착색된 것은 열에 의한 손상임
레드 클로버	W	18	종자 그대로	1.0	18	배가 노출되도록 종피제거	유근의 1/3, 자엽 선단부 1/3, 표면의 1/2	경실종자의 활력을 보려면 자엽 선단부의 종피를 절단하여 4시간 흡수
티머시, 켄터키 블루그라스	BP W	16 2	배 근처를 뚫는다.	1.0	18	배가 노출되도록 외영제거	유근의 1/3	−

① 다음 표는 사전흡수(방법과 시간), 염색전의 처리, 염색(용액 농도와 시간), 평가준비, 염색 형태에 따른 평가에 대한 것이다.

② 보통 배가 완전히 염색되는 모든 종자와 6란 정도의 미염색 및 괴정부분인 것은 활력이 있는 것으로 본다.

③ BP : 종이 사이

  W : 물 속

  BP+W : 천천히 흡습시킨 후 최소한 2~3시간 물에 담가 모든 종자를 완전히 흡수시킴

  S : 모래

[05] 천립중(Weight Determination)

(1) 정의 및 목적

① 천립중은 곡류나 콩류의 완숙한 종자 1,000개의 무게를 측정하는 것으로 종자가 충분히 여물었는지를 판정하는 데 쓰인다.

② 벼의 경우 현미는 19~23g, 밀의 경우 현맥은 30~40g의 범위가 일반적이다.

③ 작물의 여러 형질 가운데 비교적 환경조건의 변동이 적은 것이 천립중으로서, 품종 고유의 특징을 강하게 나타낸다고 하나, 여물 때 조건에 따라 변동한다. 예를 들면 여물 때 적온보다 온도가 높은 경우에는 완숙 속도, 완숙이 끝나는 시기도 빨라지나 결과적으로 알갱이가 작아진다.

④ 벼 · 밀의 수확량을 영화의 수와 익은 열매의 비율 및 입중의 곱으로 나타낼 수 있으므로 종자의 알갱이를 크게 맺도록 하면 수확량 증가에 도움이 된다. 그러나 실제 알갱이를 크게 키우면 영화의 수가 줄어드는 경우가 많다.

(2) 원칙

정립종자에서 종자 수를 세고 계량하여 천립중을 계산한다.

(3) 기기

적당한 계립기나 계립장비를 사용할 수 있다.

(4) 방법

1) 검사시료

순도분석시의 정립종자로 한다.

2) 측정시료 전량의 계수

① 기계에 검사시료 전량을 넣고 표시기의 종자숫자를 읽는다.

② 계량은 순도분석 수치처리 요령에 따라 실시한다.

3) 반복구의 계산

① 검사시료에서 무작위로 100립씩 추출한 여덟 개의 반복을 손 또는 계수기를 사용하여 계수한다.

② 자료가 얼마나 퍼져서 분포하고 있는지, 즉 자료가 퍼져 있는 정도를 나타내는 기본적인 척도로 분산과 표준편차가 있고 표준편차란 분산의 제곱근을 말한다. 그러므로 분

산이나 표준편차 모두 퍼짐의 정도를 나타내는 척도인데 그 단위만 다르다고 할 수 있다. 분산, 표준편차, 변이계수의 계산은 다음과 같다.

㉠ 분산

$$\frac{n(\sum x^2) - (\sum x)^2}{n(n-1)}$$

여기서, x : 각 반복의 중량(g)

n : 반복구

Σ : 합계

㉡ 표준편차

$$S = \sqrt{분산}$$

㉢ 변이계수

$$\frac{S}{X} \times 100$$

여기서, X : 100립의 평균 중량

③ 거친 목초종자의 경우에는 변이계수가 6.0을 기타 종자의 경우에는 4.0을 넘지 않으면 그 측정결과로 계산한다. 변이계수가 한계를 넘으면 재차 8반복을 계수, 계량하고 16반복의 표준편차를 산출한다. 그렇게 산출된 표준편차보다 두 배 이상 차이가 나는 평균에서 벗어난 반복의 측정치는 버린다.

(5) 결과의 계산과 표현

① 기계로 세었다면 전체 검사시료의 총 중량으로부터 천립중을 산출한다. 반복으로 세었다면 100립씩 8반복 이상의 중량으로 1,000립의 평균중량을 계산한다.

② 결과는 소수점으로 표시한다.

제2장 종자 감별 및 각종 검사

[01] 종자 감별

번호	종자명	번호	종자명
1		11	
2		12	
3		13	
4		14	
5		15	
6		16	
7		17	
8		18	
9		19	
10		20	

※ 곡류 , 화훼류 , 채소류, 목초류 등 종자는 골고루 나온다.

자주 나오는 씨앗 reference

채송화, 피튜니아, 목화, 녹두, 페레니얼라이그라스, 알팔파, 옥수수, 팥, 나팔꽃, 호박, 루드베키아, 배추, 만수국, 기장, 차조, 수수, 벼, 찰옥수수흑색, 과꽃, 라넌큘러스, 파슬리, 오이, 잔디, 아욱, 삼, 톨페스큐, 참깨, 겨자, 한련화, 이탈리안라이그라스, 맨드라미, 갓, 백일홍, 프리뮬러, 쌀보리, 벤트그라스, 완두콩, 티머시, 담배, 패랭이꽃, 파, 토마토, 양파, 가지, 고추, 조, 켄터키블루그라스, 수단그라스, 스토크, 들깨, 봉선화, 부추, 분꽃, 무, 오처드그라스, 샐비어, 화이트클로버, 우엉, 아스파라거스

가지

갈대

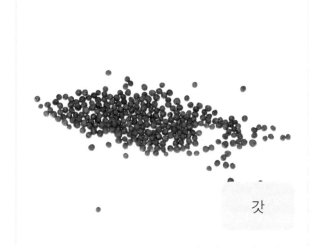

갓

강낭콩

개미취

거베라

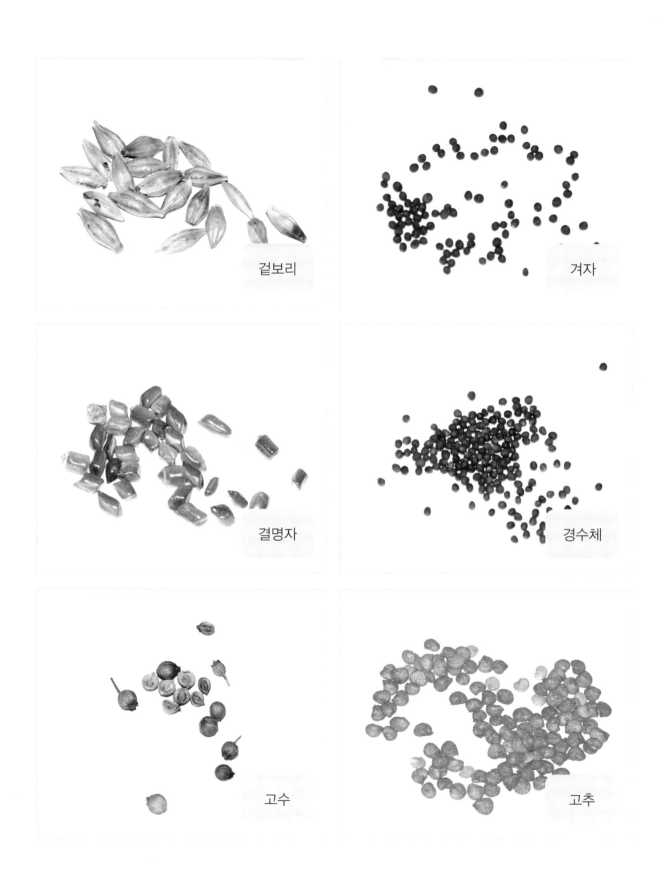

겉보리

겨자

결명자

경수체

고수

고추

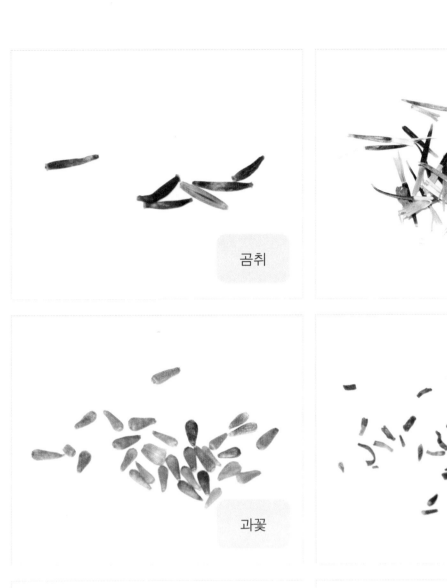

곰취

공작초

과꽃

구절초

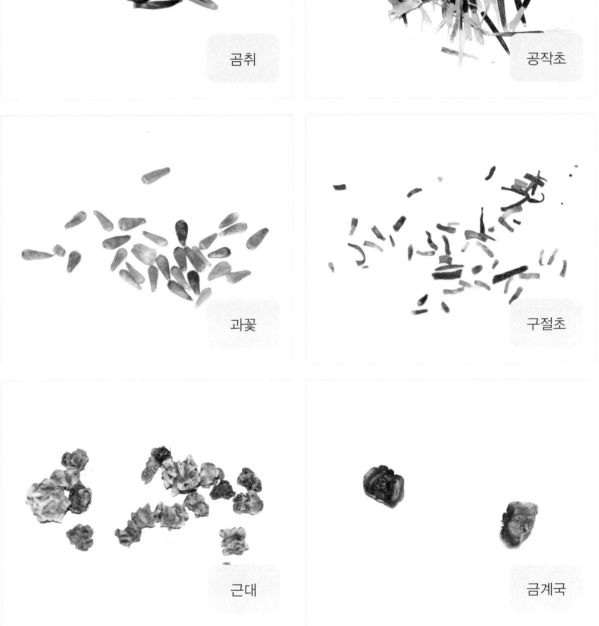

근대

금계국

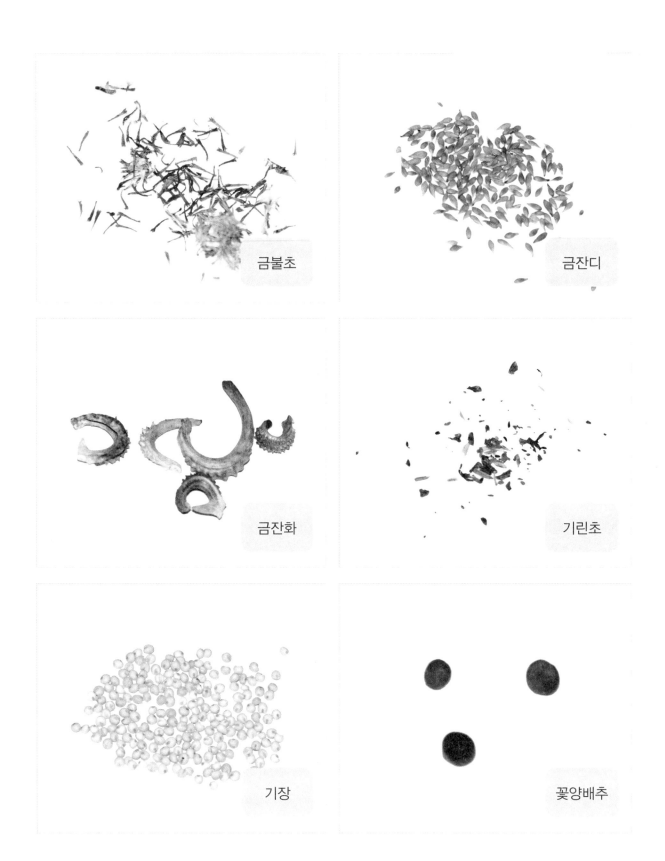

금불조

금잔디

금잔화

기린초

기장

꽃양배추

꽃창포

꽃케일

꿩의비름

나팔꽃

냉이

녹두

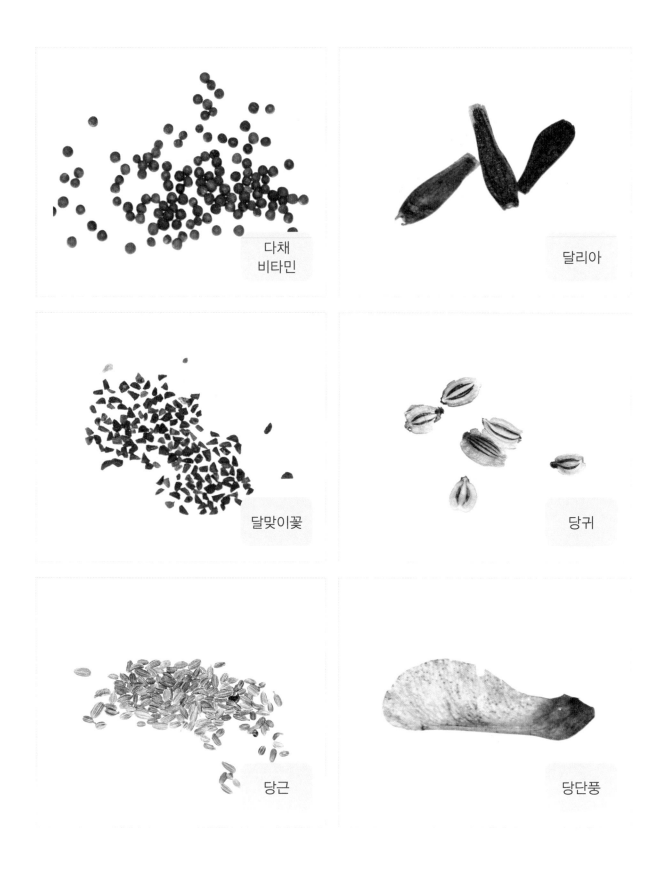

다채
비타민

달리아

달맞이꽃

당귀

당근

당단풍

더덕

데이지

도라지

돌산갓

동부

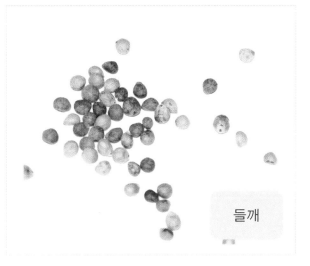

들깨

라넌큐라스

라벤다
일반블루

레드비트

레드
클로버

로즈마리

만수국

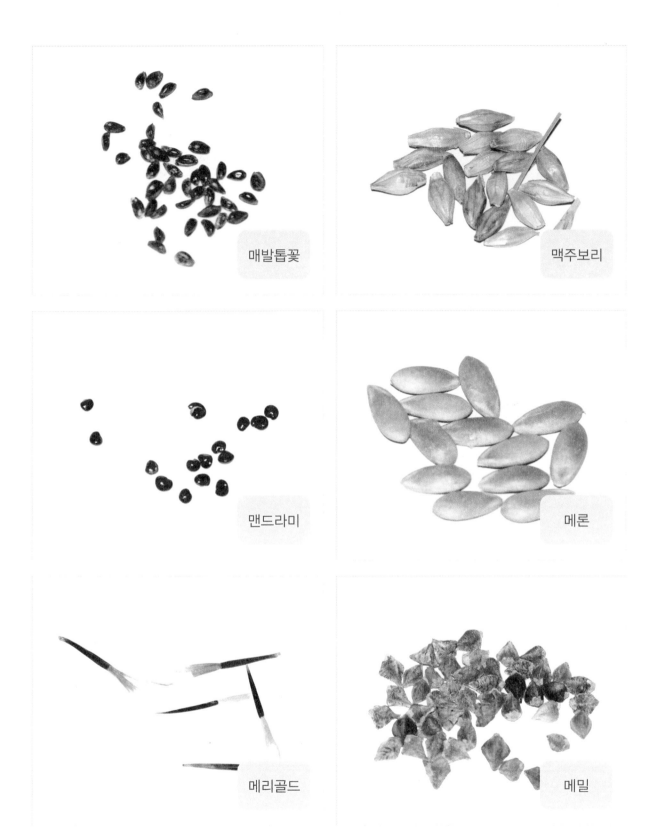

매발톱꽃

맥주보리

맨드라미

메론

메리골드

메밀

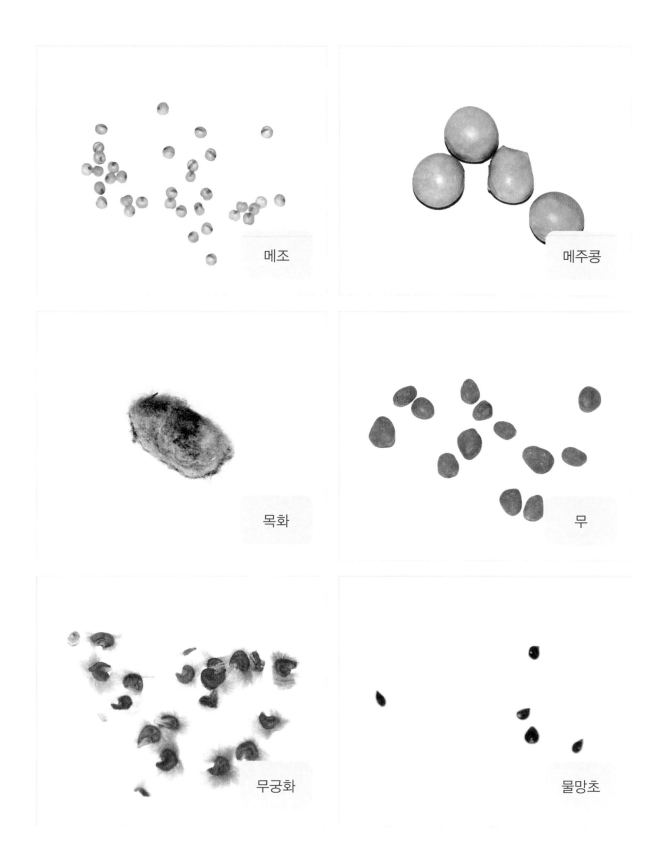

메조

메주콩

목화

무

무궁화

물망초

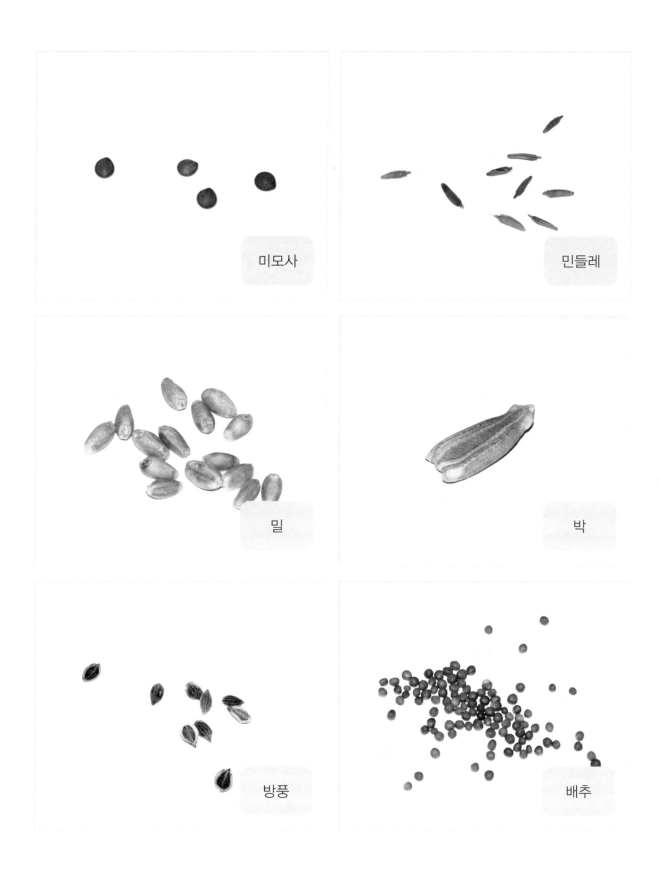

미모사

민들레

밀

박

방풍

배추

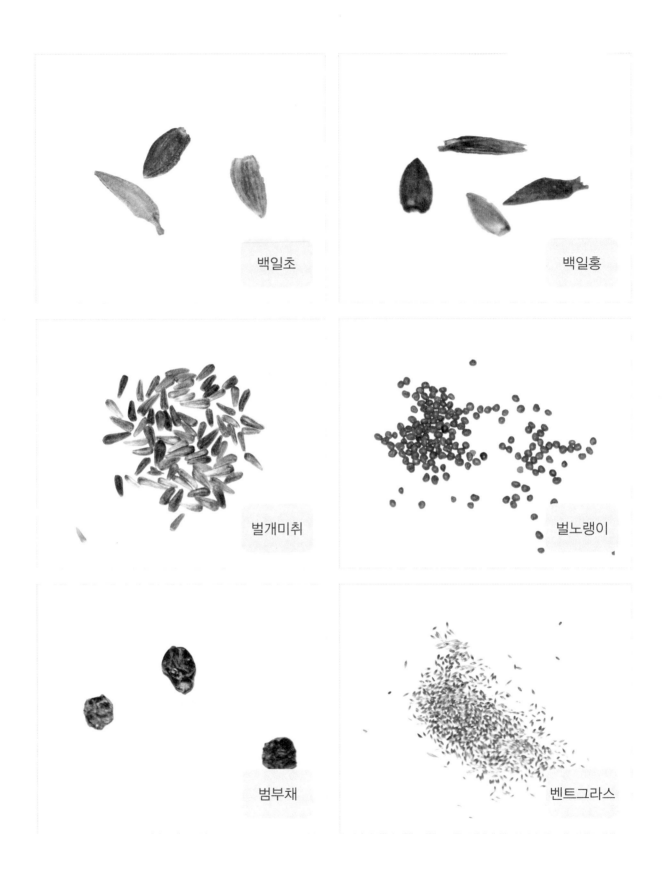

백일초

백일홍

벌개미취

벌노랭이

범부채

벤트그라스

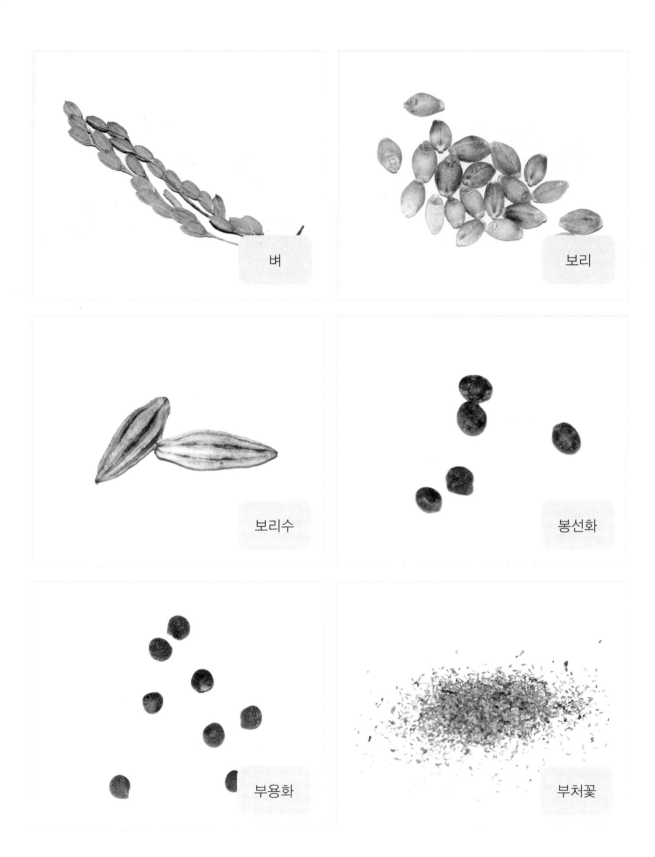

벼

보리

보리수

봉선화

부용화

부처꽃

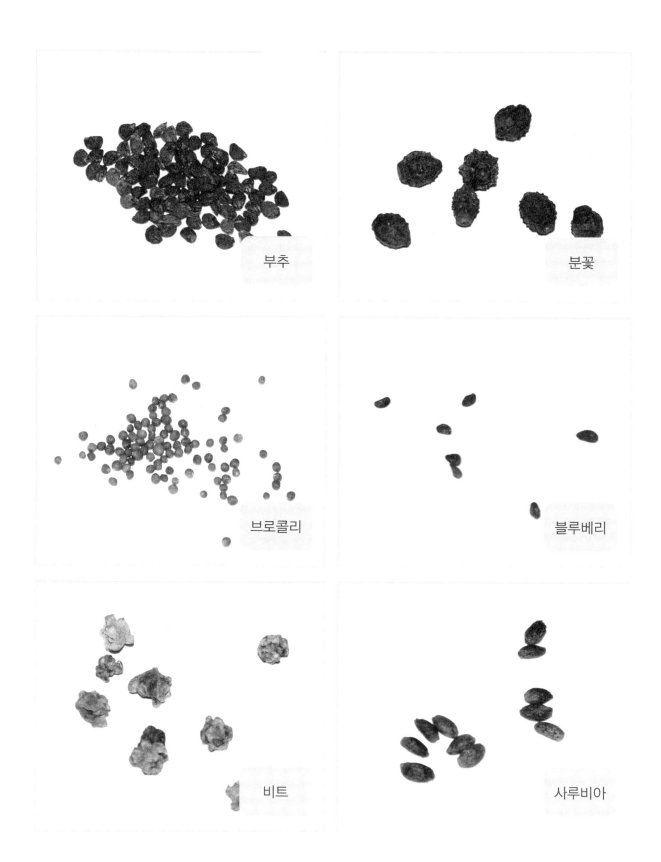

부추

분꽃

브로콜리

블루베리

비트

사루비아

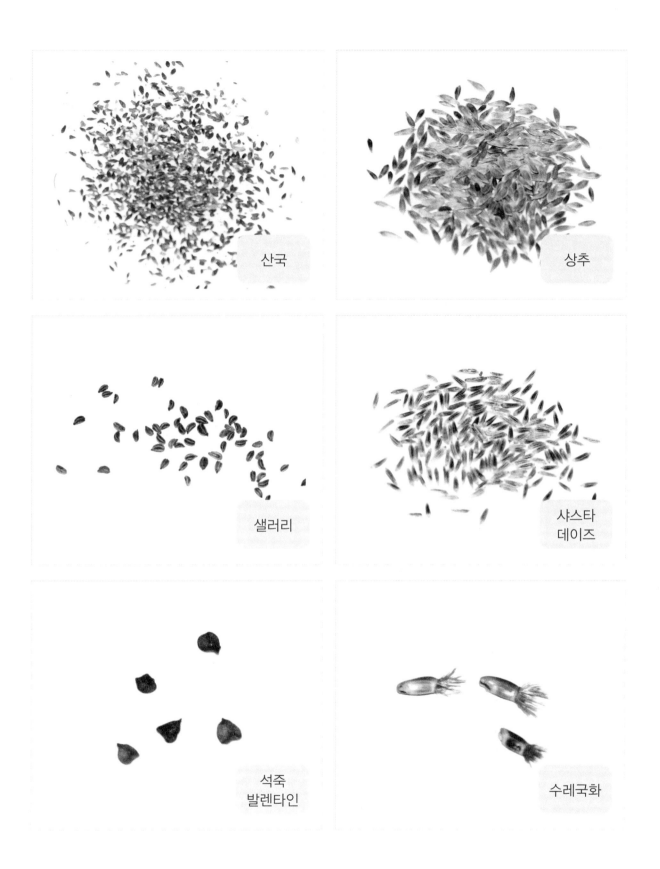

산국

상추

샐러리

샤스타
데이즈

석죽
발렌타인

수레국화

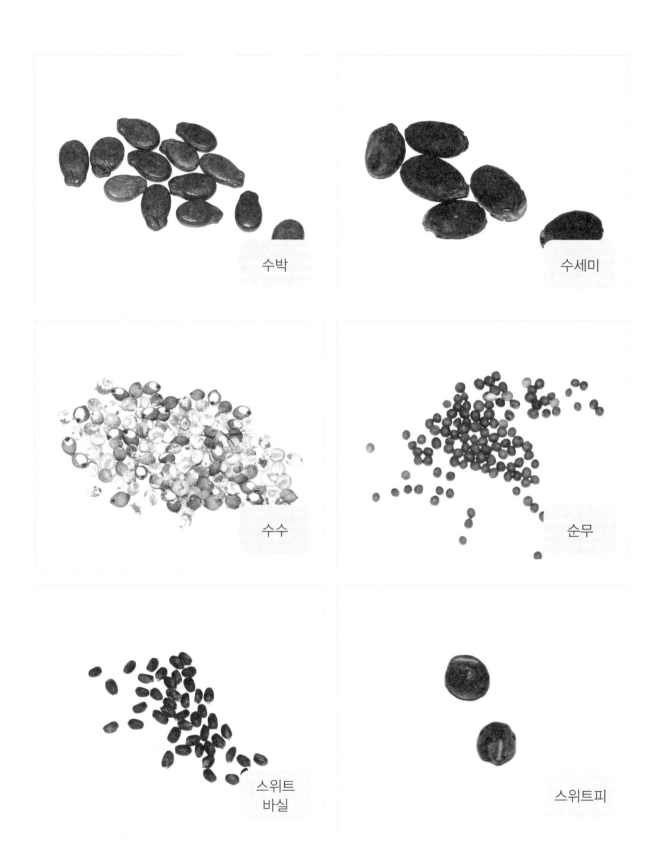

수박

수세미

수수

순무

스위트
바질

스위트피

시금치

시클라멘

신선초

쑥

쑥갓

쑥부쟁이

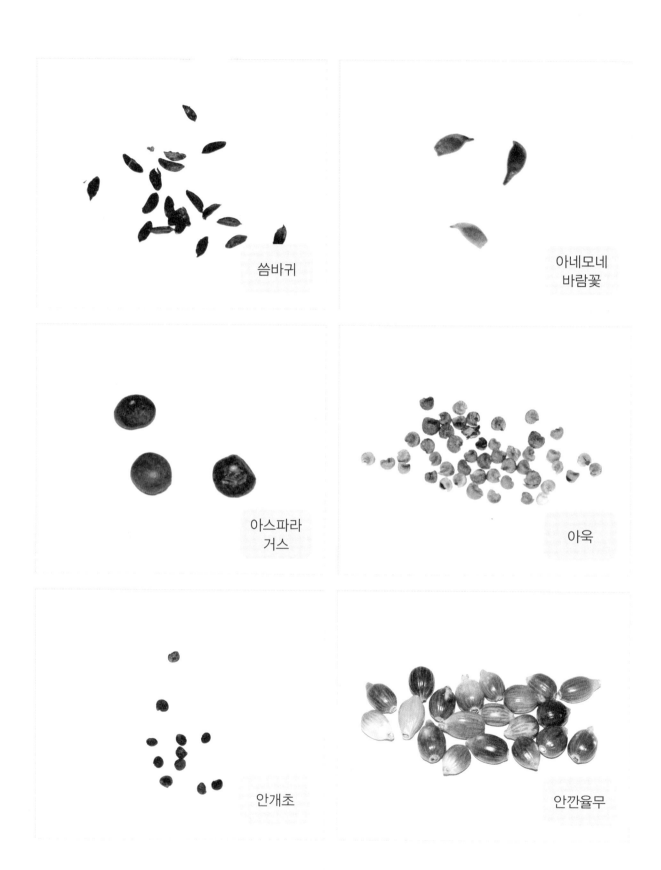

씀바귀

아네모네
바람꽃

아스파라
거스

아욱

안개초

안깐율무

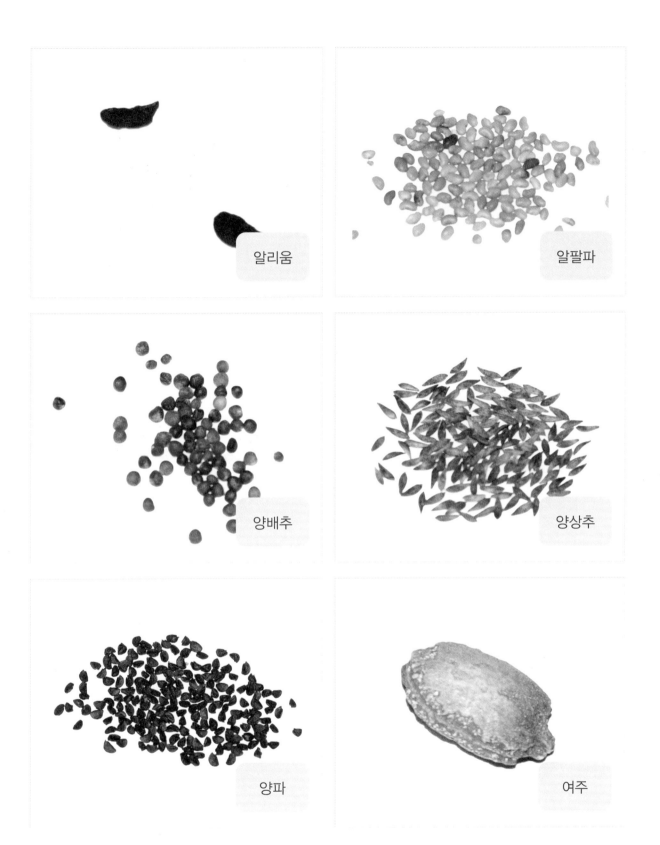

알리움

알팔파

양배추

양상추

양파

여주

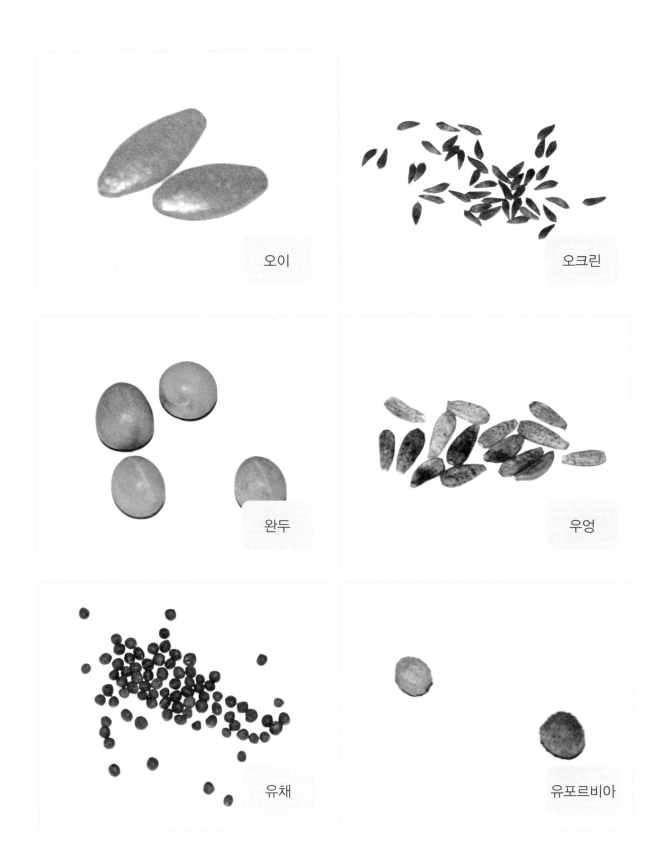

오이

오크린

완두

우엉

유채

유포르비아

율무깐것

이탈리안
라이그라스

일일초

자운영

작두콩

접시꽃

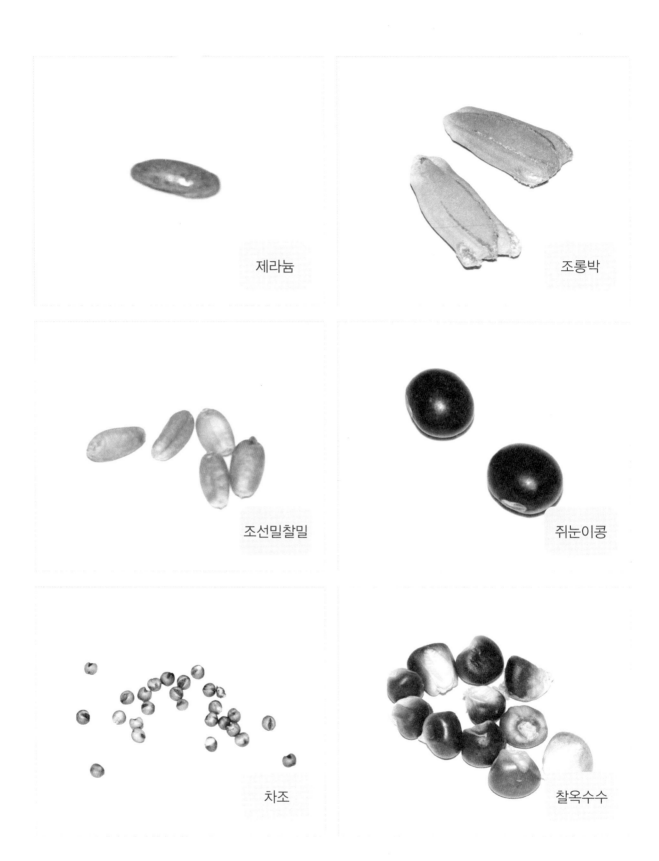

제라늄

조롱박

조선밀찰밀

쥐눈이콩

차조

찰옥수수

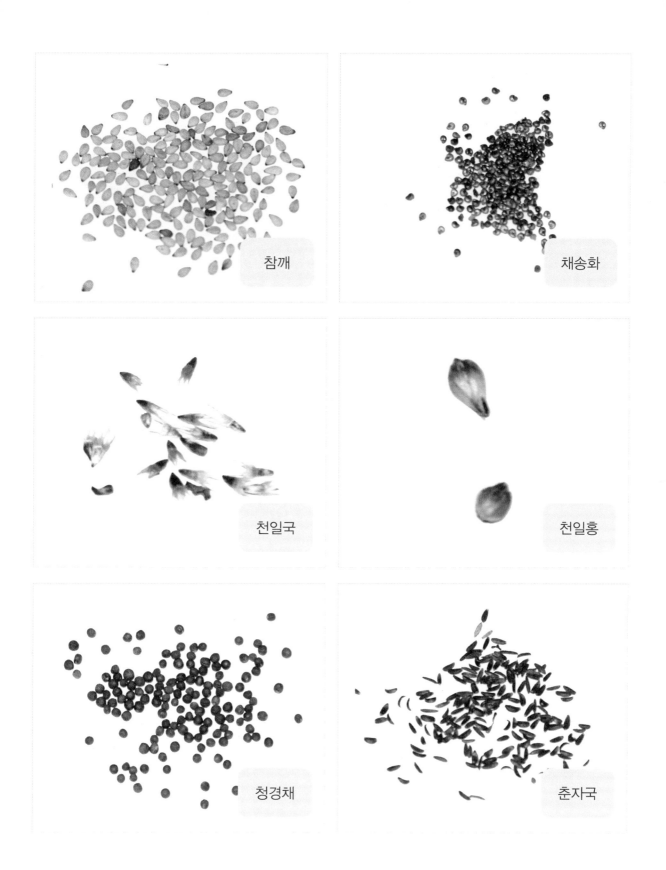

참깨

채송화

천일국

천일홍

청경채

춘자국

치커리

케일

켄터키
블루그라스

코스모스

콜라비

콜리
플라워

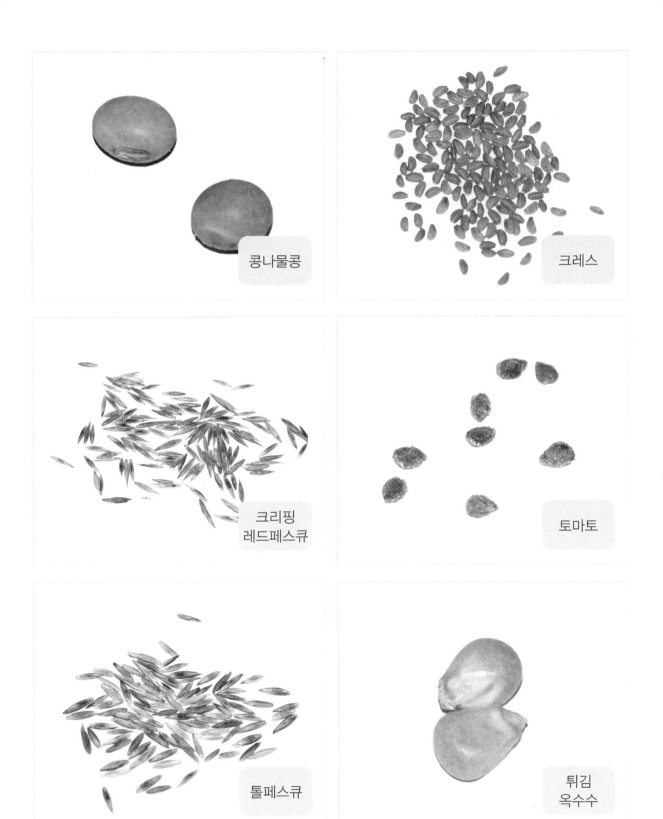

콩나물콩

크레스

크리핑
레드페스큐

토마토

톨페스큐

튀김
옥수수

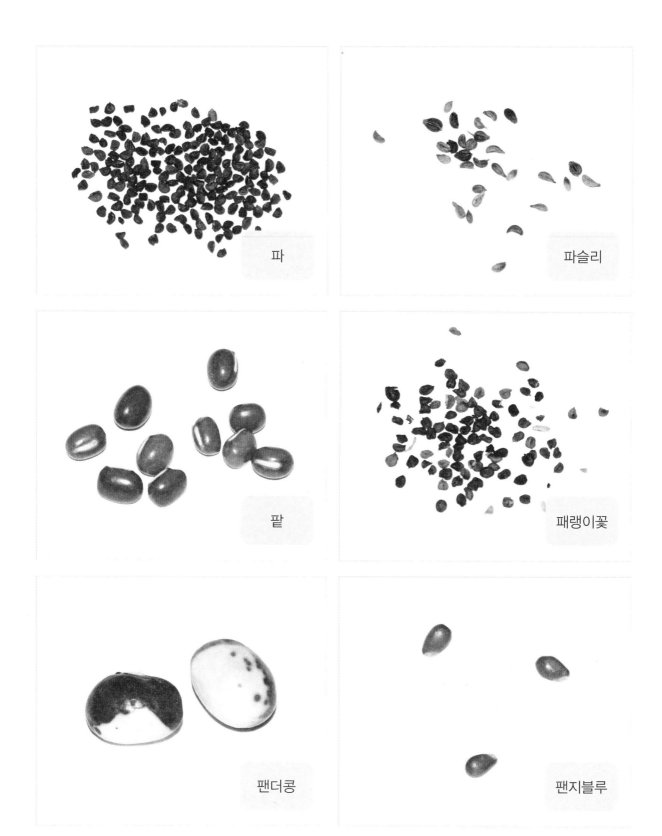

파

파슬리

팥

패랭이꽃

팬더콩

팬지블루

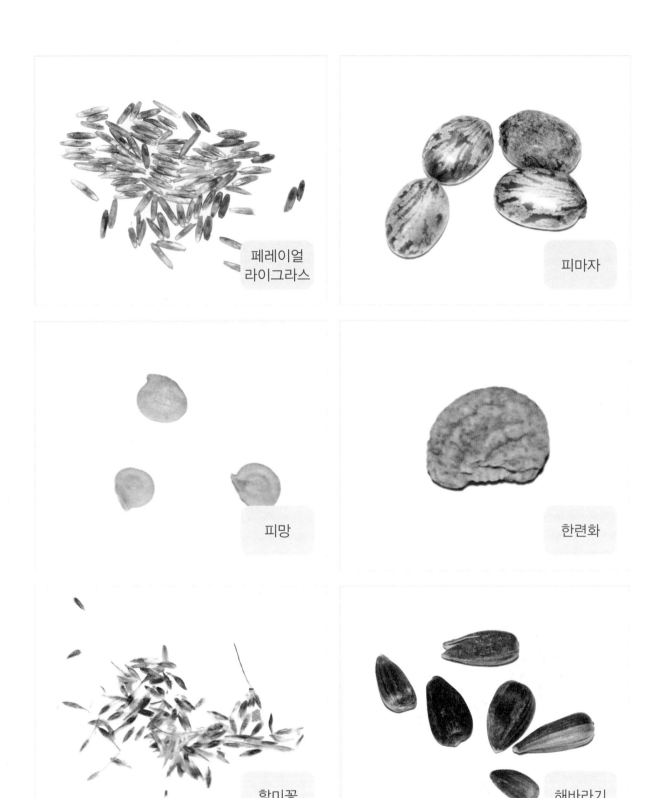

페레이얼
라이그라스

피마자

피망

한련화

할미꽃

해바라기

호밀

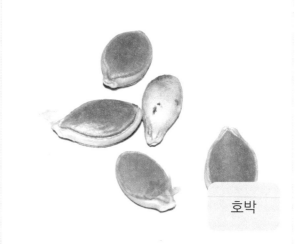

호박

홍화

화이트
클로버

황기

02 종자 수분 함량 측정

(1) 주어진 종자의 함수량을 측정하시오.

		함수량 (%)	16.8%
용기의 무게(A)	20.225		
용기+건조 전 시료의 무게(B)	42.325		
용기+건조 후 시료의 무게(C)	38.623		

■ 수분함량 $= \dfrac{B-C}{B-A} \times 100 = \dfrac{42.325-38.623}{42.325-20.225} \times 100$

$\qquad = \dfrac{3.702}{22.100} \times 100 = 16.75$

$\qquad = 16.8\%$

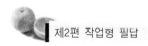

03 종자 발아율 측정

(1) 주어진 무 종자는 2~3일 전에 발아시킨 것이다.

(2) 반복별로 정상아생, 이상아생, 불발아아생으로 구분하고 발아율을 구하시오.

반복	정상아생 수	이상아생 수	불발아아생 수	발아율
1	96	0	4	96
2	94	0	6	94
3	98	0	2	98
4	96	0	4	96
평 균	96	0	4	96

1. 위의 경우 정생아생 수는 $96+94+98+96=384$가 된다.
2. 평균은 $384÷4=96$이다.(단, 소수점이 있을 때는 반올림하여 표기한다.)
3. 불발아아생 수는 $4+6+2+4=16$이 된다. 평균은 $16÷4=4$이다.(단, 소수점이 있을 때는 반올림하여 표기한다.)

04 순도검사

(1) 주어진 시료의 순도를 검사하시오.

전체종자의 무게	24.95	타 종자의 무게 (이종종자의 무게)	1.15
순종자의 무게	23.25	협잡물의 무게 (이물의 무게)	0.55
순도율	93.2 (소수점 1자리)	–	–

1. 순도율 $= \dfrac{\text{총 종자의 무게} - (\text{이종종자} + \text{이물})}{\text{총 종자의 무게}} \times 100 = \dfrac{24.95 - (1.15 + 0.55)}{24.95} \times 100$

   $= \dfrac{23.25}{24.95} \times 100 = 93.18$

   $= 93.2$

2. 이종종자

   $\dfrac{1.15}{24.95} \times 100 = 4.61\%$

3. 이물

   $\dfrac{0.55}{24.95} \times 100 = 2.2\%$

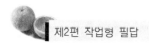

05 종자활력검사(TTC 검정)

(1) 주어진 시료(보리, 콩)의 배를 적출하시오. 또는 TTC 염색시 절단하는 부위는?

- 배 적출

  곡류의 경우 배는 완전히, 배유는 3/4 이등분
  - 세로절단 : 벼, 보리, 옥수수 등
  - 종피제거 : 땅콩, 유채, 해바라기 등
  - 콩은 절단하지 않는다.
  - 해부용 핀셋으로 배반 바로 위 중앙을 조금 벗어나게 찌르고 배유가 세로로 찢어지게 가볍게 비틀어 배를 도려낸다.

(2) 주어진 시료를 검사 후 물음에 답하시오.

총종자 수	50	활력종자 수	46	활력률	92	관찰부위	옥수수 : 배 콩 : 자엽

(3) TTC 용액을 만들 때 pH의 범위는?

pH 6.5~7.5

(4) TTC 용액의 농도 범위는?

0.1~1%

(5) TTC완충액을 만드는 방법을 적으시오.(또는 설명하시오.)

① 1용액 : 물 1L에 KH_2PO_4 9.078g

② 2용액 : 물 1L에 Na_2HPO_4 9.472g

③ 1용액 : 2용액 = 2 : 3

④ pH가 6.5~7.5 사이에 있는지 확인

⑤ 맞는 농도를 얻기 위하여 이 완충용액에 TZ염(CL염 또는 Br염을 녹인다.)
　(100ml의 완충용액에 1g의 염을 녹이면 1% 용액이 된다.)

06 천립중과 분산

※ 주로 산업기사에서 실시한다.

(1) 주어진 시료의 천립중 및 분산을 구하시오.

X1	X2	X3	X4	$\sum X$	$\sum X^2$	천립중	$\dfrac{(\sum X)^2}{n}$	$\sum X^2 - \dfrac{(\sum X)^2}{n}$
52.35	56.12	54.39	54.75	217.61	11845.8	54.40	11838.52	7.28

용어풀이   reference

① X : 각 반복한 중량
② n : 반복수(비이커가 4개 있으면 n은 4)
③ $\sum$(시그마) : '모두 더하다'라는 것
④ $\sum X$: 각 반복간 중량을 모두 더하라는 것
⑤ $\sum X^2$: X값을 각각 제곱한 상태에서 모두 더하라는 것
⑥ $(\sum X)^2$: $\sum X = 512 \Rightarrow 2601$

---

① $\sum X = 52.35 + 56.12 + 54.39 + 54.75 = 217.61$

② $\sum X^2 = (52.35)^2 + (56.12)^2 + (54.39)^2 + (54.75)^2$

$\qquad = 2740.52 + 3149.45 + 2958.27 + 2997.56 = 11845.80$

③ 천립중 $= \dfrac{\sum X}{4} = \dfrac{217.61}{4} = 54.40$

④ $\dfrac{(\sum X)^2}{n} = \dfrac{(217.61)^2}{4} = \dfrac{47354.11}{4} = 11838.52$

⑤ $\sum X^2 - \dfrac{(\sum X)^2}{n} = 11845.8 - 11838.52 = 7.28$

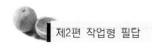

07 종자검사 규격 및 합부판정

구분	최저한도		최고한도									
	정립	발아율	수분	이품종	이종종자	잡초종자			피해립	병해립		이물
						특정해초	기타해초	계		특정병	기타병	
종자산업법상 규격	98.0	85.0	14.0	0.10	0.05	–	0.10	0.20	3.0	5.0	10.0	2.0
보급종	93.2	96	16.8	0	4.61	–	0	0	0	0	0	2.2

■ 종자산업법상 규격란은 암기한 규격을 기재한다.
■ 보급종란에는 측정한 수치를 기입한다.

(1) 이종종자(타종자)는 무엇인가?

　　순도검사에서 나왔던 이종종자를 기재함(예 보리, 옥수수)

(2) 종자검사시 특정 병은?

　　벼에 대한 것으로 기재하고 판별하라고 한다면 벼에 대한 특정 병을 기재한다.
　　선충심고병, 키다리병

(3) 종자검사시 특정해초는?

　　벼에 대한 규격일때 : 피

(4) 위 시료의 종자검사는 합격인가? 불합격인가? 또 그 이유는?

　　위의 결과로 판단하면 불합격이다. 그 이유는 다음과 같다.
　　① 정립의 최저한도가 98%인데 93.2%로 미달하여 불합격
　　② 수분의 최고한도가 14%인데 16.8%로 초과하여 불합격
　　③ 이종종자의 최고한도가 0.05%인데 4.61%로 초과하여 불합격
　　④ 이물의 최고한도가 2.0%인데 2.2%로 초과하여 불합격

[주요 작물 보급종의 종자검사기준]

구분	최저한도		최고한도										
						잡초종자				병해립		
	정립	발아율	수분	이품종	이종종자	특정해초	기타해초	계	피해립	특정병	기타병	이물
벼	98.0	85	14.0	0.10	0.05	0.00	0.10	0.20	3.0	5.0	10.0	2.0
보리	98.0	85	14.0	0.20	0.20	–	0.10	0.20	5.0	4.0	10.0	2.0
밀	98.0	85	12.0	0.20	0.10	–	0.10	0.20	5.0	0.2	10.0	2.0
콩	98.0	85	13.0	0.50	0.10	무	–	0.05	5.0	5.0	10.0	2.0
옥수수	98.0	85	13.0	무	무	–	–	–	5.0	–	5.0	2.0
팥	98.0	85	13.0	0.50	0.10	–	–	0.05	5.0	5.0	10.0	2.0
땅콩	98.0	85	13.0	0.50	0.10	–	0.03	0.05	5.0	3.0	10.0	2.0
참깨	97.0	85	10.0	7.0	0.10			0.50	5.0	10.0	20.0	2.0
들깨	97.0	85	10.0	7.0	0.10			0.50	5.0	10.0	20.0	2.0
유채	98.0	85	10.0	1.0	0.10	무	0.5	0.50	4.0	0.3	6.0	2.0
녹두	98.0	85	13.0	0.50	0.10	무	–	0.05	5.0	5.0	10.0	2.0

[주요 작물의 종자검사시 특정 병과 기타 병]

구분	특정 병	기타 병
벼	키다리병·선충심고병	도열병·호마엽고병
보리 (대맥·과맥)	겉깜부기병·속깜부기병·보리줄무늬병	붉은곰팡이병
밀	겉깜부기병·비린깜부기병	붉은곰팡이병
콩	자반병	모자이크병·세균성점무늬병·엽소병·탄저병·노균병
옥수수	–	매문병·깨씨무늬병·깜부기병·붉은곰팡이병
감자	윤부병	중심공동병
고구마	흑반병	선충병·만할병·연부병·자문우병

팥	콩세균병·위축병	갈반병·엽소병·탄저병·기타 병
땅콩	갈반병	흑삽병·누른곰팡이병·균핵병
참깨	역병·위조병	엽고병
들깨	녹병	줄기마름병
유채	균핵병	백수병·근부병·공동병
녹두	녹두황색모자이크바이러스병	갈반병

[채소작물의 종자검사기준(단위 : %)]

구분	최저한도	최고한도		
	발아율	수분함량	손상립	병해립
무	70	9.0	7.0	6.0
배추	75	9.0	10.0	7.0
양배추	75	9.0	10.0	6.0
고추	65	9.0	5.0	5.0
토마토	70	9.0	3.0	6.0
오이	80	9.0	5.0	5.0
참외	75	9.0	5.0	7.0
수박	75	9.0	5.0	6.0
호박	75	9.0	7.0	10.0
파	65	9.0	5.0	4.0
양파	75	9.0	5.0	4.0
당근	65	9.0	3.0	7.0
상추	75	9.0	10.0	5.0
시금치	65	9.0	3.0	6.0

08 조직배양 및 접목

(1) 재료소독방법은?

　① 하이포염소산칼슘 5%에 5~10분간 소독한다.

　② 흐르는 수돗물에 3~5회 헹군다.

　③ 물을 버리고 에틸알콜 80~90%에 10~20초 동안 소독한다.

　④ 에틸알콜을 버리고 트윈20 첨가의 소독액으로 5~10분간 소독한다.

　⑤ 멸균수를 넣은 비커에 1~5분간 침지한다.

　⑥ 재료를 꺼내어 샬레에 옮겨 넣고 뚜껑을 덮는다.

(2) 적정 pH 범위와 조절방법은 무엇인가?

　① 적정 pH 범위 : 5.5~5.8

　② 조절방법 : 1N 또는 0.1N의 NaOH과 HCl을 이용한다.

(3) 고압멸균기 멸균시 사용방법과 순서를 적으시오.

　① 멸균기 속의 열선이 잠길 정도로 증류수를 넣는다.

　② 멸균기 속에 배양병(플라스크, 시험관 등)을 넣는다.

　③ 뚜껑조임나사를 조여준다.

　④ 온도조절기를 121℃로 맞춘 후 가열한다.

　⑤ 뚜껑의 온도계가 90~100℃가 되면 배기밸브를 완전히 잠근다.

　⑥ 온도가 121℃, 압력이 1.2기압이 되면 이때부터 멸균 시작한다.

　⑦ 타이머로 멸균시간을 15~20분 측정한다.

　⑧ 멸균이 끝나면 전원을 끄고 압력계가 "0"이 될 때까지 기다린 후 천천히 배기밸브를 조금씩 열어준다.

　⑨ 배양병을 꺼내 식힌다.

(4) 계대배양을 위해 100ml 용기에 분주를 하려고 한다. 배지는 몇 ml가 적당한가?

　40ml

(5) 하이포넥스 배지 배양방법

① 2ℓ 용량의 비커에 물을 약 500ml 정도 취한다.

② 저울을 이용하여 하이포넥스 3g, 펩톤 2~4g, 설탕 30g을 정확히 달아 넣고 녹인다.(필요에 따라 생장조절제를 첨가한다.)

③ 물을 첨가하여 950ml가 되게 한다.

④ pH를 5.5~5.8로 맞춘다.

⑤ 메스실린더로 옮긴 다음, 물을 첨가하여 1ℓ가 되게 한다.

⑥ 주전자에 옮긴 후 한천 7~10g과 활성탄 0.5g을 넣는다.

⑦ 중간 불을 가하여 눌지 않도록 유리막대로 잘 저어가며 한천을 용해시킨다.

⑧ 끓인 배지를 굳기 전에 배양병에 분주하고 뚜껑을 막는다.

⑨ 분주한 배지를 고압 증기 멸균기에 넣고 121℃, 1.2기압에서 15~20분 동안 멸균한다.

⑩ 멸균이 끝난 배지는 꺼내어 가볍게 흔들어 활성탄이 고루 섞이도록 한다.

⑪ 상온에서 식힌 후 깨끗한 장소에 보관하고 신문으로 덮는다.

(6) 카네이션 생장점 또는 엽편을 채취하여 치상하시오.

① 메스로 생장점 또는 엽편을 0.5mm 정도로 절단

② 재료를 핀으로 고정

③ 시험관에 함몰되지 않게 치상

(7) 접목

1) 접목의 종류

① 절접(깎기접)

  ㉠ 대목의 3분의 1부분을 쪼개어 접수를 결속시키는 방법

  ㉡ 명자나무, 목련, 라일락, 모란, 장미, 벚나무 등

② 할접(쪼개접)

  ㉠ 대목의 중앙을 쪼개어 쐐기골로 만든 접수를 결속시키는 방법

  ㉡ 동백, 오엽송, 달리아, 숙근, 아지랑이꽃 등

③ 합접

  ㉠ 접수와 대목의 크기가 같은 것을 같은 각도로 잘라 결속시킴

  ㉡ 장미, 만병초, 철쭉류, 동백 등

④ 호접(맞접)

  ㉠ 뿌리가 있는 두 그루를 서로 결속시키는 방법

ⓛ 수박접목
⑤ 안장접
　　㉠ 대목 위에 접수를 올려놓아 결속시키는 방법
　　㉡ 선인장
⑥ 근접 : 뿌리가 쇠약해진 나무에 뿌리를 붙여 결속시키는 방법
⑦ 근두접 : 뿌리 바로 윗부분에 접하는 방법으로 분재에서 많이 이용함
⑧ 눈접 : 눈을 채취하여 접하는 방법

2) 접목의 종류와 방법

　※ 접목 : 대목과 접수의 형성층을 맞추는 일
　① 깎기접

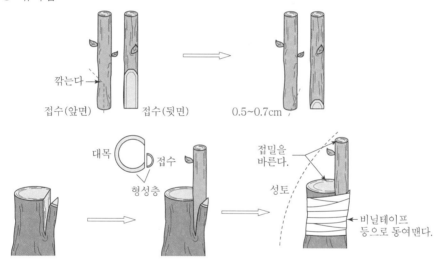

　② 쪼개접

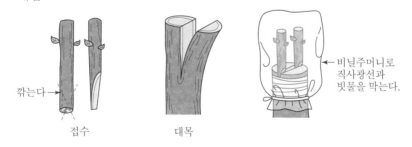

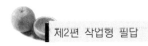

③ 눈접

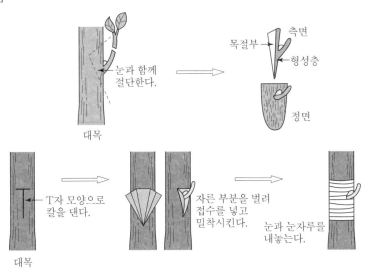

제3편 기출문제

Contents

Engineer Seeds & Industrial Engineer Seeds

Engineer Seeds & Industrial Engineer Seeds

※ 한 문제당 4~6점. 수험자의 기억을 토대로 복원하였으므로 실제 문제와 다를 수 있습니다.

01 종자 발아율의 정의를 쓰시오.

　정답 파종된 종자 수에 대한 발아종자 수의 비율

02 다음 내부 구조는 어떤 종자의 구조인지 쓰시오.

　정답 아스파라거스

03 식물신품종 보호법에서의 육성자의 정의를 쓰시오.

　정답 품종을 육성한 자나 이를 발견하여 개발한 자

04 식물신품종 보호법에서의 실시의 정의를 쓰시오.

　정답 보호품종의 종자를 증식, 생산, 조제, 양도, 대여, 수출 또는 수입하거나 양도 또는 대여의 청약(양도 또는 대여를 위한 전시를 포함)을 하는 행위

05 휴립구파법을 설명하시오.

　정답 이랑을 세우고 골에 파종하는 방법

06 증식체계를 순서대로 나열하시오.

🌱**정답** 기본식물 – 원원종 – 원종 – 보급종

07 다음 그림의 화서는?

🌱**정답** 집단화서

08 약배양의 방법을 쓰시오.

🌱**정답** 식물체의 화분이나 약(葯, 꽃밥)을 채취하여 인공배지에서 배양하여 반수체나 반수성 배(胚)를 생산한다.
※ 중요성 : 육종연한의 단축(3~4년이면 생산력 검정 가능)

09 조직배양의 정의를 쓰시오.

🌱**정답** 식물의 일부 조직을 무균적으로 배양하여 조직 자체의 증식 생장과 각종 조직 및 기관의 분화 발달에 의해 완전한 개체를 육성하는 방법

10 종자산업법상 종자의 정의를 쓰시오.

🌱**정답** 증식, 또는 재배용으로 쓰이는 씨앗, 버섯종균, 묘목, 포자 또는 영양체인 잎, 줄기, 뿌리 등

11 벼의 특정병 1가지를 쓰시오.

🌱**정답** 키다리병 또는 선충심고병

12 경결함묘의 예 5가지를 쓰시오.

> **정답** ① 초생근에 약간의 손상 또는 가벼운 성장 지연
> ② 초생근에 결함이 있으나 2차 근이 충분히 잘 발달함
> ③ 하배축, 중경, 상배축에 약간의 장해
> ④ 자엽에 최소한의 장해(전 조직 면적의 절반 이상이 기능을 가지고 있고 싹 끝과 주변 조직이 부패되지 않았거나 그 밖의 장해를 받지 않았을 때)
> ⑤ 쌍자엽 식물에서 한 개만 정상 자엽(싹 끝이나 주변 조직의 심한 장해나 부패가 없을 때)
> ⑥ 최소한의 손상을 받은 초생엽(총 조직면적의 절반 이상이 정상적인 기능일 때)
> ⑦ 초엽에 약간의 장해
> ⑧ 초엽이 끝에서 길이의 $\frac{1}{3}$ 을 넘지 않게 찢어짐
> ⑨ 느슨하게 꼬이거나 고리모양을 이룬 초엽
> ⑩ 녹색 잎이 초엽 끝까지 닿지 않았으나 최소한 초엽 길이의 절반 이상에 도달함

13 보증종자의 정의를 쓰시오.

> **정답** 종자산업법에 따라 해당 품종의 진위성과 종자의 품질이 보증된 채종단계별 종자

14 깎기접에 대한 다음 내용의 괄호에 알맞은 말을 쓰시오.

> 대목과 접수의 (   )을 잘 맞춘다.

> **정답** 형성층

15 육묘의 필요성 5가지를 쓰시오.

> **정답** ① 수확 및 출하기를 앞당길 수 있다.
> ② 품질향상과 수량증대가 가능
> ③ 집약적인 관리와 보호가 가능
> ④ 종자를 절약하고 토지이용도를 높일 수 있다.
> ⑤ 직파가 불리한 딸기, 고구마 등의 재배에 유리하다.

16 품종보호요건에서 안정성이란?

> **정답** 품종의 본질적인 특성이 반복적으로 증식된 후에도 그 품종의 본질적 특성이 변하지 않는 경우

17 단명종자를 보기에서 고르시오.

> **[보기]**
> 사탕무, 고추, 가지, 수박, 양파, 토마토, 당근

정답 고추, 양파, 당근
　　 ※ 장명종자 : 사탕무, 가지, 수박, 토마토

18 집단육종법을 설명하시오.

정답 교배를 하여 잡종을 만들고, 잡종 초기세대에서는 선발을 하지 않고 집단채종 및 혼합재배 하여 수 세대가 지난 후, 대부분의 개체가 순종이 되었을 때 비로소 선발을 시작하는 육종법으로, 일단 선발을 시작하면 그 후의 육종과정은 계통육종법에 준한다.

19 TTC 검정법의 적정 pH를 쓰시오.

정답 6.5~7.5

20 1차 시료의 정의를 쓰시오.

정답 소집단의 한 부분으로부터 얻어진 적은 양의 시료

2019년 종자산업기사

※ 한 문제당 4~6점. 수험자의 기억을 토대로 복원하였으므로 실제 문제와 다를 수 있습니다.

01 활착, 친화성에 대한 정의를 쓰시오.

> **정답** ① 활착(活着) : 식물체를 옮겨 심을 때 새 뿌리가 내려 양수분의 흡수기능이 발휘되는 일
> ② 친화성(親和性) : 어울림성을 말한다.

02 고추 종자 내부 그림이다, 각 종자기관에 맞는 명칭을 쓰시오.

> **정답** ⓐ 자엽
> ⓑ 배유
> ⓒ 유근

03 보기에서 장명종자를 모두 고르시오.

> [보기]
> 클로버, 벼, 강낭콩, 옥수수, 알팔파, 토마토, 수박

> **정답** 클로버, 알팔파, 토마토, 수박

[작물별 종자의 수명]

단명종자(1~2년)	상명종자(3~5년)	장명종자(5년 이상)
콩, 땅콩, 옥수수, 메밀, 기장, 목화, 해바라기, 강낭콩, 양파, 파, 상추, 당근, 고추	벼, 밀, 보리, 귀리, 완두, 유채, 페스큐, 켄터키블루그래스, 목화, 무, 배추, 호박, 멜론, 시금치, 우엉	클로버, 알팔파, 베치, 사탕무, 가지, 토마토, 수박, 비트

04 녹지삽이란 무엇인가 쓰시오.

　정답 경화가 일어나지 않은, 생육 중인 푸른 가지를 삽수로 이용하는 삽목

05 종자업을 정의하시오.

　정답 종자를 생산·가공 또는 다시 포장하여 판매하는 행위를 업으로 하는 것

06 식물보호법상 작물을 정의하시오

　정답 농산물 또는 임산물의 생산을 위하여 재배되는 모든 식물

07 품종보호권을 정의하시오.

　정답 품종보호권은 새로운 식물 재배품종을 만들면 등록하여 가지는 권리다.

08 품종보호권의 목적을 정의하시오

　정답 식물의 신품종에 대한 육성자의 권리 보호에 관한 사항을 규정함으로써 농림수산업의 발전에 이바지함을 목적으로 한다.

09 테트라졸륨(TZ) 검사 시 사용되는 pH는?

　정답 6.5~7.5

10 발아세를 정의하시오.

　정답 발아시험에 있어 파종한 다음 일정한 일수(화곡류는 3일, 귀리·강낭콩·시금치는 4일, 삼은 6일 등의 규약이 있음) 내의 발아를 말하며, 발아가 왕성한가 또는 왕성하지 못한가를 검정한다.

11 발아전을 정의하시오.

정답 대부분(80% 이상)이 발아한 날

12 인공종자 제조방법을 쓰시오.

정답 인공종자는 체세포의 조직배양으로 유기된 체세포 배를 캡슐에 넣어 만든다.
캡슐 재료는 알긴산 해초인 갈조류의 엽상체에서 얻는다.

13 다음 그림은 어떤 화서인지 쓰시오.

정답 육수화서

14 공정육묘의 이점을 5가지 쓰시오.

정답 ① 집중관리 용이
② 정식 후 활착이 빠름
③ 생력화 가능
④ 육묘기간 단축
⑤ 기계정식 용이

※ 공정육묘의 장점
• 단위면적에서 모의 대량생산이 가능하다.(재래식에 비하여 4~10배)
• 모든 과정을 기계화하므로 관리인건비 및 모의 생산비를 절감한다.
• 정식묘의 크기가 작아지므로 기계정식이 용이하고 인건비를 줄인다.
• 모 소질의 개선이 비교적 용이하다.
• 운반 및 취급이 간편하여 화물화가 용이하다.
• 대규모화가 가능하여 조합영농, 기업화 또는 상업농화가 가능하다.
• 육묘기간 단축이 가능하고 주문생산이 용이하여 연중 생산횟수를 늘릴 수 있다.

15 박과 접목의 이점 3가지를 쓰시오.

정답 ① 토양전염성 병 발생을 억제한다.
② 저온, 고온 등 불량 환경에 대한 내성이 증대된다.
③ 흡비력이 강해진다.

16 종자생산의 원종포 채종량은 얼마인지 쓰시오.

정답 80%
※ 원원종포 50%, 원종포 80%, 채종포 100%

17 계통육종에 대해 쓰시오.

정답 잡종의 초기 세대로부터 우량개체를 선발하여 그 다음 세대를 계통으로 양성하고 후대 검정하는 육종방법이다.

18 휴립휴파란 무엇인지 쓰시오.

정답 이랑을 세우고 이랑을 파종하는 방식이다.(콩, 조)

19 감자의 특정병 한 개를 쓰시오.

정답 바이러스, 둘레썩음병, 풋마름병, 갈쭉병

20 채소 접목의 이점 3가지를 쓰시오.

정답 ① 토양전염성 병 발생 억제
② 불량 환경에 대한 내성 증대
③ 흡비력이 강해짐

※ 접목의 이로운 점
• 토양전염성 병 발생을 억제한다.(덩굴쪼김병 : 수박, 오이, 참외)
• 저온, 고온 등 불량 환경에 대한 내성이 증대된다.(수박, 오이, 참외)
• 흡비력이 강해진다.(수박, 오이, 참외)
• 과습에 잘 견딘다.(수박, 오이, 참외)
• 과실의 품질이 우수해진다.(수박, 멜론)

2020년 종자기사 1회

※ 한 문제당 4~6점. 수험자의 기억을 토대로 복원하였으므로 실제 문제와 다를 수 있습니다.

01 다음 빈칸을 채우시오.

> 배추과 종자건전도 검정 중 2,4-D sodium 염 (　) 용액을 떨어트려 종자 발아를 억제시킨다.

정답 0.2%
　　※ 배추과 뿌리썩음병 : 5mL의 2,4-D 소디움염 0.2% 용액을 떨어뜨려 종자발아를 억제시킨다.

02 과수 바이러스 · 바이로이드 검정방법의 묘목당 잎 수는?

정답 5
　　※ 묘목당 5잎을 고르게 채취하여 잎 부위 전체를 갈아서 부스러뜨린다.

03 종자검사 및 포장검사 시 합성시료의 정의를 쓰시오.

정답 합성시료란 소집단에서 추출한 모든 1차 시료를 혼합하여 만든 시료이다.

04 식물신품종 보호법상 육성자의 정의를 쓰시오.

정답 육성자란 신품종을 육성한 자나 이를 발견하여 개발한 자를 말한다.

05 식물신품종 보호법상 구별성이란 무엇인가?

정답 최초의 품종보호 출원일 이전까지 일반인에게 알려져 있는 품종과 명확하게 구별되는 품종은 구별성을 갖춘 것으로 본다.
　　(일반인에게 알려져 있는 품종이란 ① 유통되고 있는 품종, ② 보호품종, ③ 품종목록에 등재되어 있는 품종이다.)

06 자가불화합성의 뜻을 설명하시오.

정답 한 개의 꽃 또는 같은 계통의 꽃 사이에서 수분이 이루어져도 수정하지 않는 현상으로 형태적 구조, 개화기 등의 이유로 모본과 부본은 정상이나 불임이 나타난다.

07 자가불화합성 타파 방법을 쓰시오.

정답 뇌수분, 지연수분, 노화수분, 이산화탄소 처리

08 콩 채종포 포장검사규격 중 기타병의 최고 한도는 몇 %이고, 특정병명은 무엇인가?

정답 • 기타병 : 모자이크병, 세균성점무늬병, 불마름병, 탄저병 및 노균병이며 최고 한도는 20%
  • 특정병 : 자반병(자주무늬병)

09 파, 양파 종자의 형태는 어떤 형상인가?

정답 방패형
  ※ 전형적인 종자의 형상은 원형이나 타원형이지만 파, 양파, 부추는 방패형에 속한다.

10 총상화서의 정의를 쓰시오.

정답 긴 화서축에 자루가 있는 꽃을 측생시키는 총수화서의 한 형태이다.

11 다음 그림의 화서 명칭을 쓰시오.

🖋정답 육수화서

12 종자산업법에서 규정하고 있는 품종성능의 정의를 쓰시오.

🖋정답 품종성능이란 품종이 이 법에서 정하는 일정 수준 이상의 재배 및 이용상 가치를 생산하는 능력을 말한다.

13 테트라졸륨 검사법에서 벼과 종자의 검사 시 테트라졸륨 용액(TTC) 농도를 쓰시오.

🖋정답 벼과는 1.0%이다.

14 조직배양의 인위적 돌연변이 유발원 3가지를 쓰시오.

🖋정답 알파선, 베타선, 감마선, X선

15 녹지삽의 정의를 쓰시오.

🖋정답 경화가 일어나지 않은, 생육 중인 푸른 가지를 삽수로 이용하는 삽목방식이다.

16 식물신품종 보호법의 목적을 쓰시오.

> **정답** 식물신품종 보호법은 식물의 신품종에 대한 육성자의 권리 보호에 관한 사항을 규정함으로써 농림수산업의 발전에 이바지함을 목적으로 한다.

17 도꼬마리의 일장감응형 9형의 화아분화 전, 후를 쓰시오.

> **정답** • 화아분화 전 : 단일
> • 화아분화 후 : 중일

[작물의 일장감응형]

명칭	화아분화 전	화아분화 후	종류
LL 식물	장일성	장일성	시금치 · 봄보리
LI 식물	장일성	중일성	Phlox paniculate · 사탕무
LS 식물	장일성	단일성	Boltonia · Physostegia
IL 식물	중일성	장일성	밀
II 식물	중일성	중일성	고추 · 올벼 · 메밀 · 토마토
IS 식물	중일성	단일성	소빈국(小濱菊)
SL 식물	단일성	장일성	프리뮬러 · 시네라리아 · 양딸기
SI 식물	단일성	중일성	늦벼(신력 · 욱) · 도꼬마리
SS 식물	단일성	단일성	코스모스 · 나팔꽃 · 늦콩

18 다음 양배추 종자구조의 명칭을 쓰시오.

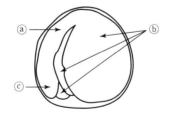

> **정답** ⓐ 하배축
> ⓑ 자엽
> ⓒ 유근

19 수박 인공교배 조작방법 4가지를 쓰시오.

정답 ① 개화 전날 제웅한다.
② 모계와 부계에 봉지를 씌운다.
③ 개화 당일 봉지를 벗기고 교배한다.
④ 다시 봉지를 씌우고 표찰을 부착한다.

20 뽕밭 포장격리 시 무병 묘목인지 확인되지 않은 경우 최소 ( )m 이상 격리되어 근계의 접촉이 없어야 하는가?

정답 5

※ 무병 묘목인지 확인되지 않은 경우 뽕밭과 최소 5m 이상 격리되어 근계의 접촉이 없어야 하고 다른 품종과 섞이는 것을 방지하기 위해 한 열에는 한 품종만 재식한다.

2020년 종자산업기사 1회

※ 한 문제당 4~6점. 수험자의 기억을 토대로 복원하였으므로 실제 문제와 다를 수 있습니다.

01 품종성능의 정의를 쓰시오.

🌱**정답** 품종성능이란 품종이 종자산업법에서 정하는 일정 수준 이상의 재배 및 이용상 가치를 생산하는 능력을 말한다.

02 종자 프라이밍 실시의 이유를 쓰시오.

🌱**정답** 균일하고 신속한 발아를 위해서 실시한다.

03 종자산업법의 목적을 쓰시오.

🌱**정답** 종자산업법은 종자와 묘의 생산·보증 및 유통, 종자산업의 육성 및 지원 등에 관한 사항을 규정함으로써 종자산업의 발전을 도모하고 농업 및 임업 및 수산업 생산의 안정에 이바지함을 목적으로 한다.

04 다음 보기 중 단명종자를 모두 선택하여 쓰시오.

[보기]
비트, 팬지, 일일초, 나팔꽃, 백일홍, 스타티스

🌱**정답** 팬지, 일일초, 스타티스
   ※ 상명종자(3~5년) : 비트
      장명종자(5년 이상) : 나팔꽃 백일홍

05 종자의 정의를 쓰시오.

🌱**정답** 종자란 증식용 또는 재배용으로 쓰이는 씨앗, 버섯 종균, 묘목, 포자 또는 영양체인 잎·줄기·뿌리 등을 말한다.

06 발아시의 정의를 쓰시오

🌱정답 최초로 1개체가 발아한 날을 말한다.

　※ 발아시험
　• 발아시(發芽始) : 최초의 1개체가 발아한 날
　• 발아기(發芽期) : 전체 종자의 40~50%가 발아한 날
　• 발아전(發芽揃) : 대부분(80% 이상)이 발아한 날

07 종자코팅 중 필름코팅에 대한 정의를 쓰시오.

🌱정답 필름코팅이란 농약과 색소를 혼합하여 접착제로 종자 표면에 얇게 코팅 처리하는 것이다.

08 종자생산포장의 채종량에서 원원종포 채종량를 쓰시오.

🌱정답 원원종포 채종량은 50%이다.
　※ 원종포 : 80%, 채종포 : 100%

09 접목의 장점 3가지를 쓰시오.

🌱정답 ① 결과 촉진
　② 병충해 저항성 향상
　③ 지역풍토 적응성 증대

10 단아삽의 정의를 쓰시오.

🌱정답 하나의 눈을 삽상에 꽂아 새로운 개체를 번식시키는 영양 번식법이다.

11 종자수분함량 측정 시 전자저울로 소수 몇째 자리까지 측정해야 하는가?

🌱정답 소수 셋째 자리까지 측정한다.
　※ 수분 함량 측정은 소수 셋째 자리까지 측정하고, 수분 함량을 계산하여 소수 첫째 자리까지 적는다.

12 다음 ( )에 들어갈 단어를 쓰시오.

> 한 꽃 속에 수술과 암술이 모두 있는 양전화에서 자가수정을 방지하기 위해 꽃망울 상태에서 꽃의 영 부위를 가위로 잘라내고 핀셋으로 수술을 끄집어내거나 꽃봉오리의 꽃잎을 핀셋으로 헤쳐 꽃밥을 들어내는 작업을 제정이라고 하는데, 보통 제정 대신에 (   )을(를) 사용하여 모든 제정 과정을 통칭한다.

정답 제웅

※ 제웅은 꽃이 피기 전에 약을 들어내는 것이다. 온도처리 등에 의해 약의 화분만 죽게 하는 것은 제정이라고도 하는데, 보통 제웅이라고 부른다.

13 양파 종자 내부 그림이다. 각 종자기관에 맞는 명칭을 쓰시오.

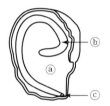

정답 ⓐ 배유
ⓑ 자엽
ⓒ 유근

14 공정육묘의 장점을 5가지 쓰시오.

정답 ① 집중관리 용이
② 정식 후 활착이 빠름
③ 생력화 가능
④ 육묘기간 단축
⑤ 기계정식 용이

※ **공정육묘의 장점**
- 단위면적에서 모의 대량생산이 가능하다.(재래식에 비하여 4~10배)
- 모든 과정을 기계화하므로 관리인건비 및 모의 생산비를 절감한다.
- 정식묘의 크기가 작아지므로 기계정식이 용이하고 인건비를 줄인다.
- 모 소질의 개선이 비교적 용이하다.
- 운반 및 취급이 간편하여 화물화가 용이하다.
- 대규모화가 가능하여 조합영농, 기업화 또는 상업농화가 가능하다.
- 육묘기간 단축이 가능하고 주문생산이 용이하여 연중 생산횟수를 늘릴 수 있다.

15 다음 그림의 화서는 무엇인지 쓰시오.

정답 유이화서

16 맥류의 특정병을 쓰시오.

정답 겉깜부기병, 속깜부기병, 보리줄무늬병

17 육성자의 정의를 쓰시오.

정답 신품종을 육성한 자 또는 이를 발견하여 개발한 자

18 다음 식물신품종 보호법에 대한 설명에서 빈칸에 알맞은 내용을 쓰시오.

> 품종보호 출원일 이전까지 일반인에게 알려져 있는 품종과 명확하게 구별되는 품종은 (   )을 갖춘 것으로 본다.

정답 구별성

19 종자검사요령상 시료 추출 내용이다. (   )의 수치를 쓰시오.

작물	소집단 최대 중량(톤)	시료의 최소 중량(g)			
		제출시료	중량검사	이종계수용	수분검정용
옥수수	40	1,000	( )	1,000	100

정답 900

※ 옥수수의 중량검사 시료의 최소 중량은 900g이다.

20 작물의 복토 깊이가 깊은 순으로 쓰시오.

생강, 토마토, 귀리, 튤립, 상추

정답 튤립 > 생강 > 귀리 > 토마토 > 상추

※ **주요 작물의 복토 깊이**
- 종자가 보이지 않을 정도 : 소립목초종자, 파, 양파, 당근, 상추, 유채, 담배 등
- 0.5 ~1.0 cm : 양배추, 가지, 토마토, 고추, 배추, 오이, 순무, 차조기 등
- 1.5 ~2.0 cm : 조, 기장, 수수, 호박, 수박, 시금치 등
- 2.5 ~3.0 cm : 보리, 밀, 호밀, 귀리, 아네모네 등
- 3.5 ~4.0 cm : 콩, 팥, 옥수수, 완두, 강낭콩, 잠두 등
- 5.0 ~9.0 cm : 감자, 토란, 생강, 크로커스, 글라디올러스 등
- 10 cm 이상 : 튤립, 수선, 히아신스, 나리 등

2020년 종자기사 2회

※ 한 문제당 4~6점. 수험자의 기억을 토대로 복원하였으므로 실제 문제와 다를 수 있습니다.

01 식물신품종 보호법상 실시의 정의를 쓰시오.

> 🌱**정답** 실시란 보호품종의 종자를 증식·생산·조제·양도·대여·수출 또는 수입하거나 양도 또는 대여의 청약을 하는 행위를 말한다.

02 과수 정지작업에서 배상형에 대해 설명하시오.

> 🌱**정답** 짧은 원줄기상에 3~4개의 원가지를 발달시켜 수형을 술잔 모양이 되게 하는 정지법이다.

03 호밀의 TTC 용액 농도를 쓰시오.

> 🌱**정답** 호밀은 1%이다.

04 무한화서이면서 두상화서를 설명하시오.

> 🌱**정답** 두상화서는 꽃차례축의 끝이 원판형으로 되어 그 위에 꽃자루가 없는 작은 꽃들이 밀집하여 달리므로 머리 모양으로 보이는 꽃차례이며, 무한화서의 일종이다.

05 식물신품종 보호법의 목적에 대해 설명하시오.

> 🌱**정답** 식물신품종 보호법은 식물의 신품종에 대한 육성자의 권리 보호에 관한 사항을 규정함으로써 농림수산업의 발전에 이바지함을 목적으로 한다.

06 경실종자의 휴면타파 방법 3가지를 쓰시오.

정답 ① 종피파상법
② 황산처리법
③ 건열처리법
④ 습열처리법
⑤ 진탕처리법

07 이식에서 난식의 정의를 설명하시오.

정답 난식은 일정한 질서 없이 점점이 이식하는 방법이다.

08 종자관리요강에서 사후검사기준 검사항목 3가지를 쓰시오.

정답 ① 품종의 순도
② 품종의 진위성
③ 종자전염병

09 다음 화서의 종류는 무엇인지 쓰시오.

정답 집단화서

10 종자 발아과정에 대해 설명하시오.

정답 수분 흡수 → 저장양분 분해효소 생성 및 활성화 → 저장양분의 분해·전류 및 재합성 → 배의
생장개시 → 과피(종피)의 파열 → 유묘 출현

11 파종 시 복토 깊이가 10cm인 것을 보기에서 2개 고르시오.

> [보기]
> 히아신스, 양배추, 토마토, 수선화, 고추, 오이

> **정답** 수선화, 히아신스
> ※ 고추, 오이, 토마토, 양배추의 복토 깊이는 0.5~1.0cm이다.

12 신초삽의 정의를 쓰시오.

> **정답** 줄기 끝의 연한 새순을 삽수로 이용하는 줄기꽂이 방법의 하나로 영양번식법이다.

13 뽕나무 포장검사의 시기와 횟수를 쓰시오.

> **정답** 생육기에 1회 실시한다.

14 웅성단위생식의 배 만드는 과정을 쓰시오.

> **정답** 난세포에 들어온 정핵이 난핵과 융합하지 않고 정핵 단독으로 분열하여 배를 형성한다.

15 종자에서 주공의 정의를 쓰시오.

> **정답** 배낭 아래쪽을 향해 있고, 화분이 배낭으로 침투해 들어가는 통로이다.

16 고구마 특정병을 쓰시오.

> **정답** 고구마 특정병은 흑반병 및 마이코플라스마병(mycoplasma병)을 말한다.
> ※ 고구마 기타병은 만할병 및 선충병을 말한다.

17 종자관리사의 정의를 쓰시오.

> **정답** 법에 따른 자격을 갖춘 사람으로서 종자업자가 생산하여 판매·수출하거나 수입하려는 종자를 보증하는 사람을 말한다.

18 다음 아스파라거스 종자구조의 명칭을 쓰시오.

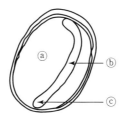

> **정답** ⓐ 배유
> ⓑ 자엽
> ⓒ 유근

19 품종육성 과정을 쓰시오.

> **정답** 육종목표 설정 → 육종재료 및 육종방법 결정 → 변이 작성 → 우량계통 육성 → 생산성 검정 → 지역적응성 검정 → 신품종 결정 및 등록 → 종자 증식 → 신품종 보급

20 종자의 정의를 쓰시오.

> **정답** 종자란 증식용 또는 재배용으로 쓰이는 씨앗, 버섯 종균, 묘목, 포자 또는 영양체인 잎·줄기·뿌리 등을 말한다.

2020년 종자산업기사 2회

※ 한 문제당 4~6점. 수험자의 기억을 토대로 복원하였으므로 실제 문제와 다를 수 있습니다.

01 식물신품종 보호법의 목적을 쓰시오.

정답 식물의 신품종에 대한 육성자의 권리 보호에 관한 사항을 규정함으로써 농림수산업의 발전에 이바지함을 목적으로 한다.

02 장명종자를 보기에서 모두 찾아 쓰시오.

> [보기]
> 비트, 토마토, 콩, 목화, 옥수수, 기장, 가지

정답 장명종자 : 비트, 토마토, 가지
　　※ 단명종자 : 콩, 목화, 옥수수, 기장

03 식물신품종 보호법상 육성자의 정의를 쓰시오.

정답 육성자란 품종을 육성한 자나 이를 발견하여 개발한 자를 말한다.

04 종자의 휴면타파 방법 3가지를 쓰시오.

정답 ① 저온처리
　　　② 광처리
　　　③ 지베렐린 처리

05 종자산업법상 보증종자의 정의를 쓰시오.

정답 보증종자란 해당 품종의 진위성과 해당 품종 종자의 품질이 보증된 채종 단계별 종자를 말한다.

06 종자산업법상 종자업의 정의를 쓰시오.

정답 종자업이란 종자를 생산·가공 또는 다시 포장하여 판매하는 행위를 업으로 하는 것을 말한다.

07 무포자생식의 정의를 쓰시오.

정답 배낭을 만들지만 배낭의 조직세포가 배를 형성하는 것을 말한다.

08 배추속썩음병 원인 2가지를 쓰시오.

정답 ① 석회 결핍
② 칼슘 부족

09 종자산업법의 목적을 쓰시오.

정답 종자산업법은 종자와 묘의 생산·보증 및 유통, 종자산업의 육성 및 지원 등에 관한 사항을 규정함으로써 종자산업의 발전을 도모하고 농업 및 임업 생산의 안정에 이바지함을 목적으로 한다.

10 단순취목방법에 대해 쓰시오.

정답 보통법 휘묻이로, 가지를 휘어서 일부를 흙 속에 묻는 방법이다.
예) 나무딸기

11 종자검사요령상 시료 추출 내용이다. ( )의 수치를 쓰시오.

작물	소집단 최대 중량(톤)	시료의 최소 중량(g)			
		제출시료	중량검사	이종계수용	수분검정용
양파	10	80	( )	80	50

정답 8
※ 양파의 중량검사 시료의 최소 중량은 8g이다.

12 품종퇴화의 원인을 4가지 쓰시오.

정답 ① 유전적
② 병리적
③ 생리적
④ 저장종자의 퇴화

13 식물신품종 보호법에 대한 다음 내용 중 (   )에 알맞은 말을 쓰시오.

> 품종의 본질적 특성이 반복적으로 증식된 후에도 그 품종의 본질적 특성이 변하지 아니하는 경우에는
> 그 품종은 (   )을 갖춘 것으로 본다.

정답 안정성

14 플러그묘 생산 배양토 구비조건 4가지를 쓰시오.

정답 ① 보수력이 좋아야 한다.
② 비료성분이 넉넉해야 한다.
③ 배수가 양호해야 한다.
④ 병해충원이 없어야 한다.

15 추파형 가을보리를 춘화처리 없이 봄 파종 시 발생하는 현상을 무엇이라 하는지 쓰시오.

정답 좌지현상

16 맥류 중 보리 특정병 2가지를 쓰시오.

정답 ① 겉깜부기병
② 속깜부기병

17 과수종자 발아 후 발육을 향상시킬 목적으로 파종 전에 하는 처리 4가지를 쓰시오.

정답 ① 열탕침지법
② 냉수침지법
③ 약제처리법
④ 핵종파쇄법

18 휘묻이 번식방법의 종류 2가지를 설명하시오.

정답 ① 보통법(단순취목법) : 가지를 휘어서 일부를 흙 속에 묻는 방법이다.
② 선취법 : 가지의 선단부를 휘어서 묻는 방법이다.

19 종자가 배방 또는 태좌에 붙어 있는 곳을 무엇이라 하는지 쓰시오.

정답 씨방(자방)

20 종자 펠릿의 정의를 쓰시오.

정답 종자가 매우 미세하거나, 표면이 매우 불균일하거나, 가벼워서 손으로 다루거나 기계 파종이 어려울 경우에 종자 표면에 화학적으로 불활성인 고체 물질을 피복하여 종자를 크게 만드는 것을 말한다.

2020년 종자기사 3회

※ 한 문제당 4~6점. 수험자의 기억을 토대로 복원하였으므로 실제 문제와 다를 수 있습니다.

01 식물신품종 보호법상 보호품종의 정의를 적으시오.

정답 보호품종이란 이 법에 따른 품종보호 요건을 갖추어 품종보호권이 주어진 품종을 말한다.

02 육묘이식의 장점 5가지를 적으시오.

정답 ① 종자 절약 가능
② 토지이용도 증대
③ 생력화재배 가능
④ 병해충 회피
⑤ 초기생육 우세

03 과수 바이러스·바이로이드 시료 채취는 1년에 몇 회 실시하는지 쓰시오.

정답 2회 실시한다.

04 다음 ( )에 알맞은 내용을 쓰시오.

> 안전성 판정결과는 ( ) 이상 시험의 균일성 판정결과 시 균일성을 인정받는다.

정답 2년

05 여교배 육종방법에 대해 쓰시오.

정답 여교배 육종이란 F1(잡종)을 양친 중 어느 한쪽과 교배하는 것이다.

06 무배유종자를 모두 고르시오.

> [보기]
> 보리, 콩, 완두, 벼, 밀, 팥

정답 콩, 팥, 완두
　　※ 유배유종자 : 보리, 벼, 밀

07 조직배양에 대한 설명이다. 빈칸에 들어갈 말을 쓰시오.

> 조직배양은 식물체의 (　　)을 이용한 방법으로, 이것으로 인해 식물체가 복원되는 것을 이용한다.

정답 전체형성능

08 장명종자를 모두 고르시오.

> [보기]
> 양파, 당근, 클로버, 사탕무, 토마토, 상추, 파

정답 클로버, 사탕무, 토마토
　　※ 단명종자 : 양파, 당근, 상추, 파

09 다음 빈칸에 들어갈 내용을 쓰시오.

> (　　　　)은/는 종자산업의 육성 및 지원을 위하여 (　　)마다 농림종자산업의 육성 및 지원에 관한 종합계획을 수립·시행하여야 한다.

정답 농림축산식품부장관, 5년

10 깍기접에 대한 설명이다. (　　)에 알맞은 내용을 쓰시오.

> 깍기접에서 접수와 대목은 (　　)을 맞추어서 고정시킨다.

정답 형성층
　　※ 접목은 대목과 접수의 형성층을 맞추는 일이다.

11 단순순환선발의 정의를 쓰시오.

정답 육종 기술의 하나로 몇 세대 동안 지속적인 유전적 개량효과를 얻기 위한 순환선발의 기본방법이다.

12 셀러리 종자의 내부구조이다. 각 구조의 명칭을 쓰시오.

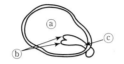

정답 ⓐ 배유
ⓑ 자엽
ⓒ 유근

13 휴립휴파법의 정의를 쓰시오.

정답 휴립휴파법은 이랑을 세우고 이랑에 파종하는 방식이다.

14 시금치 종자검사요령상 시료 추출 표이다. 이종계수용에 알맞은 숫자를 쓰시오.

작물	소집단 최대 중량(톤)	시료의 최소 중량(g)			
		제출시료	중량검사	이종계수용	수분검정용
시금치	10	250	25	( )	50

정답 250

15 식물신품종 보호법의 목적을 쓰시오.

정답 식물신품종 보호법은 식물의 신품종에 대한 육성자의 권리 보호에 관한 사항을 규정함으로써 농림수산업의 발전에 이바지함을 목적으로 한다.

16 복상포자생식을 정의하시오.

정답 배낭모세포가 감수분열을 못 하거나 비정상적인 분열을 하여 배를 형성하는 것이다.

17 종자산업법상 종자산업을 정의하시오.

> **정답** 종자산업이란 종자와 묘를 연구개발·육성·증식·생산·가공·유통·수출·수입 또는 전시 등을 하거나 이와 관련된 산업을 말한다.

18 포장검사 시 고구마 특정병 2가지를 쓰시오.

> **정답** 흑반병, 마이코플라스마병

19 한국 종자증식체계에서 원원종의 정의를 적으시오.

> **정답** 원원종은 기본식물을 받아 도 농업기술원 원원종포장에서 생산한 종자이다.
> ※ • 기본식물 : 농진청에서 개발된 신품종 종자, 증식의 근원이 되는 종자
> • 원원종 : 기본식물을 받아 도 농업기술원 원원종포장에서 생산한 종자
> • 원종 : 원원종을 받아 도 농업자원관리원(원종장) 원종포장에서 생산한 종자
> • 보급종 : 원종을 국립종자원에서 받아 농가에 보급하기 위해 생산한 종자
> • 증식종 : 지방자치단체 등에서 자체계획에 따라 원종을 증식한 종자

20 종자산업법상 작물의 정의를 쓰시오.

> **정답** 작물이란 농산물 또는 임산물의 생산을 위하여 재배되는 모든 식물을 말한다.

2021년 종자기사 1회

※ 한 문제당 4~6점. 수험자의 기억을 토대로 복원하였으므로 실제 문제와 다를 수 있습니다.

01 쌀과 고춧가루 작물의 최적 저장방법에 대해 쓰시오.

정답
- 쌀 : 안전저장 조건은 온도 15℃, 상대습도 약 70%이다. 고품질을 유지할 수 있는 쌀의 수분함량 은 15~16%이다. 공기조성을 산소 5~7%, 탄산가스 3~5%로 유지하면 더욱 안전하다.
- 고춧가루 : 수분함량 11~13%, 저장고의 상대습도 약 60%가 안전저장 조건이다. 수분함량 10% 이하로 건조되면 탈색되고, 19% 이상이 되면 갈변하기 쉽다.

※ 작물별 안전저장 조건
- 기타 곡물 : 미국에서는 1년간 안전저장을 하기 위한 수분함량의 최고 한도로 옥수수·수수 ·귀리는 13%, 보리는 13~14%, 콩은 11%를 적용한다. 5년 이상 장기 저장하려면 수분함량 을 이보다 2% 정도 더 낮게 한다.
- 식용 감자 및 씨감자 : 안전저장 조건은 온도 3~4℃, 상대습도 85~90%이다. 수확 직후 약 2주 동안 바람이 잘 통하는 10~15℃의 서늘한 곳에서, 습도는 다소 높게 유지하여 큐어링 한다.
- 가공용 감자 : 저장적온은 10℃이며, 이보다 저온에서는 당함량이 증가하여 품질이 낮아진다. 그러나 10℃에서 휴면이 빨리 타파되어 발아하므로 장기저장은 어렵다.
- 고구마 : 안전저장 조건은 온도 13~15℃, 상대습도 85~90%이다. 단 저장 전처리로 반드시 큐어링을 해야 한다. 큐어링은 수확 직후 온도 30~33℃, 상대습도 90~95%에서 3~6일간 실시한다. 큐어링이 끝나면 13℃까지 방랭한 후 본저장을 한다. 고구마는 0℃에서 21시간, −15℃ 에서 3시간이면 냉동해를 입는다.
- 과실 : 대부분의 과실은 온도 0~4℃, 상대습도 80~85%에 저장하는 것이 알맞다.
- 엽·근채류 : 대부분의 엽채류는 온도 0~4℃, 상대습도 90~95%에 저장하는 것이 알맞다.
- 마늘 : 상온저장은 0~20℃, 상대습도 약 70%가 알맞고, 저온저장은 3~5℃, 상대습도 약 65%가 알맞다. 단 수확 직후의 마늘은 수분함량이 약 80%나 되므로 예건과정을 거쳐서 수분 함량을 65% 정도로 낮추어야 한다.
- 바나나 : 열대작물이므로 13℃ 이상에서 저장한다. 13℃ 이하에서는 냉해를 입는다.

02 양배추 종자구조의 명칭을 쓰시오.

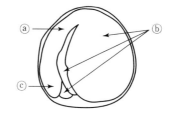

🌱**정답** ⓐ 하배축
　　　ⓑ 자엽
　　　ⓒ 유근

03 다음 삽목의 정의에 대해 쓰시오.

① 경지삽
② 신초삽

🌱**정답** ① 경지삽 : 포도·무화과 등과 같이 묵은 가지를 삽목하는 것이다.
　　　② 신초삽 : 인과류·핵과류·감귤류 등에서와 같이 1년 미만의 새 가지를 삽목하는 것이다.
　　　※ 녹지삽 : 당년생의 초본녹지(카네이션·펠라고늄 등)를 삽목하는 것이다.

04 계통육종법이란 무엇인지 쓰시오.

🌱**정답** 교배를 하여 잡종을 만들고 그 분리세대인 F2 이후부터 계속 개체선발을 하고 선발된 개체를 개체
　　별 계통재배를 되풀이하면서 그들 계통을 서로 비교하여 우량한 계통을 선발·고정하여 순계를
　　만들어 가는 방법이다.

05 사과나무 묘목의 길이와 직경에 대한 규격기준을 쓰시오.

🌱**정답** • 묘목의 길이 : 120cm 이상
　　　• 묘목의 직경 : 12mm 이상

06 다음은 배추과 뿌리썩음병에 관한 종자건전도 검정방법이다. (　　)에 알맞은 내용을 쓰시오.

> 샬레에 여과지(Whatman No.1)를 3장씩 깔고 시험시료 (①)/5mL의 2,4-D sodium 염 (②) 용액을 떨어뜨려 종자발아를 억제시킨다. 여분의 2,4-D액을 따라 버리고 종자를 무균수로 씻은 다음 샬레에 (③)씩 치상한다.

정답 ① 1,000입
　　 ② 0.2%
　　 ③ 50입

07 재래육묘와 비교한 공정육묘의 장점을 3가지 쓰시오.

정답 ① 단위면적에서 모의 대량생산이 가능하다.(재래식에 비하여 4~10배)
　　 ② 모든 과정을 기계화하므로 관리 인건비 및 모의 생산비를 절감한다.
　　 ③ 정식묘의 크기가 작아지므로 기계정식이 용이하고 인건비를 줄인다.
　　 ④ 모 소질의 개선이 비교적 용이하다.
　　 ⑤ 운반 및 취급이 간편하여 화물화가 용이하다.
　　 ⑥ 대규모화가 가능하여 조합영농, 기업화 또는 상업농화가 가능하다.
　　 ⑦ 육묘기간 단축이 가능하고 주문생산이 용이하여 연중 생산횟수를 늘릴 수 있다.

08 다음 그림의 화서는 무엇인지 쓰시오.

정답 집단화서

09 다음 보기에서 난형 종자를 모두 찾아 쓰시오.

[보기]
보리, 고추, 양파, 파, 부추, 레드클로버, 무, 콩, 밀, 모시풀

정답 고추, 무, 레드클로버

※ • 방추형 종자 : 보리, 모시풀
  • 타원형 종자 : 벼, 밀, 콩
  • 방패형 종자 : 파, 양파, 부추

10 다음 종자의 발아과정에서 (   )에 해당하는 것을 쓰시오.

수분 흡수-(①   )-저장양분의 분해·전류 및 재합성-(②   )-종피의 파열-유묘 출아

정답 ① 저장양분 분해효소의 생성 및 활성화
② 배의 생장 개시

11 다음 육종과정에서 (   )에 해당하는 것을 쓰시오.

육종목표 설정-육종재료 및 육종방법 결정-(①   )-우량계통 육성-생산성 검정-(②   )
-신품종 결정 및 등록

정답 ① 변이 작성
② 지역적응성 검정

12 균일성이란 무엇인지 쓰시오.

정답 품종의 본질적 특성이 그 품종의 번식방법상 예상되는 변이를 고려한 상태에서 충분히 균일한 경우에 그 품종은 균일성을 갖춘 것으로 본다.

13 품종성능이란 무엇인지 쓰시오.

정답 품종성능이란 품종이 종자산업법에서 정하는 일정 수준 이상의 재배 및 이용상 가치를 생산하는 능력을 말한다.

14 벼 종자의 채종단계 중 원종포의 품종순도 최저한도(%)와 특정병 최고한도(%)를 쓰시오.

정답 • 품종순도 최저한도 : 99.9%
 • 특정병 최고한도 : 0.01%

※ 벼의 포장검사 검사규격

구분	품종순도 최저한도(%)	특정병 최고한도(%)
원원종포	99.9	0.01
원종포	99.9	0.01
채종포	1세대 : 99.7, 2세대 : 99.0	0.02

15 농림종자산업의 육성 및 지원에 관한 종합계획의 포함사항 3가지를 쓰시오.

정답 ① 종자산업의 현황과 전망
 ② 종자산업의 지원 방향 및 목표
 ③ 종자산업의 육성 및 지원을 위한 중기, 장기 투자계획
 ④ 종자산업 관련 기술의 교육 및 전문 인력의 육성방안

16 품종명칭이 등록되지 않는 경우를 3가지 쓰시오.

정답 다음 어느 하나에 해당하는 품종명칭은 등록을 받을 수 없다.
 ① 숫자로만 표시하거나 기호를 포함하는 품종명칭
 ② 해당 품종 또는 해당 품종 수확물의 품질·수확량·생산시기·생산방법·사용방법 또는 사용시기로만 표시한 품종명칭
 ③ 해당 품종이 속한 식물의 속 또는 종의 다른 품종의 품종명칭과 같거나 유사하여 오인하거나 혼동할 염려가 있는 품종명칭
 ④ 해당 품종이 사실과 달리 다른 품종에서 파생되었거나 다른 품종과 관련이 있는 것으로 오인하거나 혼동할 염려가 있는 품종명칭
 ⑤ 식물의 명칭, 속 또는 종의 명칭을 사용하였거나 식물의 명칭, 속 또는 종의 명칭으로 오인하거나 혼동할 염려가 있는 품종명칭
 ⑥ 국가, 인종, 민족, 성별, 장애인, 공공단체, 종교 또는 고인과의 관계를 거짓으로 표시하거나, 비방하거나 모욕할 염려가 있는 품종명칭
 ⑦ 저명한 타인의 성명, 명칭 또는 이들의 약칭을 포함하는 품종명칭. 다만, 그 타인의 승낙을 받은 경우는 제외한다.
 ⑧ 해당 품종의 원산지를 오인하거나 혼동할 염려가 있는 품종명칭 또는 지리적 표시를 포함하는 품종명칭
 ⑨ 품종명칭의 등록출원일보다 먼저 「상표법」에 따른 등록출원 중에 있거나 등록된 상표와 같거나 유사하여 오인하거나 혼동할 염려가 있는 품종명칭
 ⑩ 품종명칭 자체 또는 그 의미 등이 일반인의 통상적인 도덕관념이나 선량한 풍속 또는 공공의 질서를 해칠 우려가 있는 품종명칭

17 식물신품종 보호법에서 실시의 정의를 쓰시오.

🌱**정답** '실시'란 보호품종의 종자를 증식·생산·조제·양도·대여·수출 또는 수입하거나 양도 또는 대여의 청약을 하는 행위를 말한다.

18 생화학적 검정의 테트라졸륨(TZ) 검정법 시약에 대한 설명이다. (　)에 해당하는 것을 쓰시오.

> TZ 검정은 종자의 활력을 신속하게 평가할 수 있는 생화학적 검정방법으로 pH 6.5~7.5의 2,3,5−triphenyl tetrazolium chloride 또는 bromide 수용액을 사용하며 일반적으로 사용되는 농도는 (　)이다.

🌱**정답** 1.0%

19 보리, 콩의 포장검사 시 기타병, 특정병에 해당하는 것을 쓰시오.

🌱**정답** ① 보리
　　　• 특정병 : 겉깜부기병, 속깜부기병, 보리줄무늬병
　　　• 기타병 : 흰가루병, 붉은곰팡이병, 줄기녹병, 바이러스병
② 콩
　　　• 특정병 : 자반병(자주무늬병)
　　　• 기타병 : 모자이크병, 세균성 점무늬병, 불마름병, 탄저병, 노균병

20 휴립구파법에 대해 쓰시오.

🌱**정답** 포장에 이랑을 세우고 낮은 골에 파종하는 방식을 말한다.

2021년 종자산업기사 1회

※ 한 문제당 4~6점. 수험자의 기억을 토대로 복원하였으므로 실제 문제와 다를 수 있습니다.

01 화서에서 단집산화서를 정의하시오.

🌱**정답** 가운데 꽃이 맨 먼저 피고 그 다음 측지 또는 소화경에서 꽃이 피는 것

02 사후관리시험의 기준 및 방법에서 검사항목 3가지를 쓰시오.

🌱**정답** ① 품종의 순도
② 품종의 진위성
③ 종자전염병

03 종자증식체계의 단계를 쓰시오.

🌱**정답** 기본식물 → 원원종 → 원종 → 보급종

04 계통육종법에 대하여 설명하시오.

🌱**정답** 인공교배하여 1대 잡종을 만들고, F2 세대부터 매 세대 개체선발과 계통재배 및 계통선발을 되풀이하면서 우량한 유전자형의 순계(동형접합체)를 육성하는 방법으로 질적형질의 개량에 효과적이다.

05 종자검사요령상 시금치 종자 시료추출에 대한 설명이다. (   )에 해당하는 숫자를 쓰시오.

작물	소집단의 최대 중량(톤)	시료의 최소 중량(g)			
		제출시료	순도검사	이종계수용	수분검정용
시금치	10	250	25	250	( )

🌱**정답** 50

06 다음 화서는 무엇인지 쓰시오.

정답 단정화서

07 다음 당근 종자구조의 명칭을 쓰시오.

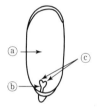

정답 ⓐ 배유
ⓑ 유근
ⓒ 자엽

08 들깨의 포장검정 시 특정병과 기타병을 쓰시오.

정답 • 특정병 : 녹병
• 기타병 : 줄기마름병

09 종자 파종양식 중 산파에 대해 정의하시오.

정답 산파는 포장 전면에 종자를 흩어 뿌리는 방법이다.

10 식물신품종 보호법상 품종을 정의하시오.

> **정답** 품종이란 식물학에서 통용되는 최저 분류 단위의 식물군으로서 품종보호 요건을 갖추었는지와 관계없이 유전적으로 나타나는 특성 중 한 가지 이상의 특성이 다른 식물군과 구별되고 변함 없이 증식될 수 있는 것을 말한다.

11 육묘이식의 필요성 5가지를 쓰시오.

> **정답** ① 직파가 불리한 작물의 정상적 재배 가능
> ② 수확량 증대
> ③ 조기수확 가능
> ④ 토지이용도 증대
> ⑤ 재해 방지
> ⑥ 용수 절약
> ⑦ 노력 절감
> ⑧ 추대 방지
> ⑨ 종자 절약

12 적아(摘芽)에 대한 정의를 쓰시오.

> **정답** 적아란 겨울을 지난 눈에서 잎이나 줄기가 나오려고 할 때 불필요한 눈을 따주는 것을 말한다.

13 고추의 화아분화 전, 화아분화 후의 일장형을 쓰시오.

> **정답** • 화아분화 전 - 중일성
> • 화아분화 후 - 중일성

14 과실의 종류 분류방법에서 복과를 설명하시오.

> **정답** 복과는 많은 꽃의 자방들이 모여서 하나의 덩어리를 이루고 있는 것을 말한다.
> 예로 파인애플, 라즈베리 등이 있다.

15 식물신품종 보호법의 목적을 쓰시오.

🌱**정답** 식물신품종 보호법은 식물의 신품종에 대한 육성자의 권리 보호에 관한 사항을 규정함으로써 농림
수산업의 발전에 이바지함을 목적으로 한다.

16 감자 원원종포의 포장격리를 설명하시오.

🌱**정답** 불합격포장, 비채종포장으로부터 50m 이상 격리되어야 한다.

17 다음 보기의 작물을 복토 깊이가 깊은 순서대로 나열하시오.

> [보기]
> 옥수수, 당근, 호박, 수선화

🌱**정답** 수선화 > 옥수수 > 호박 > 당근
　　※ 작물의 복토 깊이
　　　• 수선화 : 10cm 이상
　　　• 옥수수 : 3.5~4cm
　　　• 호박 : 1.5~2.0cm
　　　• 당근 : 종자가 보이지 않을 정도의 깊이

18 식물의 영양번식 방법에서 분주(分株)를 설명하시오.

🌱**정답** 분주는 포기나눔이라고 하며 지표면 가까이의 줄기나 뿌리에서 발생하는 어미나무의 새 움을 뿌리
와 함께 절취하여 새로운 개체를 만드는 식물의 번식방법이다.

19 종자산업법상 종자의 정의를 설명하시오.

🌱**정답** 종자산업법상 종자는 증식용 또는 재배용으로 쓰이는 씨앗 · 버섯종균 · 묘목 · 포자 또는 영체인
잎 · 줄기 · 뿌리 등을 말한다.

20 종자산업법상 보증종자를 설명하시오.

🌱**정답** 보증종자란 해당 품종의 진위성과 해당 품종 종자의 품질이 보증된 채종 단계별 종자를 말한다.

2021년 종자기사 2회

※ 한 문제당 4~6점. 수험자의 기억을 토대로 복원하였으므로 실제 문제와 다를 수 있습니다.

01 종자산업법의 목적을 쓰시오.

> **정답** 종자와 묘의 생산·보증 및 유통, 종자산업의 육성 및 지원 등에 대한 사항을 규정함으로써 종자산업의 발전을 도모하고 농업 및 임업 생산의 안정에 이바지함을 목적으로 한다.

02 식물신품종 보호법상 품종보호권이나 전용실시권을 침해한 것으로 보는 경우 2가지를 쓰시오.

> **정답** ① 품종보호권자나 전용실시권자의 허락 없이 타인의 보호품종을 업으로서 실시하는 행위
> ② 타인의 보호품종의 품종명칭과 같거나 유사한 품종명칭을 해당 보호품종이 속하는 식물의 속(屬) 또는 종의 품종에 사용하는 행위

03 국가품종목록 등재신청에 관한 내용이다. ( ) 안에 알맞은 내용을 쓰시오.

> 품종목록 등재대상작물의 품종을 품종목록에 등재하여 줄 것을 신청하는 자는 품종목록 등재신청서에 해당 품종의 (①)을/를 첨부하여 (②)에게 신청하여야 한다.

> **정답** ① 종자시료(種子試料)
> ② 농림축산식품부장관

04 다음 셀러리 종자구조의 명칭를 쓰시오.

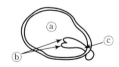

> **정답** ⓐ 배유
> ⓑ 자엽
> ⓒ 유근

05 다음 그림은 어떤 화서인지 쓰시오.

🖉 **정답** 육수화서

06 다음의 정의를 쓰시오.

① 위과
② 복과

🖉 **정답** ① 위과 : 자방 조직 이외의 조직이 발달하여 생기는 과실
② 복과 : 여러 개의 꽃에서 유래한 여러 개의 자방이 비대한 낱낱의 작은 과실들이 모여 1개의 과실을 이룬 것

07 다음의 정의를 쓰시오.

① 선취법
② 파상목취법

🖉 **정답** ① 선취법 : 가지의 선단부를 휘어 묻는 방식이다.
② 파상목취법 : 덩굴성인 가지를 파상으로 굽혀 일부는 땅속에 묻고 일부는 대기 중에 노출시키는 방식이다.

08 식물신품종 보호법상 품종보호를 받을 수 있는 권리를 가진 자를 쓰시오.

🖉 **정답** 육성자나 그 승계인이 품종보호를 받을 수 있는 권리를 가지며 2인 이상의 육성자가 공동으로 품종 육성 시 그 권리는 공유한다.

※ • 육성자나 그 승계인은 이 법에서 정하는 바에 따라 품종보호를 받을 수 있는 권리를 가진다.
• 2인 이상의 육성자가 공동으로 품종을 육성하였을 때에는 품종보호를 받을 수 있는 권리는 공유로 한다.

09 감자의 포장검사 실시 시기와 횟수를 쓰시오.

🖉 **정답** • 봄감자 : 유묘가 15cm 정도 자랐을 때 및 개화기부터 낙화기 사이에 각각 1회씩 실시한다.
• 가을감자 : 유묘가 15cm 정도 자랐을 때 및 제1기 검사 후 15일경에 각각 1회씩 실시한다.

10 수입적응성 검증시험의 재배시험지역 선정방법에 대해 쓰시오.(시설 내 재배시험인 경우 또는 예외적 규정이 있는 경우는 제외)

정답 재배시험지역은 최소한 2개 지역 이상으로 하되, 품종의 주 재배지역은 반드시 포함되어야 하며 작물의 생태형 또는 용도에 따라 지역 및 지대를 결정한다.

11 다음 보기 작물의 복토 깊이를 쓰시오.

> [보기]
> 파, 양파, 생강, 고추, 상추, 호밀

정답
- 파, 양파, 상추 : 종자가 보이지 않을 정도
- 생강 : 5.0~9.0cm
- 고추 : 0.5~1.0cm
- 호밀 : 2.5~3.0cm

※ 주요 작물의 복토 깊이
- 종자가 보이지 않을 정도 : 소립목초종자·파·양파·당근·상추·유채·담배 등
- 0.5~1.0 cm : 양배추·가지·토마토·고추·배추·오이·순무·차조기 등
- 1.5~2.0 cm : 조·기장·수수·호박·수박·시금치·무 등
- 2.5~3.0 cm : 보리·밀·호밀·귀리·아네모네 등
- 3.5~4.0 cm : 콩·팥·옥수수·완두·강낭콩·잠두 등
- 5.0~9.0 cm : 감자·토란·생강·크로커스·글라디올러스 등
- 10cm 이상 : 튤립·수선·히아신스·나리 등

12 다음 육종과정의 빈칸에 알맞은 내용을 쓰시오.

> 육종목표 설정 → 육종재료 및 육종방법 결정 → (①) → 생산성 검정 → (②) → 신품종 결정 및 등록 → (③) → 신품종 보급

정답 ① 변이 작성
② 지역적응성 검정
③ 종자 증식

13 과수 바이로이드 검사의 시료 전처리 및 보관방법에 대해 쓰시오.

정답 채취한 시료 전체(잎의 경우 잎자루 포함)를 액체질소에 급랭 후 막자사발을 이용하여 최대한 곱게 마쇄하거나 유사기구(조직 마쇄기 등)를 사용하여 마쇄한다. 마쇄된 시료 일부는 검정용으로 사용하고 나머지는 적당한 시료 튜브(보관용) 또는 식물체 자체로 일부분을 냉동(-80℃) 보관한다.

14 복대립유전자의 정의를 쓰시오.

🌱**정답** 하나의 유전자에 3개 이상의 대립유전자가 존재하는 것

15 종자 수분 측정에 대한 다음 내용의 ( )에 해당하는 것을 쓰시오.

> 곱게 마쇄하여야 하는 종은 분쇄된 것이 0.50mm 그물체를 최소한 (①)% 통과하고 남는 것이 1.00 mm 그물체 위에 (②)% 이하여야 한다. 거칠게 마쇄하여야 하는 종은 4.00mm 그물체를 최소한 50% 통과하고 2.00mm 체 위에 55% 이상 남아야 한다

🌱**정답** ① 50
　　② 10

16 다음 보기의 작물을 단명종자와 장명종자로 분류하시오.

> [보기]
> 기장, 목화, 토마토, 수박

🌱**정답** • 단명종자 : 기장, 목화
　　• 장명종자 : 토마토, 수박

　※ 작물별 종자의 수명

단명종자(1~2년)	상명종자(3~5년)	장명종자(5년 이상)
콩, 땅콩, 옥수수, 메밀, 기장, 목화, 해바라기, 강낭콩, 양파, 파, 상추, 당근, 고추	벼, 밀, 보리, 귀리, 완두, 유채, 페스큐, 켄터키블루그래스, 목화, 무, 배추, 호박, 멜론, 시금치, 우엉	클로버, 알팔파, 베치, 사탕무, 가지, 토마토, 수박, 비트

17 벼 종자의 TZ(테트라졸륨) 검정법 시약에 대한 설명이다. ( )에 해당하는 것을 쓰시오.

> 벼 종자 TZ 검정은 생화학적 검정방법으로 pH (①)의 2,3,5 − triphenyl tetrazolium chloride 또는 bromide 수용액을 사용하며 일반적으로 사용되는 농도는 (②)%이다.

🌱**정답** ① 6.5~7.5
　　② 1.0

18 기존 육묘와 비교한 공정육묘의 장점을 5가지 쓰시오.

정답 ① 단위면적에서 모의 대량생산이 가능하다.(재래식에 비하여 4~10배)
② 모든 과정을 기계화하므로 관리 인건비 및 모의 생산비를 절감한다.
③ 정식묘의 크기가 작아지므로 기계정식이 용이하고 인건비를 줄인다.
④ 모 소질의 개선이 비교적 용이하다.
⑤ 운반 및 취급이 간편하여 화물화가 용이하다.
⑥ 대규모화가 가능하여 조합영농, 기업화 또는 상업농화가 가능하다.
⑦ 육묘기간 단축이 가능하고 주문생산이 용이하여 연중 생산횟수를 늘릴 수 있다.

19 사후관리시험의 검사항목을 쓰시오.

정답 품종의 순도, 품종의 진위성, 종자전염병

※ 사후관리시험의 기준
• 검사항목 : 품종의 순도, 품종의 진위성, 종자전염병
• 검사시기 : 성숙기
• 검사횟수 : 1회 이상

20 버널리제이션의 정의를 쓰시오.

정답 식물의 개화나 출수가 일어나기 위해서는 생육 초기나 생육 도중에 일정 기간 일정한 온도환경에 노출되어야 한다. 이와 같이 작물의 출수·개화를 유도하기 위해서 생육의 일정한 시기에 일정한 온도(주로 저온) 처리를 하는 것을 버널리제이션(Vernalization) 또는 춘화처리라 한다.

2022년 종자기사 1회

※ 한 문제당 4~6점. 수험자의 기억을 토대로 복원하였으므로 실제 문제와 다를 수 있습니다.

01 식물신품종 보호법의 목적을 쓰시오.

🌱**정답** 신품종에 대한 육성자의 권리 보호에 관한 사항을 규정함으로써 농림수산업의 발전에 이바지한다.

02 사과나무 깎기접 접합에 대한 설명이다. 빈칸을 채우시오.

> 접수와 대목의 (   )을 맞춘다.

🌱**정답** 형성층

03 영양번식의 장점 3가지를 쓰시오.

🌱**정답** ① 종자 번식이 어려운 작물의 대량번식 가능
② 우량한 유전특성을 쉽게 영속적으로 유지
③ 암수 중 우량한 것을 골라 재배

04 양배추 F1품종의 양친을 다량 증식하는 방법 3가지를 적으시오.

🌱**정답** 노화수분, 뇌수분, 고온처리, 전기자극, 고농도 CO_2

05 취목(取木)의 방법을 설명하시오.

🌱**정답** 식물의 줄기나 가지를 잘라 내지 않고 휘어서 한쪽 끝을 땅속에 묻어 뿌리가 나오면 그 줄기나 가지를 잘라 내어 독립된 개체를 만드는 인공 번식법이다.

06 복토 깊이가 깊은 순서대로 나열하시오.

> 생강, 귀리, 토마토, 튤립, 상추

정답 복토 깊이가 깊은 순서 : 튤립 > 생강 > 귀리 > 토마토 > 상추

※ 주요 작물의 복토 깊이
- 종자가 보이지 않을 정도 : 소립목초종자, 파, 양파, 당근, 상추, 유채, 담배 등
- 0.5~1.0 cm : 양배추, 가지, 토마토, 고추, 배추, 오이, 순무, 차조기 등
- 1.5~2.0 cm : 조, 기장, 수수, 호박, 수박, 시금치 등
- 2.5~3.0 cm : 보리, 밀, 호밀, 귀리, 아네모네 등
- 3.5~4.0 cm : 콩, 팥, 옥수수, 완두, 강낭콩, 잠두 등
- 5.0~9.0 cm : 감자, 토란, 생강, 크로커스, 글라디올러스 등
- 10 cm 이상 : 튤립, 수선, 히아신스, 나리 등

07 웅성단위생식의 배를 만드는 방법을 서술하시오.

정답 난세포로 들어간 정세포가 단독으로 분열하여 배를 생성한다.

08 집단육종법에 대해 서술하시오.

정답 잡종을 초기 세대에 선발하지 않고 혼합채종, 집단재배를 반복하면서 집단의 80%가 동형 접합체가 되는 후기 세대에 개체를 선발하여 순계를 육성하는 방법

09 필름코팅의 정의를 쓰시오.

정답 농약과 색소를 혼합하여 종자 표면을 얇게 코팅하는 것

10 포장검사에서 벼 특정병 1가지를 쓰시오.

정답 키다리병

11 다음 그림은 어떤 화서인지 쓰시오.

🌱**정답** 집단화서

12 복상포자생식의 정의를 쓰시오.

🌱**정답** 복상포자생식

식물에서 복상의 대포자모세포가 직접 배를 형성하는 무배우생식의 형태

13 합성시료의 정의를 쓰시오.

🌱**정답** 소집단에서 추출한 모든 1차 시료를 혼합하여 만든 시료

14 안정성의 정의를 쓰시오.

🌱**정답** 바뀌거나 흔들리지 않고 평안한 상태를 유지하는 성질

15 다음 내부 구조는 어떤 종자의 구조인지 적으시오

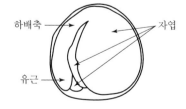

🌱**정답** 양배추

16 다음 보기에서 종자 형상이 방패형 종자를 모두 고르시오.

> [보기]
> 벼, 밀, 고추, 모시풀, 양파, 파, 무, 보리, 부추

정답 • 방패형 : 파, 양파, 부추
• 난형 : 고추, 무, 레드클로버
• 방추형 : 보리, 모시풀
• 타원형 : 벼, 밀, 팥, 콩

17 종자산업의 정의를 쓰시오.

정답 종자산업법에서 종자를 육성 · 증식 · 생산 · 조제 · 양도 · 대여 · 수출 · 수입 또는 전시하는 산업을 이르는 말이다.

18 휴립구파법의 정의를 쓰시오.

정답 이랑을 세우고 낮은 골에 파종하는 방식

19 육묘이식의 장점 5가지를 쓰시오.

정답 ① 초기생육 우세
② 종자 절약
③ 병충해 회피
④ 기계정식 가능
⑤ 정식 후 활착이 양호

20 총상화서의 정의를 쓰시오.

정답 긴 꽃대에 꽃자루가 있는 여러 개의 꽃이 어긋나게 붙어서 밑에서부터 피기 시작하는 꽃

2022년 종자산업기사 2회

※ 한 문제당 4~6점. 수험자의 기억을 토대로 복원하였으므로 실제 문제와 다를 수 있습니다.

01 뽕나무의 격리 거리는 몇 m인가?

🌱정답 5m

02 다음 보기에서 장명종자를 모두 고르시오.

> [보기]
> 콩, 옥수수, 토마토, 수박, 나팔꽃, 팬지, 목화

🌱정답 토마토, 수박, 나팔꽃

03 호밀 TTC 용액의 농도는 몇 %인가?(단, 30℃에서 3시간 동안 진행한다.)

🌱정답 1.0%

04 발아시의 정의를 쓰시오.

🌱정답 파종된 종자 중 최초의 1개체가 발아한 날

05 과수의 꽃눈의 분화 촉진 방법 2가지를 쓰시오.

🌱정답 ① 질소량이 과도한 시비 방지 및 인산시비
② 빠른 도장지 적심
③ 뿌리의 단근을 통한 C/N율 조절
④ 환상박피를 통한 C/N율 조절
⑤ 식물호르몬(사이토카이닌, 비비풀과 같은 신초억제제) 시비

06 채소종자의 추숙(후숙)의 효과 2가지를 쓰시오.

정답 ① 종자의 숙도를 균일하게 한다.
② 종자의 충실도를 높인다.
③ 2차 휴면을 타파한다.
④ 발아세와 발아율을 향상시킨다.
⑤ 종자의 수명을 연장한다.

07 여교배 구비조건 2가지를 쓰시오.

정답 ① 좋은 반복친이 있어야 한다.
② 1회친의 이전 형질의 특성이 변하지 않아야 한다.
③ 반복친의 특성을 충분히 회복해야 한다.

08 배추과 채소종자의 꽃눈 분화 조건과 추대 촉진방법에 대해서 설명하시오.

정답 저온장일, 배추과 작물의 경우에는 저온에 감응하고 장일에 꽃눈 분화와 추대가 촉진된다.

09 보증종자의 정의를 쓰시오.

정답 종자산업법에 따라 해당 품종의 진위성과 종자의 품질이 보증된 채종단계별 종자

10 그림을 보고 어떤 화서인지 적으시오.

정답 단정화서

11 품종보호권의 정의를 쓰시오.

정답 식물신품종 보호법에 따라 품종 보호를 받을 수 있는 권리를 가진 자에게 주는 권리

12 품종성능의 정의를 쓰시오.

정답 품종이 종자산업법에서 정하는 일정 수준 이상의 재배 및 이용상의 가치를 생산하는 능력

13 균일성(Uniformity)의 정의를 쓰시오.

정답 품종의 본질적 특성이 그 품종의 번식방법상 예상되는 변이를 고려한 상태에서 충분히 균일한 경우에는 그 품종은 균일성을 갖춘 것으로 본다.

14 필름 코팅과 종자 펠릿팅의 정의를 쓰시오.

정답 • 코팅 : 수용성 중합체를 종자 표면에 얇게 덧씌우는 것
• 펠릿팅 : 종자 표면에 불활성 고체 물질을 피복해 종자를 크게 만드는 것(기계파종, 포장출현율 증대 목적, 세립종자를 크게 함)

15 종자 사후관리 검사항목 2가지를 쓰시오.

정답 ① 품종의 순도
② 품종의 진위성
③ 종자 전염병

16 다음 고추 종자구조의 명칭을 쓰시오.

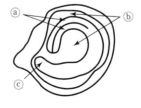

정답 ⓐ 자엽, ⓑ 배유, ⓒ 유근

17 녹지삽의 정의를 쓰시오.

🌱**정답** 당년생 새 가지가 목화되기 전에 삽목하는 것

18 공정육묘가 재래식보다 유리한 점 3가지를 쓰시오.

🌱**정답** 집중관리가 용이, 시설면적(토지)의 이용도 제고, 육묘기간 단축, 기계정식 용이, 취급 및 운반 용이, 정식 후 활착이 빠름, 관리 자동화 가능, 연중 생산횟수 증가, 관리비 절감

19 합성시료의 정의를 쓰시오.

🌱**정답** 소집단에서 추출한 모든 1차 시료를 혼합하여 만든 시료

20 순계가 선발 효과가 없는 이유를 설명하시오.

🌱**정답** 순계란 계통 내의 선발 효과가 없는 계통을 말한다. 순계는 동형 접합체이고 순계 내의 변이는 유전되지 않는 환경변이이므로, 순계 내에서는 선택의 교화를 볼 수 없기 때문이다.

참고문헌 및 자료출처

1. 참고 인터넷 사이트

농림수산식품부(http : //www.maf.go.kr)
농촌진흥청(http : //www.rda.go.kr)
국립농산물품질관리원(http : //www.naqs.go.kr)

2. 참고문헌

「재배학」최상민, 이그잼(EBS 교재)
「식용작물학」최상민, 이그잼(EBS 교재)
「삼고 재배학원론」박순직 외, 향문사
「쌀생산과학」채제천, 향문사
「알기쉬운 벼 재배기술」박광호 외, 향문사
「농산물품질평가와 관리」채제천, 향문사
「재배학범론」조재영 외, 향문사
「재배식물육종학」박순직 외, 한국방송통신대학교 출판부
「재배식물생리학」문원 외, 한국방송통신대학교 출판부
「외환경친화형농업」류수노, 한국방송통신대학교 출판부
「외작물생산생태학」이종훈, 한국방송통신대학교 출판부
「외식용작물학Ⅰ」박순직, 한국방송통신대학교 출판부
「외식용작물학Ⅱ」류수노, 한국방송통신대학교 출판부
「작물 생산 기술」류수노, 교육인적자원부

최상민 교수 약력

▣ 강의

- EBS 교육방송 농업직 담당(2006년)
- 전국 농업 · 농촌지도사 전문 강의
- 사무관 승진 농업 · 임업 · 농진청 · 농촌지도직 강의
- 농업자격증(종자, 유기농, 농산물품질관리사 및 기타) 강의
- 강원대학교 유기농업기능사, 종자기사 특강
- 충남대학교 종자기사 특강
- 前 (주)노량진 이그잼 고시학원 농업 · 농촌지도직 전임
- 前 대구 한국공무원고시학원 농업 · 농촌지도 전임
- 前 전주 행정고시학원
- 前 광주 서울고시학원
- 前 마산 중앙고시학원

▣ 주요 저서

- 「종자기사산업기사 실기」예문사
- 「종자기사산업기사 필기」예문사
- 「종자기능사 필기 · 실기」예문사
- 「토양학 이론서」예문사
- 「유기농업기능사 필기 · 실기」예문사
- 「EBS 식용작물학 이론서」지식과미래
- 「EBS 재배학 이론서」지식과미래
- 「재배학 핵심기출문제」미래가치
- 「식용작물 핵심기출문제」미래가치
- 「토양학 핵심기출문제」미래가치
- 「작물생리학 핵심기출문제」미래가치
- 「농촌지도론 핵심기출문제」미래가치
- 「원예학, 원예작물학 이론서」한국고시회
- 「작물생리학 이론서」한국고시회

종자기사 · 산업기사 **실기**

발행일 | 2010. 5. 10   초판발행
2011. 5. 20   개정 1판1쇄
2012. 2. 20   개정 1판2쇄
2013. 1. 10   개정 2판1쇄
2014. 3. 5   개정 3판1쇄
2017. 4. 5   개정 4판1쇄
2019. 4. 10   개정 4판2쇄
2020. 4. 30   개정 5판1쇄
2021. 3. 20   개정 6판1쇄
2022. 1. 10   개정 7판1쇄
2023. 2. 10   개정 8판1쇄
2024. 5. 10   개정 9판1쇄

저　자 | 최 상 민
발행인 | 정 용 수
발행처 | 예문사

주　소 | 경기도 파주시 직지길 460(출판도시) 도서출판 예문사
T E L | 031) 955 – 0550
F A X | 031) 955 – 0660
등록번호 | 11 – 76호

정가 : 25,000원

ISBN 978-89-274-5435-9   13520